21世纪高等学校规划教材 | 计算机科学与技术

Java程序设计实用教程

李凌霞　主编
侯占军　刘明刚　副主编
徐宏伟　奚望园　编著

清华大学出版社
北京

内 容 简 介

本书从初学者的角度由浅入深地详细介绍了 Java 语言开发中用到的重要知识点。全书共 11 章,介绍了 Java 集成开发环境的搭建及其运行机制、语言基础、面向对象编程思想,通过丰富翔实的典型例子,帮助初学者理解多线程、常用 API、集合、I/O 流、GUI、网络编程及数据库编程等面向对象的抽象概念。本书对 JDK 7 及 JDK 8 中的新内容也进行了介绍。

本书的内容和组织方式立足于高校教材的要求,既可作为高等院校本、专科计算机相关专业的程序设计课程教材,也可作为 Java 技术基础的培训教材。

图书在版编目(CIP)数据

Java 程序设计实用教程/李凌霞主编. —北京:清华大学出版社,2018 (2021.8 重印)
(21 世纪高等学校规划教材·计算机科学与技术)
ISBN 978-7-302-49241-2

Ⅰ. ①J… Ⅱ. ①李… Ⅲ. ①Java 语言—程序设计 Ⅳ. ①TP312.8

中国版本图书馆 CIP 数据核字(2018)第 002740 号

责任编辑: 闫红梅 李 晔
封面设计: 傅瑞学
责任校对: 李建庄
责任印制: 杨 艳

出版发行: 清华大学出版社
网 址: http://www.tup.com.cn, http://www.wqbook.com
地 址: 北京清华大学学研大厦 A 座 **邮 编:** 100084
社 总 机: 010-62770175 **邮 购:** 010-83470235
投稿与读者服务: 010-62776969, c-service@tup.tsinghua.edu.cn
质量反馈: 010-62772015, zhiliang@tup.tsinghua.edu.cn
课件下载: http://www.tup.com.cn,010-83470236
印 装 者: 三河市龙大印装有限公司
经 销: 全国新华书店
开 本: 185mm×260mm **印 张:** 20.25 **字 数:** 493 千字
版 次: 2018 年 5 月第 1 版 **印 次:** 2021 年 8 月第 6 次印刷
印 数: 4001~5000
定 价: 49.00 元

产品编号:076578-01

出版说明

随着我国改革开放的进一步深化，高等教育也得到了快速发展，各地高校紧密结合地方经济建设发展需要，科学运用市场调节机制，加大了使用信息科学等现代科学技术提升、改造传统学科专业的投入力度，通过教育改革合理调整和配置了教育资源，优化了传统学科专业，积极为地方经济建设输送人才，为我国经济社会的快速、健康和可持续发展以及高等教育自身的改革发展做出了巨大贡献。但是，高等教育质量还需要进一步提高以适应经济社会发展的需要，不少高校的专业设置和结构不尽合理，教师队伍整体素质亟待提高，人才培养模式、教学内容和方法需要进一步转变，学生的实践能力和创新精神亟待加强。

教育部一直十分重视高等教育质量工作。2007 年 1 月，教育部下发了《关于实施高等学校本科教学质量与教学改革工程的意见》，计划实施“高等学校本科教学质量与教学改革工程”（简称“质量工程”），通过专业结构调整、课程教材建设、实践教学改革、教学团队建设等多项内容，进一步深化高等学校教学改革，提高人才培养的能力和水平，更好地满足经济社会发展对高素质人才的需要。在贯彻和落实教育部“质量工程”的过程中，各地高校发挥师资力量强、办学经验丰富、教学资源充裕等优势，对其特色专业及特色课程（群）加以规划、整理和总结，更新教学内容、改革课程体系，建设了一大批内容新、体系新、方法新、手段新的特色课程。在此基础上，经教育部相关教学指导委员会专家的指导和建议，清华大学出版社在多个领域精选各高校的特色课程，分别规划出版系列教材，以配合“质量工程”的实施，满足各高校教学质量和教学改革的需要。

为了深入贯彻落实教育部《关于加强高等学校本科教学工作，提高教学质量的若干意见》精神，紧密配合教育部已经启动的“高等学校教学质量与教学改革工程精品课程建设工作”，在有关专家、教授的倡议和有关部门的大力支持下，我们组织并成立了“清华大学出版社教材编审委员会”（以下简称“编委会”），旨在配合教育部制定精品课程教材的出版规划，讨论并实施精品课程教材的编写与出版工作。“编委会”成员皆来自全国各类高等学校教学与科研第一线的骨干教师，其中许多教师为各校相关院、系主管教学的院长或系主任。

按照教育部的要求，“编委会”一致认为，精品课程的建设工作从开始就要坚持高标准、严要求，处于一个比较高的起点上。精品课程教材应该能够反映各高校教学改革与课程建设的需要，要有特色风格、有创新性（新体系、新内容、新手段、新思路，教材的内容体系有较高的科学创新、技术创新和理念创新的含量）、先进性（对原有的学科体系有实质性的改革和发展，顺应并符合 21 世纪教学发展的规律，代表并引领课程发展的趋势和方向）、示范性（教材所体现的课程体系具有较广泛的辐射性和示范性）和一定的前瞻性。教材由个人申报或各校推荐（通过所在高校的“编委会”成员推荐），经“编委会”认真评审，最后由清华大学出版社审定出版。

目前，针对计算机类和电子信息类相关专业成立了两个“编委会”，即“清华大学出版社计算机教材编审委员会”和“清华大学出版社电子信息教材编审委员会”。推出的特色精品教材包括：

(1) 21世纪高等学校规划教材·计算机应用——高等学校各类专业，特别是非计算机专业的计算机应用类教材。

(2) 21世纪高等学校规划教材·计算机科学与技术——高等学校计算机相关专业的教材。

(3) 21世纪高等学校规划教材·电子信息——高等学校电子信息相关专业的教材。

(4) 21世纪高等学校规划教材·软件工程——高等学校软件工程相关专业的教材。

(5) 21世纪高等学校规划教材·信息管理与信息系统。

(6) 21世纪高等学校规划教材·财经管理与应用。

(7) 21世纪高等学校规划教材·电子商务。

(8) 21世纪高等学校规划教材·物联网。

清华大学出版社经过三十多年的努力，在教材尤其是计算机和电子信息类专业教材出版方面树立了权威品牌，为我国的高等教育事业做出了重要贡献。清华版教材形成了技术准确、内容严谨的独特风格，这种风格将延续并反映在特色精品教材的建设中。

清华大学出版社教材编审委员会
联系人：魏江江
E-mail：weijj@tup.tsinghua.edu.cn

前言

本书是黑龙江省教育科学“十二五”规划2015年度两个重点项目（项目名称：“互联网＋”背景下本科院校计算机基础教育教学方式改革研究；项目编号：GJB1215032。项目名称：应用型本科院校慕课的开发与“慕课＋翻转课堂”的应用研究；项目编号：GJB1215030）的部分研究成果。

“Java程序设计”课程的教学要求是要让学生掌握面向对象的编程思想，通过大量的例子引导学生掌握Java语言的基础知识、基本概念及基本原理，以达到培养学生编程能力的目标，因此本书在编写过程中秉承着逻辑性强、思路清晰、由浅入深的知识组织方式。

本书共11章，各章的学习内容如下：

第1章介绍了面向对象编程思想，Java语言的发展、特点，Java的三大平台以及开发Java程序的环境；

第2章介绍了Java语言的基础知识和相关概念；

第3章和第4章介绍了类与对象的关系、类及对象的创建及接口应用，并且为了让学生对Java语言有进一步的了解，介绍了Java的Object类、变量及其传递、引用类型间的类型转换、内部类与匿名类、Java的反射机制及Java 8新增的lambda表达式等内容；

第5章介绍了异常处理的意义以及异常的分类，如何使用异常处理机制处理异常，并对自定义异常和抛出异常对象的方法进行了阐述；

第6章介绍了Java语言的常用类及API的查阅方法，介绍了字符串类的常用方法，泛型的基本知识和自定义泛型的方法，集合框架、集合的主要接口及其实现类，并详细介绍了如何遍历集合；

第7章详细介绍了线程的基本概念、线程调度与优先级的策略、实现多线程应用的两种途径、Java多线程并发程序的实现及线程池等知识点；

第8章介绍了输入输出流的基本概念，介绍了各种流的使用，以文件流为例介绍了如何读写文件，最后介绍对象序列化的相关知识及使用方法；

第9章对Java的图形用户界面开发中的AWT和Swing两种技术进行了详细介绍；

第10章介绍了如何绘制图形以及如何显示图像；

第11章介绍了多媒体技术、网络编程和数据库编程技术。

本书由李凌霞任主编，侯占军、刘明刚任副主编。各章编写分工如下：第1、2章由哈尔滨金融学院徐宏伟编著；第3、4、9章由哈尔滨金融学院李凌霞编著；第5、8章由哈尔滨金融学院刘明刚编著；第6章由哈尔滨金融学院奚望园编著；第7、10、11章由哈尔滨金融学院侯占军编著。全书由李凌霞统稿，齐景嘉主审。

参加本书编写的教师都从事“Java 程序设计”课程教学多年，有丰富的教学经验。在编写过程中，我们力求做到严谨细致、精益求精，但由于编者水平有限，书中难免有疏漏之处，敬请广大读者指正。

编　者

2018 年 3 月

第 1 章　Java 概述及开发环境搭建 …… 1

1.1　面向对象的程序设计思想 …… 1

1.1.1　面向对象的程序设计方法概述 …… 1

1.1.2　面向对象的软件开发过程 …… 3

1.2　Java 语言简介 …… 4

1.2.1　Java 语言的发展 …… 4

1.2.2　Java 的三大平台 …… 5

1.2.3　Java 语言的特点 …… 5

1.2.4　Java 的运行机制 …… 7

1.3　Java 开发环境搭建 …… 8

1.3.1　集成开发平台介绍 …… 8

1.3.2　JDK 的安装与配置 …… 11

1.4　Java 语言中的命名规则 …… 13

1.5　简单的 Java 程序 …… 14

1.5.1　第一个 Java 应用程序 …… 14

1.5.2　第一个 Java 小程序 …… 15

1.6　本章小结 …… 16

第 2 章　Java 语言基础 …… 17

2.1　数据类型划分 …… 17

2.2　基本数据类型、常量与变量 …… 18

2.2.1　基本数据类型 …… 18

2.2.2　常量与变量 …… 19

2.2.3　程序的注释 …… 22

2.2.4　类型转换 …… 23

2.3　运算符与表达式 …… 24

2.3.1　运算符 …… 25

2.3.2　表达式及运算符的优先级、结合性 …… 30

2.4　流程控制 …… 31

2.4.1　顺序结构 …… 31

2.4.2　分支结构 …… 31

2.4.3　循环结构 …… 34

2.4.4 跳转语句 …… 39
2.5 数组 …… 41
2.5.1 数组的声明 …… 41
2.5.2 数组的创建 …… 42
2.5.3 数组元素的初始化 …… 42
2.5.4 数组的引用 …… 43
2.5.5 多维数组 …… 43
2.6 Scanner 类 …… 46
2.6.1 获取字符串数据 …… 46
2.6.2 获取数值型数据 …… 47
2.7 本章小结 …… 49

第3章 类与对象 …… 51

3.1 类 …… 51
3.1.1 类的定义 …… 52
3.1.2 构造方法 …… 54
3.1.3 方法重载 …… 54
3.2 对象的创建与使用 …… 56
3.2.1 对象的声明与创建 …… 56
3.2.2 this 的使用 …… 57
3.3 类的继承 …… 58
3.3.1 派生子类 …… 58
3.3.2 方法覆盖 …… 59
3.3.3 super 的使用 …… 60
3.4 访问控制修饰符 …… 61
3.5 非访问控制符 …… 62
3.5.1 static …… 62
3.5.2 final …… 64
3.5.3 abstract …… 65
3.6 包 …… 66
3.6.1 包的定义与使用 …… 66
3.6.2 import 语句 …… 67
3.6.3 静态导入 …… 68
3.6.4 给 Java 应用打包 …… 69
3.7 接口 …… 71
3.7.1 接口的定义 …… 71
3.7.2 抽象类与接口的应用 …… 72
3.7.3 Java 8 对接口的扩展 …… 73
3.8 本章小结 …… 74

第 4 章 深入理解 Java 语言 …… 78

4.1 Object 类 …… 78
4.2 变量及其传递 …… 80
4.2.1 基本类型变量与引用类型变量 …… 80
4.2.2 成员变量与局部变量 …… 81
4.2.3 方法的参数传递 …… 82
4.3 多态 …… 84
4.3.1 多态性 …… 84
4.3.2 引用类型之间的类型转换 …… 85
4.3.3 instanceof 运算符 …… 87
4.4 对象构造与初始化 …… 87
4.5 内部类与匿名类 …… 89
4.5.1 内部类 …… 89
4.5.2 匿名内部类 …… 91
4.6 Java 的反射机制 …… 92
4.6.1 认识 Class 类 …… 92
4.6.2 通过反射查看类信息 …… 93
4.7 Java 8 新增的 lambda 表达式 …… 95
4.7.1 lambda 表达式的基本语法 …… 96
4.7.2 lambda 表达式与函数式接口 …… 97
4.7.3 lambda 表达式与匿名内部类的联系与区别 …… 98
4.8 本章小结 …… 99

第 5 章 异常处理 …… 101

5.1 异常处理简介 …… 101
5.1.1 异常处理的意义 …… 101
5.1.2 异常的分类 …… 103
5.1.3 捕获和处理异常 …… 105
5.2 自定义异常类与抛出异常对象 …… 111
5.2.1 声明自己的异常类 …… 111
5.2.2 抛出异常对象 …… 113
5.3 使用 assert 断言 …… 115
5.4 本章小结 …… 116

第 6 章 常用类与工具类 …… 118

6.1 Java 语言的常用类 …… 118
6.1.1 Java API …… 118
6.1.2 System 类 …… 120

6.1.3 Math类 …… 122
6.1.4 基本数据类型的包装类…… 123
6.2 字符串 …… 126
6.2.1 String类 …… 126
6.2.2 StringBuffer类 …… 130
6.2.3 StringBuilder类 …… 132
6.3 泛型 …… 132
6.3.1 泛型简单使用…… 133
6.3.2 自定义泛型…… 135
6.3.3 Java 8改进的类型推断…… 141
6.4 集合类 …… 142
6.4.1 集合与Collection接口 …… 142
6.4.2 List接口及ArrayList类、Vector类 …… 144
6.4.3 Set接口及HashSet、TreeSet类 …… 147
6.4.4 栈与队列…… 149
6.4.5 Map接口 …… 153
6.4.6 集合与增强的for语句 …… 155
6.4.7 利用Iterator及Enumeration集合遍历 …… 155
6.4.8 使用Arrays类 …… 158
6.4.9 使用Collections类 …… 159
6.5 本章小结 …… 160

第7章 Java多线程程序 …… 162

7.1 Java中的线程 …… 162
7.1.1 线程的基本概念…… 162
7.1.2 线程的状态和生命周期…… 163
7.1.3 线程调度与优先级…… 164
7.1.4 线程组…… 164
7.2 Java的Thread类和Runnable接口 …… 165
7.2.1 Thread类 …… 165
7.2.2 Runnable接口 …… 167
7.3 Java多线程并发程序 …… 167
7.3.1 使用Thread类的子类 …… 168
7.3.2 实现Runnable接口 …… 171
7.4 线程池 …… 174
7.5 线程的同步 …… 176
7.5.1 多线程的不同步…… 176
7.5.2 临界区和线程的同步…… 178
7.5.3 wait()方法和notify()方法 …… 180

7.5.4 生产者-消费者问题 …… 180
7.5.5 死锁 …… 182
7.6 本章小结 …… 182

第8章 输入输出与文件的读写 …… 184

8.1 输入输出流 …… 184
8.1.1 I/O流的基本概念 …… 184
8.1.2 常见的I/O流类 …… 185
8.2 文件及目录 …… 193
8.2.1 写文本文件 …… 193
8.2.2 读文本文件 …… 195
8.2.3 写二进制文件 …… 196
8.2.4 读二进制文件 …… 198
8.2.5 File类 …… 200
8.2.6 随机文件读写 …… 202
8.2.7 对象序列化 …… 205
8.3 本章小结 …… 206

第9章 图形用户界面 …… 208

9.1 AWT简介 …… 208
9.2 Swing组件的使用 …… 210
9.2.1 基本容器：JFrame …… 211
9.2.2 标签组件：JLabel …… 212
9.2.3 按钮组件：JButton、JCheckBox和JRadioButton …… 214
9.2.4 中间容器：JPanel和JScrollPane …… 217
9.2.5 文本组件：JTextField、JPasswordField和JTextArea …… 217
9.2.6 列表框和组合框：JComboBox和JList …… 219
9.3 布局管理器 …… 222
9.3.1 FlowLayout …… 222
9.3.2 BorderLayout …… 223
9.3.3 GridLayout …… 225
9.4 事件处理 …… 226
9.4.1 事件处理机制 …… 227
9.4.2 事件适配器 …… 232
9.4.3 常用事件处理 …… 233
9.5 模型-视图-控制器设计模式 …… 238
9.6 表格组件 …… 240
9.7 菜单组件 …… 245
9.8 本章小结 …… 247

第 10 章　图形图像处理 …… 249

10.1　图形 …… 249
10.1.1　绘制图形的类 …… 250
10.1.2　路径类 …… 251
10.1.3　点与线段类 …… 253
10.1.4　矩形和圆角矩形 …… 255
10.2　绘制图形的颜色及其他 …… 258
10.2.1　颜色类 …… 258
10.2.2　调色板 …… 259
10.2.3　绘图模式 …… 261
10.3　图像 …… 262
10.3.1　图像文件的格式及文件的使用权限 …… 262
10.3.2　显示图像 …… 262
10.4　本章小结 …… 264

第 11 章　多媒体、网络与数据库编程 …… 265

11.1　Java 多媒体技术应用 …… 265
11.1.1　图像处理 …… 265
11.1.2　声音文件的播放 …… 268
11.1.3　用 Java 实现动画 …… 270
11.1.4　利用 JMF 来播放视频 …… 273
11.2　Java 网络编程 …… 280
11.2.1　InetAddress 类简介 …… 280
11.2.2　面向连接的流式套接字 …… 282
11.2.3　面向非连接的数据报 …… 287
11.3　Java 数据库编程 …… 291
11.3.1　SQL 语言基础 …… 291
11.3.2　数据库连接 …… 293
11.3.3　数据库应用综合实例 …… 301
11.4　本章小结 …… 307

参考文献 …… 309

第1章 Java概述及开发环境搭建

本章学习目标

- 理解面向对象编程思想。
- 了解Java语言的发展、特点及Java的三大平台。
- 熟练掌握开发Java程序的环境。

Java是由原Sun公司开发的功能齐全的通用程序设计语言,可以用于Web程序设计,也可用于服务器、台式机和移动设备上开发跨平台的应用程序。Java是一种理想的面向对象的编程语言,它的诞生为IT产业带来了一次变革,也是软件的一次革命。

本章主要介绍面向对象编程思想,Java语言的发展、特点,Java的三大平台以及开发Java程序的环境。

1.1 面向对象的程序设计思想

面向对象程序设计是一种程序设计方法,也是一种程序设计规范。它的基本思想是使用抽象、封装、继承、多态等基本概念来进行程序设计。面向对象思想指导开发者从现实世界中客观存在的事物(对象)出发来构造软件系统,并且在系统构造中尽可能运用人类的自然思维方式。

1.1.1 面向对象的程序设计方法概述

现实世界是由各种对象组成的,对象无处不在。不管你处于什么样的环境,都会面对各种对象。例如,如果你在学习,那么书、本、计算机、同学、老师等都是参与你学习过程的对象。如果你在工作,那么工具、同事、工程项目等都是参与工作过程的对象。复杂的对象可以由简单的对象组成。对象包含如下属性和行为:

- 属性——用于描述对象的特征、状态以及组成部分。例如,学生可以有学号、姓名、性别、成绩等特征。车可以有车型、车牌、颜色、座位数等特征,运动方向、运行速度等状态。
- 行为——也就是对象能够完成的功能,通常是对属性信息的操作。例如,获取学生的总成绩、平均成绩等。

有些不同的对象会呈现相同或相似的属性和行为,如汽车、轿车、卡车,通常将属性和行为相同或相近的对象归为一类。类可以被看成现实世界中对象的抽象,它代表了一类事物所具有的共同属性和行为。在面向对象程序设计中，每一个对象都属于某个特定的类，类声明包括属性数据以及对数据的操作。

面向对象程序设计思想更符合现代化大生产过程，比如生产汽车。工厂生产汽车，先是由工程师设计汽车的各个部件的图纸，为了图纸的使用方便，通常是每个部件都有自己独立的图纸，而不是所有部件画在一张图纸上。图纸设计好了，再到生产线上按图纸要求生产具体部件，最后把生产出来的部件组装起来，形成所需要的汽车。在这里，图纸相当于面向对象程序设计中所设计的类，具体零部件相当于面向对象程序设计中的对象。面向对象程序的基本组成单位是类，面向对象程序设计思想具有下列特性。

1. 抽象

面向对象程序设计过程其实也是对现实世界的模拟过程，要想在软件中把现实世界中的实物的所有属性都模拟出来是不现实的，这就需要一个抽象的过程，从现实世界的具体对象抽象出软件中的对象，其中存在着多个抽象过程，包括：

- 根据现实世界的对象抽象出软件系统中的对象。
- 根据对象抽象出类型。
- 由多个类型抽象出新的类型。
- 抽象多个类型的共同行为。

通过这样的抽象过程实现世界的实体抽象为对象，然后考虑这个对象具备的属性和行为，创建相应的这一类实物的类型，再由多个类型之间存在的一些共同的特征，抽象出新的类型。例如，现在有一只燕子要从北方飞往南方这样一个实际问题，试着以面向对象的思想来解决这一问题。步骤如下：

(1) 首先可以从这一问题中抽象出的对象为燕子，识别这个对象的属性(一对翅膀、一双脚、羽毛……一张嘴等)和行为(飞行、觅食……跳跃等)。

(2) 识别出对象的属性和行为后，这个对象就被定义完成了。事实上所有的燕子都具有以上的属性和行为，可以将这些属性和行为封装起来以描述燕子这一类型。由此可见，类实质上就是对象属性和行为的封装。继而面向对象程序设计也是创建一个个的类，在程序运行过程中，不断由类创建具体对象实现程序功能的过程。

2. 封装

封装是面向对象程序设计的核心思想，就是将具体实例中的数据及对数据的操作封装在一起，即将具体实例的属性和行为封装在一起，是一种信息隐蔽技术，不需要让外界知道具体实现细节。例如，用户使用计算机，只需要使用鼠标和键盘操作就可以了，不需要知道计算机内部是如何工作的。

3. 继承

继承是指新的类可以获得已有类(称为基类或父类)的属性和行为，称新类为已有类的子类(或派生类)，即子类继承了父类所具有的数据和数据上的操作，同时又可以添加子类独有的数据和数据上的操作。Java 语言只允许一个子类有一个直接父类，是单继承，Java 语言通过接口(interface)解决现实问题中的多继承。继承机制大大增强了程序代码的可复用性，提高了软件的开发效率。

例如，麻雀类是鸟类的一个子类，该类仅包含它所具有的特定属性和行为，也可以继承鸟类的属性和行为。把鸟类称为父类（或基类），把由鸟类派生出的麻雀类称为子类（或派生类）。

4. 多态

多态是在程序中允许出现重名现象，在一个程序中可以有同名的不同方法，Java 语言中有方法重载和方法覆盖两种主要的多态形式。方法重载是在一个类中，允许多个方法使用同一个名字，但方法的参数不同，完成的功能也不同。方法覆盖指在一个类中定义的方法被子类继承后，在子类中可以对该方法进行重新定义。多态的特性可以提高程序的抽象度和简洁性。多态指的是对象在不同情况下具有不同表现的一种能力。

例如，一台长虹牌电视机是电视机类的一个对象，根据模式设置的不同，它有不同的表现。若把它设置为静音模式，则它只播放画面不播放声音。

1.1.2 面向对象的软件开发过程

面向对象技术最早应用于程序设计阶段，后来又逐步渗透到软件开发的全过程，从而形成了面向对象的软件开发体系。它的出现大大改善了软件开发方式，解决了许多看似很难的问题，为软件行业的振兴带来了新的模式。

面向对象技术（Object-Oriented Technology）强调在软件开发过程中面向客观世界或问题领域中的事物，采用人类在认识客观世界的过程中普遍运用的思维方法，直观、自然地描述客观世界的有关事物。从 20 世纪 80 年代开始，人们对这种方法有了更加深刻的认识，认识到它是软件开发过程应该采用的一种更加完善的技术，并逐步将它渗透到软件开发的全过程，最后形成了一套包括面向对象分析（Object-Oriented Analysis，OOA）、面向对象设计（Object-Oriented Design，OOD）、面向对象程序设计（Object-Oriented Programming，OOP）和面向对象测试（Object-Oriented Test，OOT）的比较完善的体系结构。事实证明，面向对象的软件开发技术适用于各种类型的软件系统，无论是基于 Web 环境的应用程序，还是特定系统环境下的应用程序，以及大型网络应用程序，面向对象开发技术都得心应手。

1. 面向对象分析

面向对象分析是软件开发的初始阶段。这个阶段的中心任务是实现需求分析，然后是系统分析，其实就是分析问题的特征，确定问题的解决方案，并为系统抽象出对象，明确对象的属性和行为，以及对象之间的各种关系，以便为软件系统确定一个分析模型，这个模型就是对软件系统基本特征的描述。面向对象分析的最终目标就是确定分析模型，使最终软件系统按照这个模型实现后能够满足用户的需求。总之，分析阶段的主要任务就是明确系统应该做什么。

自面向对象的软件开发方法产生以来，出现了许多 OOA 方法，它们各不相同，但都对描述面向对象分析过程做了规定，归纳起来，面向对象分析的主要过程为：分析问题，明确用户需求；识别对象，并抽象出候选类；确定对象的属性和行为；定义类之间的关系；用户界面需求。

2. 面向对象设计

面向对象设计的主要任务是在OOA模型的基础上，经过考虑与软件实现相关的各种因素，最终确定系统的体系结构，完成对象的设计。OOD是以分析模型作为输入，根据构造软件系统的要求对OOA模型进行修改、细化和实现，最后形成设计模型。设计阶段的主要任务是确定系统应该如何构建。

面向对象设计阶段的主要过程：系统的分解与分层；确定任务管理策略和控制驱动机制；设计人机界面；确定数据管理策略；设计对象；反复审核、修改设计模型。

3. 面向对象程序设计

面向对象程序设计的目标是根据分析阶段和设计阶段的成果，选择一种面向对象程序设计语言，编写出系统的程序代码，最终形成可以测试的应用系统源代码。

4. 面向对象测试

面向对象测试的目的是发现尽可能多的软件错误，保证软件的质量。面向对象软件的测试过程与传统软件测试一样，首先是单元测试，然后是集成测试，最后是确认测试和系统测试。

选择面向对象程序设计技术有很多优势，其主要原因是：首先，人类生活在一个充满对象的现实世界中，从逻辑理念上讲，用面向对象的技术来描述现实世界模型比传统的面向过程的方法更符合人的思维习惯。其次，在面向对象的程序设计过程中创建类，这些类可以被其他的应用程序所重用，这节省了程序的开发时间和开发费用，也有利于程序的维护。最后，面向对象的程序设计技术有利于应用系统的更新换代。当对一个应用系统进行维护、升级时，比如修改或增加某些功能，不需要完全丢弃旧的系统，只需对要修改的部分进行调整或增加功能即可。

1.2 Java语言简介

1.2.1 Java语言的发展

1991年，Sun Microsystem公司的Jame Gosling、Bill Joe等人的研究小组针对消费电子产品开发应用程序，由于消费电子产品种类繁多，各类产品乃至同一类产品所采用的处理芯片和操作系统也不相同，就出现了编程语言的选择和跨平台的问题。当时最流行的编程语言是C和C++语言，但对于消费电子产品而言并不适用，安全性也存在问题。于是该研究小组就着手设计和开发出一种称为Oak(即一种橡树的名字)的语言。由于Oak在商业上并未获得成功，当时也就没有引起人们的注意。

随着Internet的迅猛发展，环球信息网WWW的快速增长，Sun Microsystems公司发现Oak语言所具有的跨平台、面向对象、高安全性等特点非常适合于互联网的需要，于是就改进了该语言的设计且命名为Java，并于1995年正式向IT业界推出。Java一出现，立即引起人们的关注，使得它逐渐成为 Internet 上广受欢迎的程序设计语言。当年就被美国的著名杂志 *PC Magazine* 评为年度十大优秀科技产品之一(计算机类仅此一项入选)。

互联网的出现使得计算模式由单机时代进入了网络时代，网络计算模式的一个特点是计算机系统的异构性，即在互联网中连接的计算机硬件体系结构和各计算机所使用的操作系统不全是一样的，例如，硬件可能是 SPARC、Intel 或其他体系的，操作系统可能是 UNIX、Linux、Windows 或其他的操作系统。这就要求网络编程语言是与计算机的软硬件环境无关的，即跨平台的，用它编写的程序能够在网络中的各种计算机上正常运行。Java 正是这样迎合了互联网时代的发展要求，才使它获得了巨大的成功。

随着 Java 2 一系列新技术(如 Java 2D、Java 3D、SWING、Java SOUND、EJB、Servlet、JSP、CORBA、XML、JNDI 等)的引入，使得它在电子商务、金融、证券、邮电、电信、娱乐等行业有着广泛的应用，使用 Java 技术实现网络应用系统也正在成为系统开发者的首要选择。

事实上，Java 是一种新计算模式的使能技术，Java 的潜力远远超过作为编程语言带来的好处。它不但对未来软件的开发产生影响，而且应用前景广阔，其主要体现在以下几个方面：

(1) 基于网络的应用管理系统，如完全基于 Java 和 Web 技术的 Intranet(企业内部网)上应用开发。

(2) 图形、图像、动画以及多媒体系统设计、开发与实现。

(3) 基于 Internet 的应用功能设计，如网站信息管理、交互操作设计及动态 Web 页面的设计等。

(4) 嵌入式设备、移动通信设备和手持式设备的软件开发。

1.2.2 Java 的三大平台

目前，Java 2 平台有 3 个版本，它们是适用于开发桌面系统的标准版 Java SE，适用于开发网络应用程序的企业版 Java EE，适用于开发嵌入式设备和智能卡的微型版 Java ME。

- Java SE(Java 2 Platform Standard Edition)是 Java 平台标准版的简称，是整个 Java 技术的核心和基础，它是 Java EE 和 Java ME 编程的基础，也是本书主要介绍的内容。
- Java EE(Java Platform，Enterprise Edition)是 Java 技术中应用最广泛的部分，在 Java SE 的基础上，加上多种标准，Java EE 提供了企业应用开发相关的完整解决方案。
- Java ME(Java 2 Platform Micro Edition)是 Java 微型版的简称，是 Java SE 的子集，加上一些专用功能，主要用于控制移动设备和信息家电等有限存储的设备。

1.2.3 Java 语言的特点

Java 语言是一种完全的面向对象的程序设计语言，它继承了 C++ 语言的语法结构，去掉了 C++ 语言中降低安全性、可靠性的特性，增加了自动垃圾回收功能，从而使 Java 语言具有了更多优点，赢得了软件开发者的青睐，Java 语言具有如下基本特性。

1. 简洁性

Java 是一种强类型的语言，由于它最初设计的目的是应用于电子类消费产品，因此就要求既简单又可靠。这主要体现在以下几个方面。

(1) Java 语言风格类似于 C 和 C++，因此，使用过 C++语言的人可以很容易地过渡到 Java 语言。

(2) Java 语言汲取了 C 和 C++中优秀的部分，弃除了许多 C 和 C++中比较繁杂和不太可靠的部分，它略去了运算符重载、多重继承等较为复杂的部分；它不支持指针，杜绝了内存的非法访问，它所具有的自动内存管理机制也大大简化了程序的设计与开发。

(3) Java 语言提供了丰富的类库。程序设计人员可以直接使用类库中提供的类，从而大大降低了编写程序的工作量和复杂度。

2. 面向对象

Java 是一种完全面向对象的语言，它提供了简单的类机制以及动态的接口模型，支持封装、多态和继承(只支持单一继承)。面向对象的程序设计是一种以数据(对象)及其接口为中心的程序设计技术。也可以说是一种定义程序模块如何“即插即用”的机制。

面向对象的概念其实来自于现实世界。在现实世界中，任一实体都可以被看作一个对象，而任一实体又归属于某类事物，因此任何一个对象都是某一类事物的一个实例。在 Java 中，对象封装了它的属性(变量)和方法(函数)，实现了模块化和信息隐藏；而类则提供了一类对象的原型，通过继承和多态机制，子类可以使用或者重新定义父类或者超类所提供的方法，从而实现了代码的复用。

3. 分布式

Java 语言也是面向网络应用的语言，它为程序开发者提供了有关网络应用处理功能的类库包，程序开发者可以使用它非常方便地实现基于 TCP/IP 的网络分布式应用系统，且访问方式与访问本地文件系统的感觉几乎一样。

4. 健壮性

Java 语言致力于在编译期间和运行期间对程序可能出现的错误进行检查，从而保证程序的可靠性，特别是在如下几个方面。

(1) Java 语言对数据类型的检查，可以尽早地发现程序执行中的隐患。

(2) Java 语言具有内存管理功能。它采用自动回收垃圾的方式，避免在程序运行过程中由于人工回收无用内存而带来的问题。

(3) Java 语言不允许通过直接指出内存地址的方式对其单元的内容进行操作，也就是去掉了 C 语言中的指针概念，这样可以提高整个系统的安全性和可靠性。

5. 平台无关性

Java 源程序被 Java 编译器编译成字节码(Byte-code)文件，Java 字节码文件具有“结构中立性”的特点，也就是跨平台性，实现了程序员梦寐以求的“一次编程、到处运行”的梦想，这个特性是Java流行了这么多年的主要原因。Java程序在运行的时候需要先编译成字节码文件，字节码文件可以运行在不同平台的虚拟机上，与硬件和操作系统无关，由相应平台上的Java虚拟机解释执行。

6. 多线程

Java的多线程(multithreading)机制使程序可以并行运行，开发出的应用软件更加具有交互性和实时响应能力。线程是操作系统的一种新概念，它又被称作轻量进程，是比传统进程更小的可并发执行的单位。Java的同步机制保证了对共享数据的正确操作。多线程使程序设计者可以在一个程序中用不同的线程分别实现各种不同的行为，从而带来更高的效率和更好的实时控制性能。

7. 可扩充性

Java发布的Java EE标准是一个技术规范框架，它规划了一个利用现有和未来各种Java技术整合解决企业应用的远景蓝图。正如Sun Microsystems所述：Java是简单的、面向对象的、分布式的、解释的、有活力的、安全的、结构中立的、可移动的、高性能的、多线程和动态的语言。

8. 安全性

Java语言的安全性主要从两个方面保证。

(1) 在Java语言中，删除了C++语言中的指针和释放内存的操作，所有对内存的访问都必须通过类的实例变量实现，从而避免了非法的内存操作。

(2) 在Java应用程序执行之前，要经过很多安全检测，包括检测代码段格式、对象操作是否超出范围、是否试图改变一个对象的类型等，从而避免病毒的侵入，进而破坏系统正常运行情况的发生。

Java主要用于网络应用程序的开发，网络安全必须保证，Java通过自身的安全机制防止了病毒程序的产生和下载程序对本地系统的威胁破坏。

1.2.4 Java的运行机制

Java虚拟机其实是软件模拟的计算机，它可以在任何处理器上(无论是在计算机中还是在其他电子设备中)解释并执行Java的字节码文件。Java的字节码被称为Java虚拟机的机器码，它被保存在扩展名为.class的文件中。

一个Java程序的编译和执行过程如图1.1所示。首先需要通过Java编译器将Java源程序编译成扩展名为.class的字节码文件，然后由Java虚拟机中的Java解释器负责将字节码文件解释成为特定的机器码并执行。

1. 内存自动回收机制

在程序的执行过程中，系统会给创建的对象分配内存，当这些对象不再被引用时，它们所占用的内存就处于废弃状态，如果不及时对这些废弃的内存进行回收，就会带来程序运行

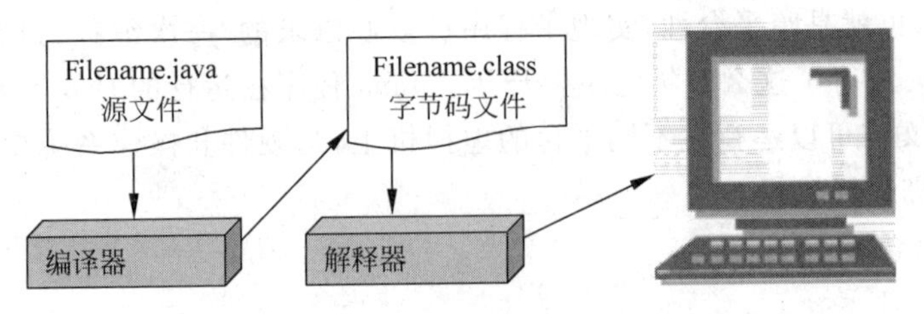

图 1.1 Java 程序的编译和执行过程

效率下降等问题。

在 Java 运行环境中，始终存在着一个系统级的线程，专门跟踪对象的使用情况，定期检测出不再使用的对象，自动回收它们占用的内存空间，并重新分配这些内存空间让它们为程序所用。Java 的这种废弃内存自动回收机制，极大地方便了程序设计人员，使他们在编写程序时不需要考虑对象的内存回收问题。

2. 代码安全性检查机制

Java 主要用于网络应用程序的开发，在网络上运行的程序必须保证其安全性。如何保证从网络上下载的 Java 程序不携带病毒而安全地执行呢？Java 提供了代码安全性检查机制。

Java 在将一个扩展名为.class 的字节码文件装载到虚拟机执行之前，先要检验该字节码文件是否符合字节码文件规范，代码中是否存在着某些非法操作。检验工作由字节码检验器或安全管理器进行。检验通过之后，将字节码文件加载到 Java 虚拟机中，由 Java 解释器解释为机器码并执行。Java 虚拟机把程序的代码和数据都限制在一定内存空间中执行，不允许程序访问超出该范围，保证了程序的安全运行。

1.3 Java 开发环境搭建

1.3.1 集成开发平台介绍

要使用 Java 开发程序就必须先建立 Java 的开发环境。当前有许多优秀的 Java 程序集成开发环境，诸如 JBuilder、Eclipse、MyEclipse、Visual Age、Visual J++ 等，这些工具功能强大，很适合有经验者使用。本节主要介绍两种最常用的集成开发环境：Eclipse 和 MyEclipse。

1. Eclipse

这也是初学者最容易使用的开发工具之一。2001 年，IBM 公司将基于 Java 的集成开发平台 Eclipse 捐献给开放源代码社区，并成立 Eclipse 协会，支持并促进 Eclipse 开源项目。2004 年，Eclipse 协会脱离 IBM 公司而独立，并命名为 Eclipse 基金会，由于其出色而独特的平台特性，吸引了众多大公司加入 Eclipse 平台的开发过程，包括 IBM、Borland、Red Hat、Oracle、Sybase 等。2006 年，Eclipse 基金会发布了 Eclipse 3.2，它不但可以在 Windows 和

Linux 操作系统上运行，还可以支持 Solaris 操作系统。2015 年，项目发布了代号为 Mars 的 4.5 版本。

1) Eclipse 的启动

Eclipse 是完全免费的开放源代码，它本身是英文的，如果要汉化就要安装与其版本号相同的多国语言包。多国语言包可以免费在 Eclipse 官方网站下载。启动 Eclipse 后首先提示"选择工作空间"，如图 1.2 所示。工作空间(workspace)负责管理用户资源，组织一个或多个项目。在磁盘上有一个与工作空间同名的文件夹，在第一次使用 Eclipse 时可以指定工作空间文件夹的位置。每个项目在工作空间文件夹中都有一个与项目同名的子文件夹，里面存放与项目相关的所有文件。

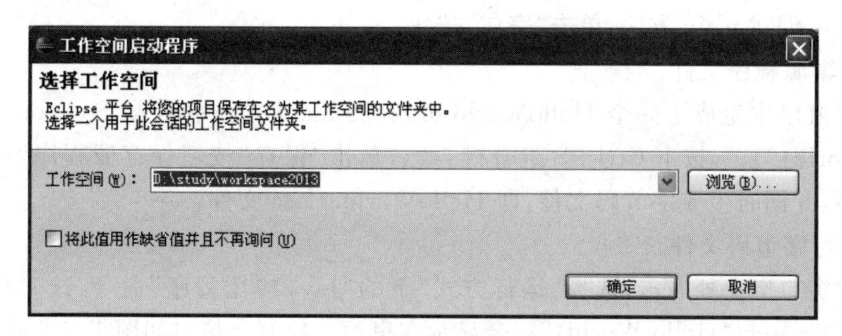

图 1.2　工作空间启动程序

设置完工作空间位置后，单击"确定"按钮，进入 Eclipse 主界面，汉化后的 Eclipse 启动后的界面如图 1.3 所示。

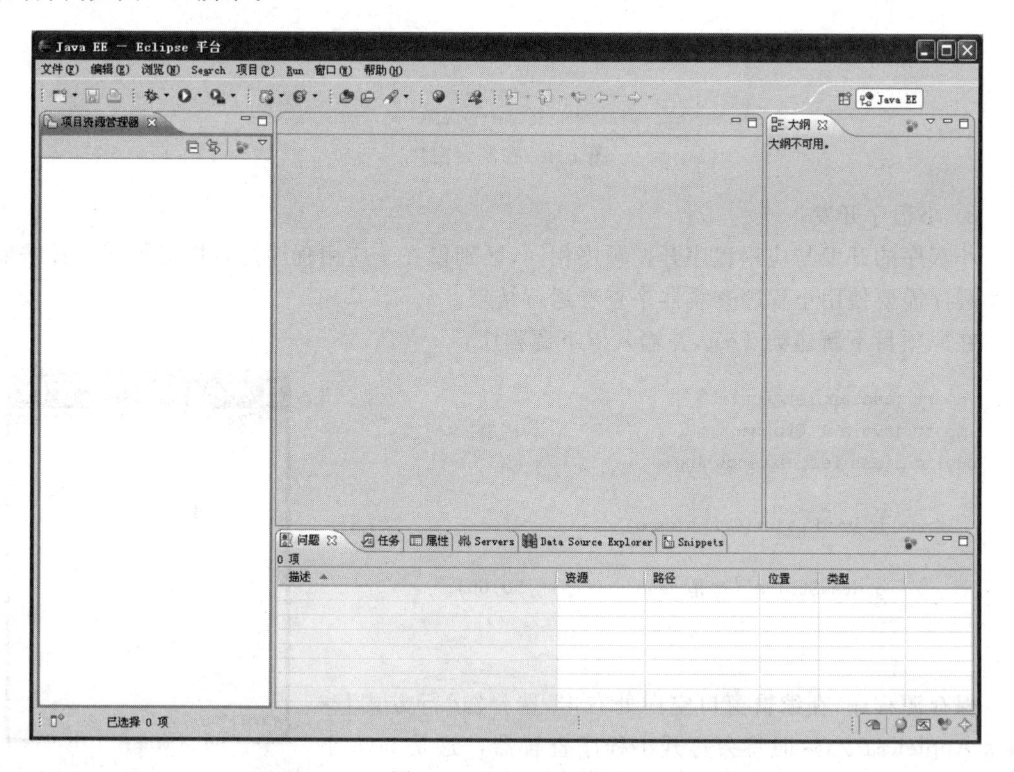

图 1.3　Eclipse 主界面

2）应用程序开发过程

（1）创建项目。

打开 Eclipse 后，选择“文件”→“新建”→“项目”命令，在“新建项目”对话框中选择 Java 菜单下的“Java 项目”，下一步为新建的 Java 项目起个“项目名”，例如 HelloProject，下一步采用默认设置，单击“确定”按钮后，在项目管理器位置就会出现“包资源管理器”窗口，窗口中就会出现刚才创建的项目。

（2）创建类。

在新建的项目名称 HelloProject 上右击，选择“新建”→“类”命令，打开“新建 Java 类”对话框。在名称域输入 HelloWorld；单击 public static void main(String[] args)的复选框，让 Eclipse 创建 main 方法，单击“完成”按钮。

（3）编辑源程序文件。

在编辑窗口中生成了一个 HelloWorld 类，在其 main 方法中输入“System. out. println("Hello World!");”，按下 Ctrl+S 组合键，或者单击“保存”按钮保存源程序，这时将自动编译源程序，并同时生成字节码文件，即 HelloWorld. class 文件。

（4）执行字节码文件。

在编辑窗口空白处右击，选择“运行方式”下的“Java 应用程序”命令，这时将会打开一个控制台窗口，一句“Hello World!”将会显示在里面。控制台窗口如图 1.4 所示。

图 1.4 控制台窗口

3）小程序开发

小程序的开发与应用程序开发顺序相同，区别仅在于应用程序能直接运行并查看结果，而小程序需要使用小程序查看器来查看运行结果。

在原项目下新建类 Test，并输入以下源程序：

```
import java.applet.Applet;
import java.awt.Graphics;
public class Test extends Applet
{
    public void paint(Graphics g)
    {
        g.drawString("这是 java 小程序!",50,60);
    }
}
```

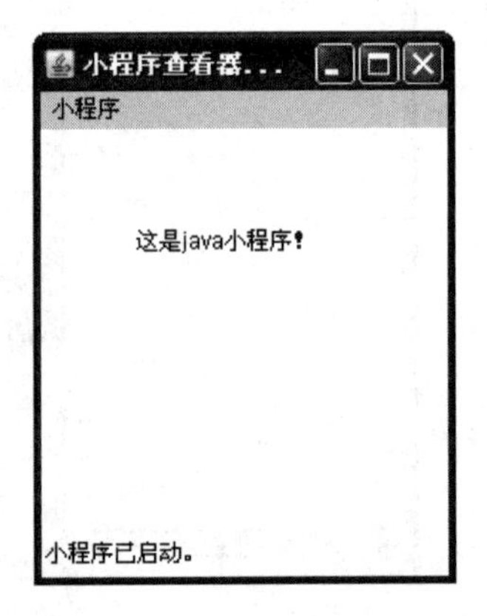

图 1.5 小程序查看器窗口

保存源程序，在编辑窗口空白处右击，选择“运行方式”→Java Applet 命令，这时将会打开小程序查看器，“这是 java 小程序!”将会显示在里面。小程序查看器如图 1.5 所示。

2. MyEclipse

MyEclipse企业级工作平台(My Eclipse Enterprise Workbench, MyEclipse)是对Eclipse IDE的扩展,它的功能十分强大,支持也十分广泛,尤其是对开源产品的支持。利用它可以在数据库和Java EE的开发、发布,以及应用程序服务器的整合方面极大地提高工作效率。它是功能丰富的Java EE集成开发环境,包括了完备的编码、调试、测试和发布功能,完整支持HTML、CSS、JavaScript、SQL、Java Servlet、Ajax、JSP、JSF、Struts、Spring、Hibernate、EJB等多项功能。在开发Java程序时,MyEclipse的安装过程、界面状态、使用方法与Eclipse非常相似,此处不再赘述。

1.3.2　JDK的安装与配置

对于Java语言学习者来说,若要搭建Java语言运行环境,就必须使用Sun公司的Java开发工具箱(Java Development Kit,JDK),该工具软件包含Java语言的编译工具、运行工具以及执行程序的环境(即JRE)。它拥有最新的Java类库,功能逐渐增加且版本在不断更新,尽管它不是最容易使用的产品,但它是免费的,可到http://java.sun.com站点上免费下载。JDK是其他Java开发工具的基础,也就是说,在安装其他开发工具之前,必须首先安装JDK。

下面将在Microsoft Windows操作系统平台上安装JDK,建立Java的开发环境。

1. JDK的下载与安装

当前JDK版本已经更新到1.8版本,现在就以JDK 1.8版本为例,从http://java.sun.com选择对应的操作系统下载安装文件。

双击安装文件,按照安装文件的提示一步步操作即可安装。在安装过程中可以选择安装路径以及安装的组件等,如果没有特殊要求,选择默认设置。程序默认的安装路径在C:\Program Files\Java目录下。

2. JDK环境变量的配置

在运行Java程序或进行一些相关处理时,用到了工具箱中的工具和资源,这就需要设置3个环境变量:PATH、CLASSPATH和JAVA_HOME,以获取运行工具和资源的路径。

在不同的操作系统下设置环境变量的方式有所不同,下面以Windows XP系统为例说明设置环境变量的操作方法和步骤:

(1) 右击“我的电脑”图标。

(2) 在出现的快捷菜单中单击“属性”命令。

(3) 在出现的“系统属性”对话框中单击“高级”按钮。

(4) 在出现的对话框中单击“环境变量”按钮。

(5) 在出现的“环境变量”对话框中单击用户变量框内的“新建”按钮。

(6) 出现如图1.6所示的“新建系统变量”对话框。在“变量名”文本框中输入classpath,在“变量值”文本框中输入“.;c:\jdk1.8.0\lib\dt.jar;c:\jdk1.8.0\lib\tools.jar;”。

图 1.6 “新建系统变量”对话框

然后，单击“确定”按钮。这就设置了环境变量 CLASSPATH。

重复步骤(5)和步骤(6)再设置 PATH，输入变量值为“.;c:\jdk1.8.0\bin”。再次重复步骤(5)和步骤(6)再设置 JAVA_HOME，输入变量值为“.;c:\jdk1.8.0”。完成之后，要使环境变量生效，最好重新启动计算机。

3. 开发工具简介

下面简要介绍在命令提示符方式下几个开发工具的使用。

1) javac.exe

javac.exe 是 Java 编译器，用于将扩展名为.java 的源程序文件编译成扩展名为.class 的字节码文件。

• 使用格式：

```
javac  FileName.java
```

例：

```
javac  myProg.java
```

执行该命令将在当前目录下生成字节码文件 myProg.class。

2) java.exe

java.exe 是 Java 解释器，解释执行编译后的字节码文件程序。

• 使用格式：

```
java  classFileName
```

例：

```
java  myProg
```

执行该命令即执行字节码文件 myProg.class。

3) appletviewer.exe

appletviewer.exe 是 Java Applet 小程序浏览器，Applet 是用 Java 语言编写的小应用程序。Applet 不能够直接用 Java 解释器解释执行，只能被嵌入到 HTML 文档中，由浏览器装入执行。

• 使用格式：

```
appletviewer  htmlFileName.html
```

此外，工具箱中还提供了其他大量相关的工具，诸如 Java 档案文件管理器 jar.exe、Java

文档生成器 javadoc. exe 等，它们都被存放在 c:\jdk1.8.0\bin 目录下。要了解它们的具体使用方法，请参阅相关的文档。

1.4　Java 语言中的命名规则

在 Java 语言中，类、变量和方法的名字都是标识符，这些名字的命名要符合标识符的规定：

(1) 标识符可以由字母、数字和下画线(_)以及美元符号($)组成。

(2) 标识符必须以字母、下画线或美元符号开头，不能以数字开头。

(3) $符号一般只用于编译器自动生成的代码，用户一般不用。

(4) 标识符区分大小写。

(5) 标识符不能使用关键字。

虽然需要满足规定，但随意性也很大，为了提高程序的可读性、可维护性和方便调试，命名最好“见名知义”，正确地使用大小写，并遵循一些规则：

(1) 包名。

一般是名词，用小写英文单词组成，包与其子包之间用“.”分隔，例如 java.util。

(2) 类名。

通常是名词，以大写字母开头，如果类名称由多个单词组成，则每个单词的首字母均应为大写，例如 Graphics。

(3) 方法名。

通常是动词，首字母小写，如果还有其他单词，则后面这些单词的第一个字母大写，例如 drawImage。

(4) 常量名。

全部使用大写字母，常加下画线，并且指出该常量完整含义。如果一个常量名称由多个单词组成，则应该用下画线来分割这些单词，例如 MAX_VALUE。

(5) 变量名。

选择有意义的名字，注意每个单词首字母要大写，例如 blnFileIsFound。

关键字是特殊的标识符，具有专门的意义和用途，不能当作用户的标识符使用。Java 语言中的关键字均用小写字母表示。表 1.1 列出了 Java 语言中的所有关键字。

表 1.1　关键字

abstract	break	byte	boolean	catch	case	class	char	continue
default	double	do	else	extends	false	final	float	For
finally	if	import	implements	int	interface	instanceof	long	length
native	new	null	package	private	protected	public	return	switch
short	static	super	try	true	this	throw	throws	void
threadsafe	transient	while	synchronized					

另外，除了表 1.1 列出的关键字外，还有 3 个单词需要注意，那就是 true、false 和 null。因为它们尽管没有以关键字的面目出现，但也被 Java 所保留，作为字面常量使用。

1.5 简单的 Java 程序

根据结构组成和运行环境的不同，Java 程序可分为两类：Java Application(Java 应用程序)和 Java Applet(Java 小程序)。简单地说，Java Application 是完整的程序，需要 Java 解释器来解释运行；而 Java Applet 则是嵌在 HTML 网页中的非独立程序，由 Web 浏览器内部包含的 Java 解释器来解释运行。下面分别创建两个简单的程序，看一下两类程序的基本结构。

1.5.1 第一个 Java 应用程序

例 1.1 输出“Hello World!”。

```
import java.lang.*;
public class HelloWorld
{
    public static void main(String [ ]argc)
    {
        System.out.println("Hello World!");
    }
}
```

下面简要分析一下该程序的结构：

在程序开头是类包引入语句“import java.lang.*;”，它将类包 java.lang 引入到本程序，以便在本程序中使用该包中已定义好的类。Java 带有很多类包，每个包中都有很多已定义好的类，并编译成了字节代码，用户可直接引用，这实现了代码的重用。

public class HelloWorld 语句用来声明一个 HelloWorld 类，面向对象的程序是以类为基础的。在语句中，class 为定义一个类的关键字。public 是访问控制修饰符，表示该类是一个公有类，其他所有的类也可以访问这个类的对象。每个类的定义都以符号“{”开始，以“}”结束，类中可以定义数据成员(变量)和方法成员。

在本类中，没有定义数据成员，只定义了主方法 main()：

```
public static void main(String args[ ])
```

在该方法说明语句中，public 是访问控制修饰符，static 是修饰符，在类中，若方法被定义为 static(静态的)，那就是说，无须创建类对象即可调用的静态方法，因此该方法也被称为类方法。void 表示方法无返回值，main 为方法名，String args[]是参数说明，表示执行该程序时，可以带一组字符串参数。方法也是以“{”开始，以“}”结束。

在该 main()方法中只有一条语句：

```
System.out.println("Hello World!");
```

它的作用是在屏幕上输出信息“Hello World!”，在语句中，System 是 java.lang 类包中的一个类。它是 Java 最重要、最基础的类之一，它提供了系统标准设备资源(显示器、键盘)的接口。out 是 System 类定义的一个标准输出流的对象。println 是 System 类中定义的一个静态的(static)方法,其功能是向标准输出设备(屏幕)输出信息。

注意:Java应用程序中可以有多个类,每个类中也可以有多个方法,但只能有一个类和程序同名且只有该类中可以有main()方法,程序最先执行的是main()方法。

1.5.2 第一个Java小程序

例1.2 在屏幕上输出"这是java小程序!"。

```
import java.applet.Applet;
import java.awt.Graphics;
public class Test extends Applet
{
    public void paint(Graphics g)
    {
        g.drawString("这是 java 小程序!",50,60);
    }
}
```

本程序引入使用两个类包java.awt和java.Applet中的类Graphics和Applet。

小程序在类的声明上和应用程序不同,它必须含有extends Applet项,表示Test类是由Applet类派生而来的,Test是派生类又称子类,而Applet是超类又称父类,子类可以继承父类的功能(特征、行为)。比如Test类中含有一个方法paint()就是从超类继承过来的,不过在这里根据需要进行了重写。

paint()方法中只有一条语句:

```
g.drawString("这是 java 小程序!",50,60);
```

在语句当中,g是一个Graphics类的对象,该对象由方法的参数传递所得。drawSrting()是Graphics类的方法,其功能是在指定位置(以Applet左上角为坐标原点,以像素为单位)显示指定的信息。本语句的功能是在Applet屏幕上的(50,60)坐标处开始显示"这是java小程序!"。

由于Applet程序的运行方式与Application程序不同,它可以在Eclipse平台环境下,由小程序查看器直接运行,也可以嵌入在HTML文档中由浏览器装入运行。第一种方式在1.3.1节已经介绍过,下面简要介绍一下第二种方式实现,这就需要简单了解一下HTML(Hyper Text Markup Language,超文本标记语言)了,有关的详细内容请查阅相关的书籍资料。

HTML是用来定义Web页面的语言。用HTML定义的页面也称文档,它被存储在扩展名为.html或.htm的文件中。

HTML文档包含一组元素,每个元素都用标签(tag)来标识。文档将以<HTML>开始,最后以</HTML>结束。在这里分界符<HTML>和</HTML>都是标签,文档中的所有元素都会位于类似这样的一对尖括号内。所有元素的标签是不区分大小写的,但习惯上使用大写,以便与文本内容区分。

下面使用文本编辑器创建如下嵌入Test程序的HTML文档:

```
<HTML>
<TITLE>第一个 Java Applet 应用!!!</TITLE>
<BODY>
<APPLET CODE = "Test.class" WIDTH = 200 HEIGHT = 300 >
</APPLET>
</BODY>
</HTML>
```

将它以 FirstApplet.html 名字存储。

在创建 Test.java 和 FirstApplet.html 文件之后，要运行 Test 程序需要以下步骤。

(1) 使用 Java 编译器编译 Test.java 源程序：

```
javac  Test.java
```

生成字节码文件 Test.class。

(2) 使用 Applet 浏览器浏览页面并装入 Test.class 执行：

```
appletviewer FirstApplet.html
```

上面简要介绍了 Java 的应用程序和小程序，对 Java 程序有了基本的认识。应该注意以下几点：

(1) Java 程序总是由一些类组成。在每个 Java 程序中可以包含有一个或多个类，但至少必须有一个类。

(2) 可以把每个类的程序代码放入一个单独的程序文件中，一般情况下程序文件名和其中定义的类名取名相一致。

(3) 源程序文件必须使用扩展名.java。

1.6 本章小结

(1) 面向对象程序设计思想的主要特征：抽象、封装、继承及多态。

(2) Java 的三大平台：Java SE、Java EE、Java ME。

(3) Java 语言最主要的特点是：面向对象性和平台无关性。

(4) Java 的运行机制：Java 虚拟机其实是软件模拟的计算机，它可以在任何处理器上(无论是在计算机中还是在其他电子设备中)解释并执行 Java 的字节码文件。Java 的字节码被称为 Java 虚拟机的机器码，它被保存在扩展名为.class 的文件中。

(5) Java 的集成开发平台 Eclipse 的使用。

(6) JDK 的安装与配置。

(7) 在 Java 语言中，类、变量和方法的名字都是标识符，这些名字命名要符合标识符的规定：

- 标识符可以由字母、数字和下画线(_)以及美元符号($)组成。
- 标识符必须以字母、下画线或美元符号开头，不能以数字开头。
- $符号一般只用于编译器自动生成的代码，用户一般不用。
- 标识符区分大小写。
- 标识符不能使用关键字。

(8) 简单的 Java 程序。

第2章 Java语言基础

本章学习目标

- 掌握Java中数据类型的划分方法。
- 掌握8种基本数据类型的使用方法及类型的转换方式。
- 掌握运算符和表达式的使用。
- 掌握3种流程控制语句的使用。
- 掌握跳转语句break、continue和return的用法。

程序设计语言有其自身规定的语法规则和语句构成规则。例如,构成程序设计语言基本语法单位的数据类型、标识符、常量、变量、运算符和表达式、流程控制语句、数组等,是程序设计语言的基础。本章将简要介绍Java语言的基础知识和相关概念,读者如果已经对其他的程序设计语言有所了解,只要注意比较一下它们的相同和不同之处,学习起来就会感到比较轻松。

2.1 数据类型划分

类型是一种类属标志,定义了表达式和变量的行为方式。在面向对象的语言中,各种类型的数据都可以被当作对象。在Java语言中,将数据类型分为两种类别：一种是不可分割的基本数据类型,例如整型、字符型、布尔型和浮点型等；另一种是引用数据类型,由于Java语言中没有明确定义指针类型,存储在引用类型变量中的值可以被认为是指向该变量的实际值的指针,即地址。引用数据类型有类、接口、数组和字符串,它们的默认值是null。Java语言的数据类型划分如图2.1所示。

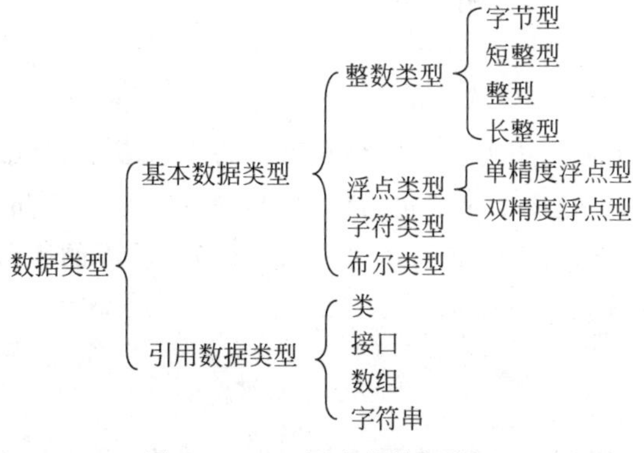

图2.1 Java语言的数据类型

2.2 基本数据类型、常量与变量

2.2.1 基本数据类型

本节主要介绍基本数据类型,引用型数据类型将在后面的章节中介绍。Java 语言中的基本数据类型如表 2.1 所示。

表 2.1 Java 的基本数据类型

数据类型	所占字节	默认值	表示范围
byte(字节型)	1	0	$-2^7 \sim 2^7-1$
short(短整型)	2	0	$-2^{15} \sim 2^{15}-1$
int(整型)	4	0	$-2^{31} \sim 2^{31}-1$
long(长整型)	8	0	$-2^{63} \sim 2^{63}-1$
char(字符型)	2	\u0000	任意字符
boolean(布尔型)	1	false	true,false
float(单精度型)	4	0.0F	$-3.4E38(3.4\times10^{38}) \sim 3.4E38(3.4\times10^{38})$
double(双精度型)	8	0.0D	$-1.7E308(1.7\times10^{308}) \sim 1.7E308(1.7\times10^{308})$

注意:只有类体中定义的成员变量,如果定义后未赋初值,系统会自动使用默认值对其进行初始化,而局部变量系统不提供默认值。

1. 整型

4 种整数类型字节型(byte)、短整型(short)、整型(int)、长整型(long)在内存中所占长度不同,分别是 1、2、4、8 字节。Java 的各种数据类型占用固定的内存空间,与具体的软硬件平台环境无关,体现了 Java 的跨平台性。

2. 浮点型

浮点型表示有小数部分的数据。单精度实数(float)和双精度(double)在计算机中分别占 4 字节和 8 字节,它们所表达的实数的精度和取值范围是不同的。在很多情况下,float 类型的精度无法达到要求,通常使用 double 类型。

3. 字符型

在 Java 语言中,char 类型用 Unicode 编码表中的字符表示。Unicode 可以处理世界上所有书面语言中的字符,它是用 2 字节进行编码的,允许使用 65 536 个字符,通常用十六进制表示,即\u0000～\8FFFF,前缀\u 表示是 Unicode 码,后面的 4 位十六进制数字则表明具体是哪个 Unicode 字符。

4. 布尔型

boolean 类型用于逻辑判断,它只有两个值,即 true(真)和 false(假)。在 Java 语言中,布尔值是不能和整数相互转换的，这一点与C语言有所区别。

以上介绍的Java基本数据类型不属于类，在实际应用中，除了需要进行运算之外，有时还需要将数值类型转换为类，然后再进行操作。在面向对象程序设计语言中，类似这样的处理是由类、对象的方法完成的。在Java中，对每种基本数据类型都提供了其对应的封装类，如表2.2所示。

表2.2 基本数据类型和对应的封装类

数据类型	对应的类	数据类型	对应的类
boolean	Boolean	int	Integer
byte	Byte	long	Long
char	Character	float	Float
short	Short	double	Double

具体如何转换、如何使用将在6.1.4节中介绍。

2.2.2 常量与变量

常量和变量是程序的重要元素。要想正确使用变量，必须了解常量的知识。

1. 常量分类

所谓常量，就是在程序运行过程中保持不变的量，即不能被程序改变的量，也把它称为最终量。常量可分为标识常量和直接常量(字面常量)。

1）标识常量

标识常量使用一个标识符来替代一个常数值，其定义的一般格式为：

```
final 数据类型 常量名 = value[,常量名 = value …];
```

其中，final是保留字，说明后边定义的是常量即最终量；

数据类型是常量的数据类型，它可以是基本数据类型之一；

常量名是标识符，它的值是value，在程序中用到value值的地方均可用常量名替代。

例如：

```
final  double  PI = 3.1415926;  //定义了标识常量PI,其值为3.1415926
```

注意：*在程序中，为了区分常量标识符和变量标识符，常量标识符一般全部使用大写书写。*

2）直接常量

直接常量就是直接出现在程序语句中的常量值，例如3.1415926。直接常量也有数据类型，系统根据字面常量识别，例如：

34,45,+678,−254　　表示整型常量；

12L,+321l,−132415L　　加后缀大写字母L或小写字母l表示长整型常量；

412.53,−5789,+67.25　　表示双精度浮点型常量；

45.59F,−358.2f　　加后缀大写字母F或小写字母f表示单精度浮点型常量。

2. 常量的表示方法

下面介绍各种基本数据类型的直接常量的表示方法。

1）整型常量

整型常量可以用十进制、八进制和十六进制方式表示。

通常情况下使用十进制表示，例如 167、-87、0、24 788 等。

根据需要也可以使用八进制或十六进制形式表示。以八进制表示时，以数字 0 开头，例如 0123、-011 等。其中 0123 表示十进制数 83，-011 表示十进制数-9。

以十六进制表示整型常量时，以 0x 或 0X 开头，如 0x123、-0X12 等。其中 0x123 表示十进制数 291，-0X12 表示十进制数-18。

此外，长整型常量的表示方法是在数值的尾部加一个拖尾的字符 L 或 l，如 456l、0123L、0x25l。

2）浮点型常量

通常情况下浮点型常量有两种表示形式，例如，0.123、-1.23、123.0 等，这些都是双精度型数据。又例如，66.4f、78.123F、-0.5677f 等，这些表示单精度型数据。使用浮点型数值时，默认的类型是 double，在数值后面加上一个 d 或 D，作为 double 类型的标识。在 Java 中，d 或 D 可以省略。在数值后面加上一个 f 或 F，则作为 float 类型的标识，若没有加，Java 就会将该数据视为 double 类型，而在编译时就会发生错误，错误提示可能会丢失精度。

当表示的数字比较大或比较小时，采用科学记数法的形式表示，例如，123000000000、0.000001 用科学记数法表示为 1.23e11、1E-6。其中把 e 或 E 之前的常数称为尾数，e 或 E 后面的常数称为指数。

注意：*使用科学记数法表示常数时，指数和尾数部分均不能省略，且指数部分必须为整数。*

3）字符型常量

字符型数据占据 2 字节，即 16 个二进制位。字符常量是用单引号括起来的一个字符，如'a'、'A'等。计算机处理字符类型时，是把这些字符当成不同的整数来看待，因此严格来说，字符类型也可被当作整数类型来使用。字符可以直接是字母表中的字符，也可以是转义字符。转义字符是一些有特殊含义、很难用一般方式表达的字符，如回车、换行等。常用的转义字符如表 2.3 所示。

表 2.3 常用的转义字符

序号	转义字符	描　述	序号	转义字符	描　述
1	\f	换页	6	\r	回车
2	\\	反斜线	7	\”	双引号
3	\b	倒退一格	8	\t	横向跳格
4	\’	单引号	9	\n	换行
5	\ddd	1～3 位八进制数所表示的字符	10	\uxxxx	1～4 位十六进制数所表示的字符

4）布尔型常量

布尔型数据的值只有两个：true 和 false，分别表示真和假。

5）字符串常量

字符串常量是用双引号括起来的一串若干字符(可以是 0 个字符)，字符串中可以包含转义字符。标识字符串开始和结束的双引号必须在源代码的同一行上。

3. 变量

变量是程序中的基本存储单元，在程序的运行过程中可以随时改变其存储单元的值。Java 中的变量必须先声明、后使用。

1）变量的定义

变量的一般定义如下：

```
数据类型  变量名[ = value] [, 变量名[ = value] … ];
```

其中，数据类型表示后边定义变量的数据类型；

变量名是一个标识符，应遵循标识符的命名规则。

可以在说明变量的同时为变量赋初值。例如：

```
int n1 = 456,n2 = 687;
float f1 = 3654.4f,f2 = 1.325f
double d1 = 2145.2;
```

2）变量初始化

变量定义后可以直接赋初值，例如“int i=1;”，也可以在使用时再赋值，例如“int i;i=1;”。值得一提的是，在类体中定义的成员变量，如果定义后未赋初值，系统会自动对其进行初始化，各种类型的默认初始值为：byte 型默认值 0，short 型默认值 0，int 型默认值 0，long 型默认值 0l，float 型默认值 0.0f，double 型默认值 0.0d，char 型默认值/u0000(即数值 0，而非字符 0，因为它是 0～65 535 的序列)，boolean 型默认值 false。而方法参数，即局部变量如果未赋初值，系统不会对其进行初始化。

3）变量的作用域

每一个被定义的变量，它都有一个有效的作用范围，超出这个范围，该变量就无法使用了。变量的作用域是指从变量自定义的地方起可以使用的有效范围。在程序中不同的地方定义的变量具有不同的作用域。一般情况下，在本程序块(即以大括号“{}”括起的程序段)内定义的变量在本程序块内有效。

例 2.1 说明变量作用域的示例。

```
public class Var_Area_Example2_1 {
    static int n_var1 = 10;            //类变量,对整个类都有效
    public void display()
    {
      int n_var2 = 200;                //方法变量,只在该方法内有效
      n_var1 = n_var1 + n_var2;
      System.out.println("n_var1 = " + n_var1);
      System.out.println("n_var2 = " + n_var2);
    }
    public static void main(String args[])
    {
```

```
        int n_var3;                    //方法变量,只在该方法内有效
        n_var3 = n_var1 * 2;
        System.out.println("n_var1 = " + n_var1);
        System.out.println("n_var3 = " + n_var3);
    }
}
```

2.2.3 程序的注释

为了提高程序的可读性,大多数程序设计语言都提供了程序注释的方式,这对于程序后续的维护、升级提供了参考。

Java 提供了两种注释方式:程序注释和程序文档注释。

1. 程序注释

程序注释主要是为了程序的易读性。阅读一个没有注释的程序是比较痛苦的事情,因为对同一个问题,有多种解决方法,不同的人可能有不同的处理方式,要从一行行的程序语句中来理解他人的处理思想是比较困难的,特别是对初学者来说。因此,要了解一个程序语句、一个程序段、一个程序的作用是什么,必要时都应该用注释简要说明。

程序中的注释不是程序语句的组成部分,它可以放在程序的任何地方,系统在编译时忽略它们。Java 语言中的程序注释分为两种。

1) 单行注释

以"//"开始后跟注释文字。这种注释方式可以单独占一行,也可放在程序语句的后面。

例如:

```
int  id;                        //定义整型变量 id,表示识别号码
String  name;                   //定义字符串变量 name,表示名字
```

2) 多行注释

当需要多行注释时,一般使用以"/ *"开始,以"* /"结束的格式作注释,中间为注释内容。

例如:

```
/*
 * 本程序是一个示例程序,在程序中定义了如下两个方法:
 * setName(String)       --- 设置名字方法
 * getName()             --- 获取名字方法
 */
public void setName(String name)
{
    …
}
public String getName()
{
  return name;
}
…
```

除此之外，添加注释也是调试程序的一个重要方法。如果觉得某代码可能有问题，可以先把这段代码注释起来，让编译器忽略这段代码，再次编译、运行，如果程序可以正常执行，则可以说明错误就是由这段代码引起的，这样就缩小了错误的范围，有利于排错。

2. 程序文档注释

程序文档注释是Java特有的注释方式，它规定了一些专门的标记，其目的是用于自动生成独立的程序文档。

程序文档注释通常用于注释类、接口、变量和方法。

例如：

```
/**
 * 该类包含了一些操作数据库常用的基本方法，例如，在库中建立新的数据表
 * 在数据表中插入新记录、删除无用的记录、修改已存在的记录中的数据、查询
 * 相关的数据信息等功能
 * @author   hrbfu
 * @version 1.50, 06/02/17
 * @since   JDK1.8
 */
```

在上面的程序文档注释中，除了说明文字之外，还有一些@字符开始的专门的标记，说明如下：

@author　　用于说明本程序代码的作者；

@version　　用于说明程序代码的版本及推出时间；

@since　　用于说明开发程序代码的软件环境。

JDK提供的文档生成工具javadoc.exe能识别注释中这些特殊的标记和标注，并根据这些注释生成超文本Web页面形式的文档。

2.2.4 类型转换

Java语言是一种强类型语言，在编译时Java会检测数据类型的兼容性。Java提供了数据类型转换功能，即在运算中，不同类型的数据在允许转换的条件下总是先转化为同一类型再运算，否则将产生编译错误。基本数据类型之间的转换分为两种：自动转换和强制转换。

1. 自动转换

所谓自动转换，是系统自动进行的，就是数据类型在转换时，无须明确声明，没有精度损失。整型、实型、字符型数据可以混合运算。运算时，系统自动将两个运算数中低级的运算数转换为和另一个较高级运算数的类型相一致的数，然后再进行运算。

类型从低级到高级顺序示意如下：

```
低 -------------------------------->高
byte→short, char→int→long→float→double
```

2. 强制转换

自动转换是系统自动进行的，是低精度向高精度的转换。而如果将高精度数据转换成

低精度类型数据，则需要强制类型转换，这样做有可能会导致数据溢出或精度下降，使用时要特别谨慎。强制转换需要通过强制转换符来完成，其语法格式为：

（目标类型）待转换变量名

例如：

```
long    num1 = 8;
int     num2 = (int)num1;
long    num3 = 547892L;
short   num4 = (short)num3;  //将导致数据溢出
```

例 2.2 基本数据类型之间的转换示例。

```
public class Change_Data_Example2_2{
    public static void main(String[] args)
    {
        //无损失自动转换
        int i = 100;
        long l = i;
        System.out.println("l = " + l);
        //有损失自动转换
        int n = 123456789;
        float f = n;
        System.out.println("f = " + f);
        //强制转换
        double x = 9.997;
        int nx = (int)x;
        System.out.println("nx = " + nx);
    }
}
```

程序运行结果如下：

```
l = 100
f = 1.23456792E8
nx = 9
```

2.3 运算符与表达式

在编写程序时会有各种各样的运算，例如，两个整数的加、乘、数的大小比较等。下面首先通过两条语句来解释一下 Java 中的运算符和表达式概念。

```
int x = 1, y = 5, z;
z = x + y;
```

运算符：表示各种不同运算的符号就是运算符。如上面的"＝""＋"都是运算符，"＝"是赋值运算符，表示把右边的值赋值给左边的变量。"＋"是算术运算符，用来把两个整数 x 和 y 相加。

操作数：由运算符连接的参与运算的数据称为操作数。上面的 x 和 y 就是操作数。

表达式：由运算符把操作数(变量或常量)连接成一个有意义的式子就是表达式。如 x+y 就是一个表达式，z=x+y 是一个赋值表达式。一个常量或一个变量名是最简单的表达式。表达式是可以计算值的运算式，每个表达式都有确定类型的值。

2.3.1 运算符

按照运算符的功能，运算符分为 8 种，分别是算术运算符、关系运算符、逻辑运算符、位运算符、赋值运算符、条件运算符、字符串运算符和其他运算符。

按照连接操作数的多少，运算符分为 3 种：一元运算符、二元运算符和三元运算符。

1. 算术运算符

算术运算符如表 2.4 所示。

表 2.4 算术运算符

运算符	含义	举例
-	取负，一元运算符	-x
++	自增，一元运算符	i++
--	自减，一元运算符	i--
*	乘，二元运算符	z=x*y
/	除，二元运算符	z=x/y
%	求余，二元运算符	z=x%y
+	加，二元运算符	z=x+y
-	减，二元运算符	z=x-y

把由算术运算符连接数值型操作数的运算式称为算术表达式。例如，x+y*z/2、i++、(a+b)%10 等。

求余运算符%，其操作数可以为浮点数，如 24.5%10=2.45。除运算符如果两侧的操作数均为整数，则运算结果为整数。

注意：Java 中对运算符“+”进行了扩展，它能够连接字符串，如"abc"+"def"，得到字符串"abcdef"。再如，有语句“System.out.println("1"+23);”，则输出结果为字符串"123"。

例 2.3 算术运算符及表达式的示例。

```
public class Arithmetic2_3{
        public static void main(String[] args)
        {
            int x = 10;
            System.out.println(" - x = " + ( - x));
            x++;
            System.out.println("x = " + x);
            x--;
            System.out.println("x = " + x);
            x = x + 10;
            System.out.println("x = " + x);
            x = x - 10;
            System.out.println("x = " + x);
```

```
            x = x * x;
            System.out.println("x = " + x);
            x = x/x;
            System.out.println("x = " + x);
            x = x % x;
            System.out.println("x = " + x);
        }
}
```

程序运行结果如下：

```
-x = -10
x = 11
x = 10
x = 20
x = 10
x = 100
x = 1
x = 0
```

2. 关系运算符

关系运算符用来比较两个值，运算结果为布尔类型的值 true 或 false，关系运算符如表 2.5 所示。

表 2.5 关系运算符

运 算 符	含 义	举 例
>	大于，二元运算符	x>y
<	小于，二元运算符	x<y
>=	大于或等于，二元运算符	x>=y
<=	小于或等于，二元运算符	x<=y
==	等于，二元运算符	x==y
!=	不等于，二元运算符	x!=y

这里要注意的是，==运算符一定不要错用成=。例如，当 x=90，y=78 时，x>y 结果为 true，x==y 结果为 false。

3. 逻辑运算符

逻辑运算符是针对布尔型数据进行的运算，运算结果为布尔类型的值 true 或 false，逻辑运算符如表 2.6 所示。

表 2.6 逻辑运算符

运算符	运 算	用 法	描 述
!	逻辑非，一元运算符	!a	与 a 的 true 或 false 相反
&&	短路与(简捷与)	a&&b	两个操作数均为 true 时，结果才为 true
||	短路或(简捷或)	a || b	两个操作数均为 false 时，结果才为 false
&	逻辑与，二元运算符	a&b	两个操作数均为 true 时，结果才为 true
|	逻辑或，二元运算符	a|b	两个操作数均为 false 时，结果才为 false

在这里简捷运算(&&、||)和非简捷运算(&、|)的区别在于：非简捷运算在计算左右两个表达式后，最后才得到结果；简捷运算可能只计算左边的表达式而不需要再计算右边的表达式，即对于 && 运算符，只要左边表达式为 false，就不计算右边表达式，则整个表达式为 false；对于 || 运算符，只要左边表达式为 true，就不计算右边表达式，则整个表达式为 true。

例 2.4 逻辑运算符及表达式的示例。

```
class LogicExam2_4{
public static void main(String[ ] arg)
{
     int a = 0,b = 1;
     float x = 5f,y = 10f;
     boolean l1,l2,l3,l4,l5;
     l1 = (a == b) || (x > y);
     l2 = (x < y)&&(b!= a);
     l3 = l1&&l2;
     l4 = l2 || l3;
     l5 = !l4;
     System.out.println("l1 = " + l1 + "l2 = " + l2 + "l3 = " + l3 + "l4 = " + l4 + "l5 = " + l5);
}
}
```

程序运行结果如下：

```
l1 = false   l2 = true   l3 = false   l4 = true   l5 = false
```

4. 位运算符

位运算符用来对二进制位进行操作，位运算符如表 2.7 所示。

表 2.7 位运算符

运　算　符	用　　法	描　　述
～	～a	按位取反
&	a&b	按位与
|	a|b	按位或
^	a ^b	按位异或
<<	a << b	a 左移 b 位
>>	a >> b	a 右移 b 位
>>>	a >>> b	a 无符号右移 b 位

位运算符除～以外，其余均为二元运算符，操作数只能为整型和字符型数据。运算符 &、|、^和逻辑运算符的写法相同，但逻辑运算符的操作数为布尔型。在位运算符中，“>>”和“>>>”的基本功能都是右移，但是，“>>”移到右端的低位被舍弃，高位则移入原来高位的值，即保持符号位不变；而“>>>”则是用零填充右移后留下的空位。例如，x＝00110011，则 x >>> 2＝00001100；y＝11001101，则 y >>> 2＝00110011；x＝00110011，则 x >> 2＝00001100；y＝11001101，则 y >> 2＝11110011。

例 2.5 位运算符及表达式的示例。

```
public class BitwiseExam2_5{
        public static void main(String[ ] args)
        {
            int x = 10;                     //00001010
            int y = 2;                      //00000010
            int z;
            //位非～
            z = ～x;                        //11110101
            System.out.println("z = " + z);
            //位与 &
            z = x&y;                        //00000010
            System.out.println("z = " + z);
            //位与|
            z = x|y;                        //00001010
            System.out.println("z = " + z);
            //位异或
            z = x^y;                        //00001000
            System.out.println("z = " + z);
            //位左移
            z = x << y;
            System.out.println("z = " + z);
            //位右移
            z = x >> y;
            System.out.println("z = " + z);
            //位右移
            z = x >>> y;
            System.out.println("z = " + z);
        }
}
```

程序运行结果如下：

```
z = -11
z = 2
z = 10
z = 8
z = 40
z = 2
z = 2
```

5. 赋值运算符

赋值运算符用于把一个表达式的值赋给一个变量或对象，Java 也提供复合的或称为扩展的赋值运算符，运算符如表 2.8 所示。

表 2.8 赋值运算符

运算符	含 义	举 例
=	运算符右侧的值赋给左侧的变量，二元运算符	x=5
+=	运算符左右两侧的值相加，结果赋给左侧的变量，二元运算符	x+=5
-=	运算符左右两侧的值相减，结果赋给左侧的变量，二元运算符	x-=5
*=	运算符左右两侧的值相乘，结果赋给左侧的变量，二元运算符	x*=5
/=	运算符左侧值除以右侧值，结果赋给左侧的变量，二元运算符	x/=5
%=	运算符左侧值除以右侧值，余数赋给左侧的变量，二元运算符	x%=5

例如：

x*=x+y;　　等价于　　x=x*(x+y);

x+=y;　　等价于　　x=x+y;

x%=y;　　等价于　　x=x%y;

6. 条件运算符

条件运算符“?:”是 Java 中唯一的一个三元运算符，由它构成的条件表达式格式如下：

```
条件?表达式 1:表达式 2
```

条件运算符的计算过程：首先计算条件，如果为真，则整个表达式的值为表达式 1 的值，否则为表达式 2 的值。例如：

```
int x = 10, y;
y = (x > 5)?x * x:x + 5;
```

则表达式的值为 100。

7. 字符串运算符

“+”除了作为算术运算符外，在 Java 中还有一项特殊用途：字符串的连接。请注意运用“String+”时一些有趣的现象。若表达式以一个 String 开头，那么后续所有运算对象都必须是字符串。如下所示：

```
int x = 0, y = 1, z = 2;
String s = "x, y, z ";
System.out.println(s + x + y + z);
```

在这里，Java 编译程序会将 x、y 和 z 转换成它们的字符串形式，而不是先把它们加到一起。结果为：x,y,z 012。在程序中常常使用 System.out.print()这种形式输出参数。

8. 其他运算符

1）对象运算符(new)

new 运算符主要用于构建类的对象，将在第 3 章作详细介绍。

2）分量运算符(.)

分量运算符主要用于获取类、对象的属性和方法。例如，程序实现在屏幕上输出信息：

System. out. println("my first Java program");

3) 对象测试(instanceof)

instanceof 运算符主要用于对象的测试。将在第 4 章中应用时介绍它。

4) 数组下标运算符([ ])

主要用于数组。

5) ()运算符

()运算符用在运算表达式中,它改变运算的优先次序;用于对象方法调用时作为方法的调用运算符。

2.3.2 表达式及运算符的优先级、结合性

优先级是指同一表达式中多个运算符被执行的次序,在表达式求值时,先按运算符的优先级别由高到低的次序执行,例如,算术运算符中采用“先乘除、后加减”。如果在一个运算对象两侧的优先级别相同,则按规定的“结合方向”处理,称为运算符的“结合性”。如算术运算符的结合方向为“自左至右”,即先左后右。也有一些运算符的结合性是“自右至左”的。例如:

当 a=3;b=4 时,

- 若 k=a-5+b,则 k=2(先计算 a-5,再计算-2+b)。
- 若 k=a+=b-=2,则 k=5(先计算 b-=2,再计算 a+=2)。

最简单的表达式是一个常量或一个变量,当表达式中含有两个或两以上的运算符时,就称为复杂表达式。在计算一个复杂的表达式时,要注意运算符的优先级。

表达式中运算的先后顺序由运算符的优先级确定,掌握运算的优先次序是非常重要的,它确定了表达式的表达是否符合题意,表达式的值是否正确。表 2.9 列出了 Java 中所有运算符的优先级顺序。

表 2.9 Java 运算符的优先顺序

优先级	运 算 符	优先级	运 算 符
1	.,[],()	9	&
2	一元运算:+,-,++,--,!,~	10	^
3	new,(强制类型转换)	11	|
4	*,/,%	12	&&
5	+,-	13	||
6	>>,>>>,<<	14	?:
7	>,<,>=,<=,instanceof	15	=,+=,-=,*=,/=,%=,^=
8	==,!=	16	&=,|=,<<=,>>=,>>>=

当然,不必刻意去死记硬背这些优先次序,使用多了,自然就熟悉了。在书写表达式时,如果不太熟悉某些优先次序,可使用()运算符确定优先顺序。

2.4 流程控制

不论哪一种编程语言,都会提供 3 种基本的流程控制结构:顺序结构、分支结构和循环结构。Java 语句包含一系列的流程控制语句,这些控制语句表达了一定的逻辑关系,可选择性地或者是可重复性地执行某些代码行,这些语句与其他编程语言中使用的流程控制语句大体相近,Java 的流程控制语句基本上是仿照 C/C++ 中的语句。

2.4.1 顺序结构

任何程序设计语言中最常见的程序结构就是顺序结构。顺序结构就是程序自上而下逐行顺序执行,中间没有任何判断和跳转。

例 2.6 求两个数和的示例。

```
public class AdditionDemo2_6{
        public static void main(String[ ] args)
        {
          int op1,op2,sum;
          op1 = Integer.parseInt(args[0]);
          op2 = Integer.parseInt(args[1]);
          sum = op1 + op2;
          System.out.println("sum = " + sum);
  }
}
```

2.4.2 分支结构

Java 提供了两种最常见的分支控制结构:if 语句和 switch 语句。其中,if 语句使用布尔表达式作为分支条件来进行分支控制;switch 语句则用于对多个整型值进行匹配,从而实现分支控制。

1. if 条件分支语句

一般情况下,程序是按照语句的先后顺序依次执行的,但在实际应用中,往往会出现这些情况,例如计算一个数的绝对值,若该数是一个正数(≥0),其绝对值就是本身;否则取该数的负值(负负得正)。这就需要根据条件来确定执行所需要的操作。类似这种情况的处理,要使用 if 条件分支语句来实现。有 3 种不同形式 if 条件分支语句,其格式如下:

1) 格式 1

```
if (布尔表达式)  语句;
```

功能:若布尔表达式(关系表达式或逻辑表达式)产生 true(真)值,则执行语句,否则跳过该语句。执行流程如图 2.2 所示。其中,语句可以是单个语句或语句块(用大括号“{}”括起的多个语句)。

例如,求实型变量 x 的绝对值的程序段：

```
float x = -45.2145f;
if (x<0) x = -x;
System.out.println("x=" + x);
```

2）格式 2

```
if (布尔表达式)  语句 1;
else     语句 2;
```

该格式分支语句的执行流程如图 2.3 所示,如果布尔表达式的值为 true 执行语句 1；否则执行语句 2。

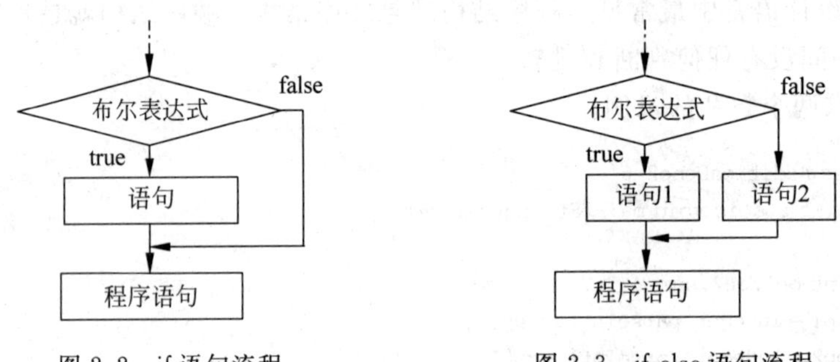

图 2.2 if 语句流程　　图 2.3 if-else 语句流程

例如,下面的程序段测试一门功课的成绩是否通过：

```
int  score = 40;
boolean b = score>=60;   //布尔型变量 b 是 false
if (b)  System.out.println("你通过了测试");
else    System.out.println("你没有通过测试");
```

这是一个简单的例子,程序定义了一个布尔变量,主要是说明一下它的应用。当然可以将上述功能程序段,写为如下方式：

```
int score = 40;
if (score>=60)  System.out.println("你通过了测试");
else System.out.println("你没有通过测试");
```

3）格式 3

```
if (布尔表达式 1)   语句 1;
else if (布尔表达式 2)   语句 2;
…
else if (布尔表达式 n-1)   语句 n-1;
else    语句 n;
```

这是一种多者择一的多分支结构,其功能是：如果布尔表达式 i (i=1～n−1)的值为 true,则执行语句 i；否则[布尔表达式 i (i=1～n−1)的值均为 false]执行语句 n。功能流程见图 2.4。

例 2.7 为考试成绩划定 5 个级别：当成绩大于或等于 90 分时,划定为优；当成绩大

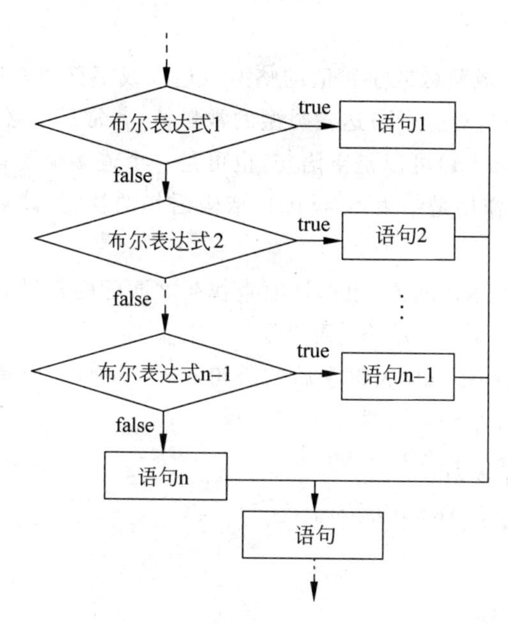

图 2.4 if-else if-else 语句流程

于或等于 80 分且小于 90 分时，划定为良；当成绩大于或等于 70 分且小于 80 分时，划定为中；当成绩大于或等于 60 分且小于 70 分时，划定为及格；当成绩小于 60 分时，划定为差。

```
public class ScoreExam2_7{
  public static void main(String[ ] args)
  {
   int score = 75;
   if(score>=90) System.out.println("成绩为优 = " + score);
   else if(score>=80) System.out.println("成绩为良 = " + score);
   else if(score>=70) System.out.println("成绩为中 = " + score);
   else if(score>=60) System.out.println("成绩为及格 = " + score);
   else System.out.println("成绩为差 = " + score);
  }
}
```

2. switch 条件语句

如上所述，if-else if-else 是实现多分支的语句。但是当分支较多时，使用这种形式会显得比较麻烦，程序的可读性差且容易出错。Java 提供了 switch 语句实现“多者择一”的功能。switch 语句的一般格式如下：

```
switch(表达式)
{
      case 常量 1: 语句组 1;[break;]
      case 常量 2: 语句组 2;[break;]
      …
      case 常量 n-1: 语句组 n-1;[break;]
      case 常量 n: 语句组 n;[break;]
      default: 语句组 n+1;
}
```

其中：

(1) 表达式是可以生成整数或字符值的整型表达式或字符型表达式。

(2) 常量 i(i=1～n)是对应于表达式类型的常量值，各常量值必须是唯一的。

(3) 语句组 i(i=1～n+1)可以是空语句，也可是一个或多个语句。

(4) break 关键字的作用是结束本 switch 结构语句的执行，跳到该结构外的下一个语句执行。

switch 语句先计算表达式的值，根据计值查找与之匹配的常量 i，若找到，则执行语句组 i，遇到 break 语句后跳出 switch 结构；否则继续执行下面的语句组。如果没有查找到与计值相匹配的常量 i，则执行 default 关键字后的语句 n+1，default 语句可以省略。

例 2.8 使用 switch 结构重写例 2.7。

```
public class SwitchExam2_8{
   public static void main(String[ ] args)
   {
         int score = 75;
         int n = score/10;
         switch(n)
         {
              case 10:
              case 9: System.out.println("成绩为优 = " + score);
                      break;
              case 8: System.out.println("成绩为良 = " + score);
                      break;
              case 7: System.out.println("成绩为中 = " + score);
                      break;
              case 6: System.out.println("成绩为及格 = " + score);
                      break;
              default: System.out.println("成绩为差 = " + score);
         }
   }
}
```

比较一下，可以看出，用 switch 语句处理多分支问题，结构比较清晰，程序易读易懂。使用 switch 语句的关键在于计值表达式的处理，在上面程序中 n=score/10，当 score=100 时，n=10；当 score 大于或等于 90、小于 100 时，n=9，因此常量 10 和 9 共用一个语句组。此外 score 在 60 分以下，n=5,4,3,2,1,0 统归为 default，共用一个语句组。

2.4.3 循环结构

循环语句是程序中一种重要的语句，是指在一定的条件下重复执行某段程序，被重复执行的这段程序称为“循环体”。

Java 提供了 3 种语句来实现循环结构，分别是 for 语句、do-while 语句和 while 语句。它们都可以根据给定的条件来判断是否执行循环体。如果满足执行条件，则继续执行循环体；否则就不再执行循环体，结束循环语句。

1. for 循环语句

for 语句是 3 个语句中功能最强、使用最广泛的一个。for 循环语句的一般格式如下：

```
for (表达式 1; 表达式 2; 表达式 3)
{
  语句组;    //循环体
}
```

其中：

(1) 表达式 1 一般用于设置循环控制变量的初始值,例如"int i=1;"。

(2) 表达式 2 一般是关系表达式或逻辑表达式,用于确定是否继续进行循环体语句的执行。例如"i<100;"。

(3) 表达式 3 一般用于循环控制变量的增减值操作。例如"i++;或 i--;"。

(4) 语句组是要被重复执行的语句,称为循环体。语句组可以是空语句(什么也不做)、单个语句或多个语句。

for 循环语句的执行流程如图 2.5 所示。先计算表达式 1 的值；再计算表达式 2 的值,若其值为 true,则执行一遍循环体语句；然后再计算表达式 3。之后又一次计算表达式 2 的值,若值为 true,则再执行一遍循环体语句；又一次计算表达式 3；再一次计算表达式 2 的值……直到表达式 2 的值为 false,结束循环,执行循环体下面的程序语句。

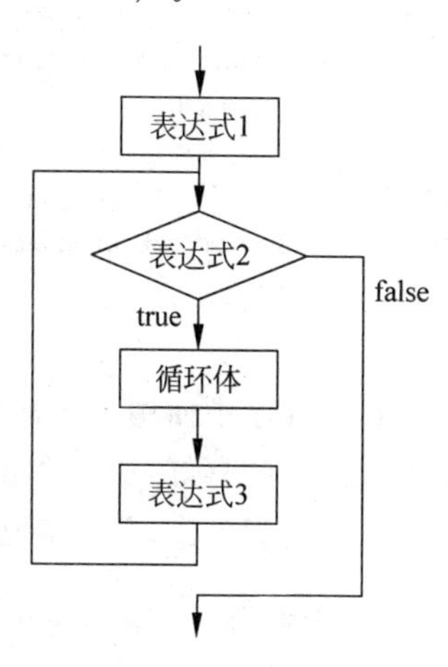

图 2.5 for 语句流程图

例 2.9 计算 1+2+…+100 的值。

```
public class SumExam2_9{
    public static void main(String[ ] args)
    {
        int sum = 0;
        for(int i = 1; i <= 100; i++)
         {
           sum += i;
         }
        System.out.println("sum = " + sum);
    }
}
```

该例子中使用的是 for 标准格式的书写形式,在实际应用中,可能会使用一些非标准但符合语法和应用要求的书写形式。不管何种形式,只要掌握 for 循环的控制流程即可。

例 2.10 这是一个古典数学问题：一对兔子从它出生后第 3 个月起,每个月都生一对小兔子,小兔子 3 个月后又生一对小兔子,假设兔子都不死,求每个月的兔子对数。该数列为：

1 1 2 3 5 8 13 21… 即从第 3 项开始,其该项是前两项之和。求 100 以内的斐波那契数列。程序参考代码如下：

```
public class FibonacciExam2_10 {
    public static void main(String args[])
     {
       System.out.println("斐波那契数列:");
       /** 采用for循环,声明3个变量:
            i--- 当月的兔子数(输出);
            j--- 上月的兔子数;
            m--- 中间变量,用来记录本月的兔子数
        */
       for (int i=1, j=0, m=0;  i<100;)
       {
         m=i;                          //记录本月的兔子数
         System.out.print(" "+i);      //输出本月的兔子数
         i=i+j;                        //计算下月的兔子数
         j=m;                          //记录本月的兔子数
       }
       System.out.println("");
     }
}
```

在该程序中使用了非标准形式的for循环格式,缺少表达式3。在实际应用中,根据程序设计人员的喜好,在3个表达式中,哪一个都有可能被省去。但无论哪种形式,即便3个表达式语句都省去,两个表达式语句的分隔符";"必须存在,不可省略。

2. 增强型for循环语句

Java 5引入了一种主要用于数组的增强型for循环语句。增强的for语句也叫foreach语句(在MyEclipse里输入fore再执行自动补全功能会自动补全为增强的for语句),主要用于对集合和数组进行迭代,它可以使你的循环语句更简洁,更易于阅读。

增强型for循环语句的一般格式如下:

```
for (声明语句 : 表达式)
{
   语句组;   //循环体
}
```

其中:

(1) 声明语句由于声明新的局部变量,该变量的类型必须和数组元素的类型匹配。其作用域限定在循环语句块,其值与此时数组元素的值相等。

(2) 表达式是要访问的数组名,或者是返回值为数组的方法。

例2.11 遍历数组。

```
public class EnhancedFor2_11{
    public static void main(String args[])
    {
        int [] numbers = {10, 20, 30, 40, 50};
        for (int x : numbers )
        {
            System.out.print( x );
```

```
            System.out.print(",");
        }
        System.out.print("\n");
        String[] names = {"James", "Larry", "Tom", "Lacy"};
        for (String name : names)
        {
            System.out.print(name);
            System.out.print(",");
        }
    }
}
```

程序运行结果如下：

```
10,20,30,40,50,
James,Larry,Tom,Lacy,
```

程序中的 x 和 name 表示每轮循环，当前遍历到的 numbers 和 names 的元素的值。

增强的 for 语句只能用于遍历访问数组和集合，但是不能改变数组和集合的值。能用增强 for 语句的地方，最好用它代替普通 for 循环，比如遍历枚举的时候，用增强型 for 语句就比较方便。

3. while 循环语句

一般情况下，for 循环用于处理确定次数的循环；while 和 do-while 循环用于处理不确定次数的循环。

while 循环的一般格式是：

```
while (布尔表达式)
{
        语句组;      //循环体
}
```

其中：

(1) 布尔表达式可以是关系表达式或逻辑表达式，它产生一个布尔值。

(2) 语句组是循环体，要重复执行的语句序列。

while 循环的执行流程如图 2.6 所示。当布尔表达式产生的布尔型值是 true 时，重复执行循环体(语句组)操作；当布尔表达式产生值是 false 时，结束循环操作，执行 while 循环体下面的程序语句。

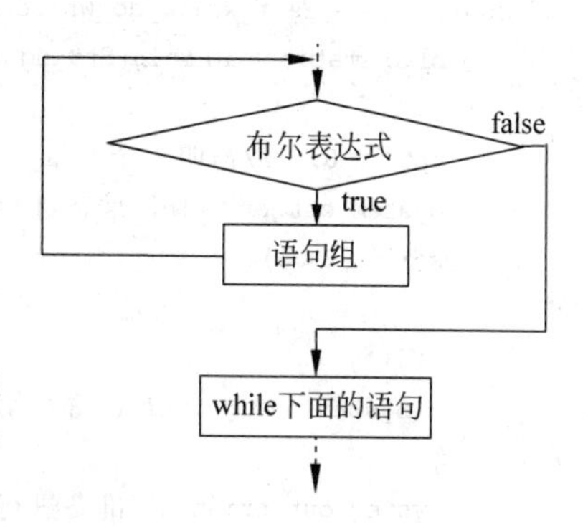

图 2.6 while 循环流程

例 2.12 计算 n!，当 n=9 时，分别输出 1!～9!各阶乘的值。

```
public class FactorialExam2_12{
  public static void main(String[] args)
  {
    int i = 1;
    int product = 1;
```

```
    while (i<=9)
    {
      product *= i;
      System.out.println(i+"!="+product);
      i++;
    }
  }
}
```

4. do-while 循环

do-while 循环的一般格式是：

```
do
{
        语句组;      //循环体
}while (布尔表达式);
```

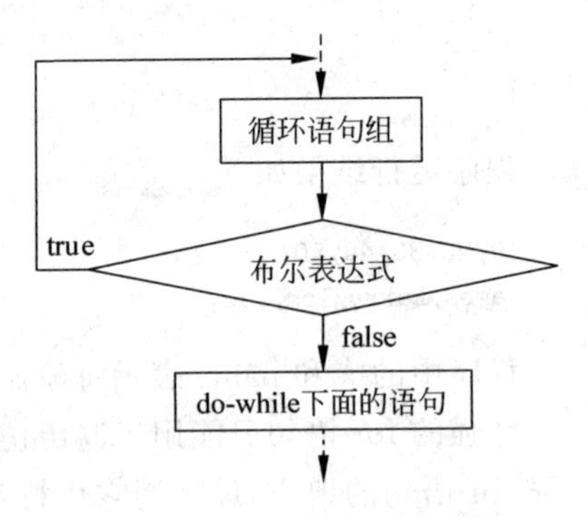

图 2.7　do-while 循环流程

注意一下 do-while 和 while 循环在格式上的差别，然后再留意一下它们在处理流程上的差别。图 2.7 描述了 do-while 的循环流程。

从两种循环的格式和处理流程可以看出它们之间的差别在于：while 循环先判断布尔表达式的值，如果表达式的值为 true，则执行循环体，否则跳过循环体的执行。因此，如果一开始布尔表达式的值就为 false，那么循环体一次也不被执行。do-while 循环是先执行一遍循环体，然后再判断布尔表达式的值，若为 true，则再次执行循环体，否则执行后边的程序语句。无论布尔表达式的值如何，do-while 循环都至少会执行一遍循环体语句。

例 2.13　while 和 do-while 循环比较测试示例。

```
public class Test_while_do_whileExam2_13{
  public static void main(String args[])
  {
    int i=0;  //声明一个变量
    System.out.println("准备进行 while 操作");
    while (i<0)
    {
      i++;
      System.out.println("进行第"+i+"次 while 循环操作");
    }
    System.out.println("准备进行 do-while 循环");
    i=0;
    do
    {i++;
      System.out.println("进行第"+i+"次 do-while 循环操作");
    }
    while (i<0);
  }
}
```

程序运行结果如下：

```
准备进行 while 操作
准备进行 do - while 循环
进行第 1 次 do - while 循环操作
```

2.4.4 跳转语句

1. break 语句

在前面介绍的 switch 语句结构中，已经使用过 break 语句，它用来结束 switch 语句的执行，使程序跳到 switch 语句结构后的第一个语句去执行。

break 语句也可以用于循环语句中。在某些时候，需要在某种条件出现时，强行结束循环，而不是等到循环条件为 false 时，此时可以使用 break 来完成这个功能。break 用于完全结束一个循环，跳出循环体。不管是哪种循环，一旦在循环体中遇到 break，系统将完全结束该循环，使程序跳到它所在的循环语句后面的语句去执行。

break 语句有如下两种格式：

```
break;
break 标号;
```

第一种格式比较常见，它的功能和用途如前所述。

第二种格式带标号的 break 语句并不常见，它的功能是结束标号所标识的循环语句的执行，跳到标号所标识的循环体外去执行。该格式一般适用于多层嵌套的循环结构，当需要从一组嵌套较深的循环结构中跳出时，该语句是十分有效的，它大大简化了操作。

在 Java 程序中，每个语句前面都可以加上一个标号，标号是由标识符加上一个"："字符组成。

例 2.14 输出 50～100 以内的所有素数。所谓素数，即是只能被 1 和其自身除尽的正整数。

```
class Prime50_100Exam2_14{
  public static void main(String[ ] args)
  {
    int n,m,i;
    for (n = 50; n<100; n++)
    {
      for (i = 2; i <= n/2; i++)
      {
        if (n % i == 0)  break;          //被 i 除尽,不是素数,跳出本循环
      }
      if (i>n/2)                         //若 i>n/2,说明在上面的循环中没有遇到被除尽的数
      {
          System.out.print(n + "  "); //输出素数
      }
    }
  }
}
```

例 2.15 修改例 2.14,使用带标号的 break 语句,输出 50～100 以内的所有素数。

```
class Prime50_100Exam2_15{
  public static void main(String[ ] args)
   {
     int n,m,i;
     for (n = 50; n<100; n++)
     lb1:{
      for (i = 2; i <= n/2; i++)
      {
         if (n % i == 0)  break lb1;       //被 i 除尽,不是素数
      }
      System.out.print(n + "  ");         //输出素数
     }
   }
}
```

可以比较一下,使用哪种格式使程序更简洁,更容易理解。

2. continue 语句

continue 的功能和 break 有点类似,区别是 continue 只是中止本次循环,而 break 则是完全终止循环。可以理解为 continue 的作用是略过当次循环中剩下的语句,重新开始新的循环。continue 语句只能用于循环语句中,也有两种格式:

```
continue;
continue 标号;
```

第一种格式比较常见,它用来结束本次循环(即跳过循环体中下面尚未执行的语句),直接进入下一次的循环。

第二种格式并不常见,它的功能是结束本循环的执行,跳到该循环体外由标号指定的语句去执行。它一般用于多重(即嵌套)循环中,当需要从内层循环体跳到外层循环体执行时,使用该格式十分有效,它大大简化了程序的操作。

下面举例说明 continue 语句的用法。

例 2.16 输出 10～1000 既能被 3 整除也能被 7 整除的数。

```
public class Mul_3and7Exam2_16{
    public static void main(String args[])
    {
      int k = 1;
      System.out.println("在 10～1000 可被 3 与 7 整除的为");
      for (int n = 10; n <= 1000; n++)
      {
        if (n % 3!= 0 || n % 7!= 0) continue;
        System.out.print(n + " ");
        if (k++ % 10 == 0)System.out.println("");   //k 用来控制 1 行打印 10 个
      }
     System.out.println(" ");
    }
}
```

例 2.17　修改例 2.15,使用带标号的 continue 语句,输出 50～100 以内的所有素数。

```
class Prime50_100Exam2_17{
  public static void main(String[ ] args)
   {
      int n,m,i;
      lb1: for (n = 50; n < 100; n++)
      {
         for (i = 2; i <= n/2; i++)
         {
            if (n % i == 0)  continue lb1;      //被 i 除尽,不是素数
         }
         System.out.print(n + "  ");            //输出素数
      }
   }
}
```

3. return 语句

return 语句的一般格式是

```
return 表达式;
```

return 语句用来使程序流程从方法调用中返回,表达式的值就是调用方法的返回值。如果方法没有返回值,则 return 语句不用表达式。关于 return 语句的使用将在 3.1.1 节的成员方法的定义中详细叙述。

2.5 数组

数组是一种引用型的数据类型。数组中的每个元素具有相同的数据类型,数组元素可以是任何数据类型,包括基本类型和引用类型,且数组元素可以用数组名和下标来唯一地确定。数组是有序数据的集合。在 Java 语言中,提供了一维数组和多维数组。带一个下标的数组称为一维数组,带多个下标的数组称为多维数组。

2.5.1 数组的声明

和其他变量一样,数组必须先声明定义,再赋值,最后被引用。

一维数组声明的语法格式如下:

```
数据类型  数组名[ ];
```

或

```
数据类型[]  数组名;
```

其中:

(1) 数据类型说明数组元素的类型,可以是Java中任意的数据类型。

(2) 数组名是一个标识符,应遵照标识符的命名规则。

例如:

```
int intArray[];              //声明一个整型数组
String  strArray[];          //声明一个字符串数组
```

数组的声明只是说明了数组元素的数据类型,并没有把它初始化为一个真正的数组,系统并没有为其分配存储空间。此时,数组并不可以使用。要使用数组,还必须使用运算符new为之分配空间后,才可以引用数组中的每个元素。

Java语言中声明数组时不能指定数组的长度(数组中元素的个数),例如:

```
int a[5];                    //非法
```

2.5.2 数组的创建

通常情况下,声明数组变量的同时,要通知系统为其分配多大的内存,以便确定其容纳多少个数组元素。具体语法格式如下:

```
数据类型[] 数组名 = new 数据类型[元素个数];
```

例如:

```
int[] a = new int[100];      //创建了一个整型数组
```

这样系统就为数组变量a真正分配了适当数量(此处为400字节)的内存,后续程序就可以放心使用a变量了,注意,访问此数组中元素下标的合法范围为0～99,若试图访问a[100],则非法。

数组是引用类型,数组一经分配空间,其中的每个元素也按照与成员变量同样的方式被隐式初始化,即每个数组元素被赋默认值。例如:

```
public class Test {
public static void main(String argv[]){
int a[] = new int[5];
System.out.println(a[3]);
}
}
```

程序运行结果为0。

2.5.3 数组元素的初始化

在数组定义后int intArray = new int[5];就可以为数组中每个元素赋值了。例如,

```
intArray[0] = 1;  //数组下标从0开始
intArray[1] = 2;
intArray[2] = 3;
intArray[3] = 4;
```

```
intArray[4] = 5;
```

也可以在声明数组的同时为数组元素赋初值，并由初值的个数确定数组的大小：

```
int intArray[] = {1,2,3,4,5};
```

2.5.4 数组的引用

声明并初始化一个数组变量后，可以通过数组名和相应的下标来访问数组中的指定元素，数组元素的引用方式为：

```
数组名[下标]
```

其中：

(1) 下标可以为整型常数或表达式，下标值从0开始。

(2) 数组是作为对象处理的，它具有长度(length)属性，用于指明数组中包含元素的个数，因此数组的下标从0开始到length－1结束。如果在引用数组元素时，下标超出了此范围，系统将产生数组下标越界的异常(ArrayIndexOutOfBoundsException)。

例2.18 计算一组同学一门功课的平均成绩、最高成绩和最低成绩。

```
public class Avg_Max_Min2_18{
        public static void main(String[] args)
        {
          int [] score = {72,89,65,58,87,91,53,82,71,93,76,68};
          float average = 0.0f;
          float max = score[0];  //设置比较基值
          float min = score[0];  //设置比较基值
          for (int i = 0; i < score.length;i++)
          {
            average += score[i];
            if (max < score[i]) max = score[i];
            if (min > score[i]) min = score[i];
          }
          average/ = score.length;
          System.out.println("average = " + average + "  Max = " + max + "  Min = " + min);
        }
}
```

程序运行结果如下：

```
Average = 75.416 664   Max = 93.0   Min = 53.0
```

2.5.5 多维数组

在Java语言中，多维数组是建立在一维数组基础之上的，以二维数组为例，可以把二维数组的每一行看作是一个一维数组，因此可以把二维数组看作是一维数组的数组。同样也可以把三维数组看作二维数组的数组，以此类推。在通常的应用中一维、二维数组最为常见，更多维数组只应用于特殊的场合。

1. 二维数组的声明

声明二维数组的语法格式如下：

```
数据类型  数组名[ ][ ];
```

或

```
数据类型[ ][ ]  数组名;
```

和一维数组类似，二维数组的声明只是说明了二维数组元素的数据类型，并没有为其分配存储空间。

2. 二维数组的定义及初始化

可以如下的方式定义二维数组并为其赋初值。

1）先声明而后定义最后再赋值

例如：

```
int matrix[][];                    //声明二维整型数组 matrix
matrix = new int[3][3];            //定义 matrix 包含 3×3 个元素
matrix[0][0] = 1;                  //为第一个元素赋值
matrix[0][1] = 2;                  //为第二个元素赋值
matrix[0][2] = 3;                  //为第三个元素赋值
matrix[1][0] = 4;                  //为第四个元素赋值
   …
matrix[2][2] = 9;                  //为第九个元素赋值
```

2）直接定义大小而后赋值

例如：

```
int matrix = new int[3][3];        //定义二维整型数组 matrix 包含 3×3 个元素
matrix[0][0] = 1;                  //为第一个元素赋值
  …
matrix[2][2] = 9;                  //为第九个元素赋值
```

3）由初始化值的个数确定数组的大小

在元素个数较少并且初值已确定时通常采用此种方式，例如：

```
int matrix[][] = {{1,2,3},{4,5,6},{7,8,9}};  //由元素个数确定 3 行 3 列
```

3. 二维数组的应用

下面举例说明二维数组的应用。

例 2.19 两个矩阵相乘。设有 3 个矩阵 A、B、C，A 和 B 矩阵相乘，结果放入 C 中，即 C＝A×B。要求：

A[l][m]×B[m][n]＝C[l][n] 即矩阵 A 的列数应该等于 B 矩阵的行数；结果矩阵 C 的行数等于 A 矩阵的行数，列数等于 B 矩阵的列数。

C 矩阵元素的计算公式为

$$C[i][j] = \sum(a[i][k] * b[k][j]) \quad (其中：i = 0 \sim l, j = 0 \sim n, k = 0 \sim m)$$

程序如下：

```
public class ProductOfMatrixExam2_19{
    public static void main(String args[])
    {
        int A[][] = new int [2][3];                           //定义 A 为 2 行 3 列的二维数组
        int B[][] = {{1,5,2,8},{5,9,10, - 3},{2,7, - 5, - 18}}; //B 为 3 行 4 列
        int C[][] = new int[2][4];                            //C 为 2 行 4 列
        System.out.println(" ** * Matrix A ** * ");
        for (int i = 0;i < 2;i++)
        {
            for (int j = 0; j < 3;j++)
            {
                A[i][j] = (i + 1) * (j + 2);                  //为 A 各元素赋值
                System.out.print(A[i][j] + " ");              //输出 A 的各元素
            }
            System.out.println();
        }
        System.out.println(" ** * Matrix B ** * ");
        for (int i = 0;i < 3;i++)
        {
            for (int j = 0; j < 4;j++)
                System.out.print(B[i][j] + " ");              //输出 B 的各元素
            System.out.println();
        }
        System.out.println(" ** * Matrix C ** * ");
        for (int i = 0;i < 2;i++)
        {
            for (int j = 0;j < 4;j++)
            {
                //计算 C[i][j]
                C[i][j] = 0;
                for (int k = 0;k < 3;k++)
                    C[i][j] += A[i][k] * B[k][j];
                System.out.print(C[i][j] + " ");              //输出 C[i][j]
            }
            System.out.println();
        }
    }
}
```

编译运行程序结果如下：

```
*** Matrix A ***
2 3 4
4 6 8
*** Matrix B ***
1 5 2 8
```

```
5 9 10 -3
2 7 -5 -18
*** Matrix C ***
25 65 14 -65
50 130 28 -130
```

2.6 Scanner 类

Scanner 类被称为输入流扫描器类，它是 Java 语言中一个非常重要的类，尤其是在初学 Java 时，Scanner 类的输入可以完成很多简单的程序。Scanner 类在 java. util 包下，它是 Java 5 的新特征，可以通过 Scanner 类来获取用户的输入。创建 Scanner 对象的格式如下：

```
Scanner sc = new Scanner (System.in);
```

注意：Scanner 类使用时要在类定义前加“import java. util. Scanner;”语句。

2.6.1 获取字符串数据

获取字符串数据是一个最简单的数据输入，可以通过 Scanner 类的 next()与 nextLine()方法获取，在获取前一般需要使用 hasNext()与 hasNextLine()判断是否还有输入的数据。

例 2.20 获取字符串数据。

```
import java.util.Scanner;
public class Scanner_String2_20{
    public static void main(String[ ] args)
    {
        Scanner scan = new Scanner(System.in);          //从键盘接收数据
        System.out.println("next 方式接收: ");
        if (scan.hasNext())                             //判断是否还有输入
        {
            String str1 = scan.next();
            System.out.println("输入的数据为: " + str1);
        }
    }
}
```

程序运行结果如下：

```
next 方式接收:
小明 是一名幼儿园小朋友
输入的数据为: 小明
```

注意：next()方法获取数据时，以空格作为输入结束的标记。下面使用 nextLine()方法实现字符串数据的输入。

例 2.21 获取字符串数据，改写例 2.19。

```
import java.util.Scanner;
public class Scanner_String 2_21{
```

```
    public static void main(String[ ] args)
    {
        Scanner scan = new Scanner(System.in);                    //从键盘接收数据
        System.out.println("nextLine 方式接收：");
        if (scan.hasNextLine())                                   //判断是否还有输入
        {
            String str2 = scan.nextLine();
            System.out.println("输入的数据为：" + str2);
        }
    }
}
```

程序运行结果如下：

```
nextLine 方式接收：
小明 是一名幼儿园小朋友
输入的数据为：小明 是一名幼儿园小朋友
```

下面简要说明 next()与 nextLine()方法的区别。

next()方法：

(1) 一定要读取到有效字符后才可以结束输入。

(2) 对输入有效字符之前遇到的空格，next()方法会自动将其去掉。

(3) 只有输入有效字符后才将其后面输入的空格作为分隔符或者结束符。

(4) next()不能得到带有空格的字符串。

nextLine()方法：

(1) 以 Enter 作为结束符，即 nextLine()方法返回的是输入回车之前的所有字符。

(2) 可以获得空格。

2.6.2 获取数值型数据

如果要输入整型或浮点型的数据，Scanner 类也支持，但是在输入数据之前最好先使用 hasNextXxx()方法进行验证，再使用 nextXxx()来获取。如果输入数据的格式不对，将抛出 java.util.InputMismatchException 异常。获取数值型数据的方法如下：

(1) int nextInt()——从控制台返回一个 int 型数据。

(2) long nextLong()——从控制台返回一个 long 型数据。

(3) float nextFloat()——从控制台返回一个 float 型数据。

(4) double nextDouble()——从控制台返回一个 double 型数据。

例 2.22 获取整型和浮点型数据。

```
import java.util.Scanner;
public class Scanner_Number2_22{
    public static void main(String[ ] args)
    {
        Scanner scan = new Scanner(System.in);                    //从键盘接收数据
        int i = 0;
        float f = 0.0f;
        System.out.print("输入整数：");
```

```
        if (scan.hasNextInt())                          //判断输入的是否是整数
        {
            i = scan.nextInt();                         //接收整数
            System.out.println("整数数据: " + i);
        }
        else                                            //输入错误的信息
        {
            System.out.println("输入的不是整数!");
        }
        System.out.print("输入小数: ");
        if (scan.hasNextFloat())                        //判断输入的是否是小数
        {
            f = scan.nextFloat();                       //接收小数
            System.out.println("小数数据: " + f);
        }
        else                                            //输入错误的信息
        {
            System.out.println("输入的不是小数!");
        }
    }
}
```

程序运行结果如下：

```
输入整数: 12
整数数据: 12
输入小数: 1.2
小数数据: 1.2
```

例 2.23 输入多个数字，并求其总和与平均数。

```
import java.util.Scanner;
class Scanner2_23{
    public static void main(String[] args)
    {
        Scanner scan = new Scanner(System.in);
        double sum = 0;
        int m = 0;
        while (scan.hasNextDouble())
        {
            double x = scan.nextDouble();
            m = m + 1;
            sum = sum + x;
        }
        System.out.println(m + "个数的和为" + sum);
        System.out.println(m + "个数的平均值是" + (sum/m));
    }
}
```

运行程序时每输入一个数字用回车确认，通过输入非数字来结束输入并输出执行结果，程序运行结果如下：

```
12
23
15
21.4
end
4个数的和为71.4
4个数的平均值是17.85
```

2.7　本章小结

(1) 在Java语言中,将数据类型分为两种类别:一种是不可分割的基本数据类型,例如,整型、字符型、布尔型和浮点型等,各种类型的默认初始值为:byte型默认值0、short型默认值0、int型默认值0、long型默认值0l、float型默认值0.0f、double型默认值0.0d、char型默认值/u0000(即数值0,而非字符0,因为它是0～65 535的序列)、boolean型默认值false;另一种是引用数据类型,引用数据类型有类、接口、数组和字符串,它们的默认值是null。

(2) Java语言中的程序注释分为两种:程序文档注释是Java特有的注释方式,它规定了一些专门的标记,其目的是用于自动生成独立的程序文档。

(3) 按照运算符的功能,运算符分为8种,分别是算术运算符、关系运算符、逻辑运算符、位运算符、赋值运算符、条件运算符、字符串运算符和其他运算符。

(4) 在表达式求值时,先按运算符的优先级别由高到低的次序执行。如果在一个运算对象两侧的优先级别相同,则按规定的运算符的"结合性"运算。如算术运算符的结合方向为"自左至右",即先左后右。赋值运算符的结合性是"自右至左"的。

(5) Java语言提供3种基本的流程控制结构:顺序结构、分支结构和循环结构。

(6) 跳转语句:break语句、continue语句及return语句。

(7) 数组是一种引用型的数据类型。数组中的每个元素具有相同的数据类型,数组元素可以是任何数据类型,包括基本类型和引用类型,且数组元素可以用数组名和下标来唯一地确定。数组是有序数据的集合。

- 一维数组声明的语法格式如下:

```
数据类型  数组名[ ];
```

或

```
数据类型[]  数组名;
```

- 创建一维数组的语法格式如下:

```
数据类型[]  数组名 = new  数据类型[元素个数];
```

- 数组元素的引用方式为:

```
数组名[下标]
```

其中,下标可以为整型常数或表达式,下标值从0开始。数组是作为对象处理的,它具有长度(length)属性,用于指明数组中包含元素的个数,因此数组的下标从 0 开始到 length－1 结束。

- 声明二维数组的语法格式如下:

```
数据类型  数组名[ ][ ];
```

或

```
数据类型[ ][ ]  数组名;
```

- 二维数组的定义及初始化。

(8) Scanner 类在 java. util 包下,可以通过 Scanner 类来获取用户的输入。创建 Scanner 对象的格式:

```
Scanner sc = new Scanner(System.in);
```

注意: Scanner 类使用时要在类定义前加"import java. util. Scanner;"语句。

第3章 类与对象

本章学习目标

- 理解类与对象的关系、类的定义及使用。
- 理解构造方法的作用。
- 理解方法重载的意义。
- 掌握关键字 this 的使用。
- 利用继承性由父类创建子类。
- 掌握关键字 super 的使用。
- 理解实例变量与类变量、实例方法与类方法的不同。
- 设计并使用抽象类。
- 理解包的概念及使用。
- 掌握接口的定义及实现方法。

在本章中将学习面向对象编程技术。面向对象程序设计把数据和属于它们的操作放入被称为对象的实体中,所有对象都与属性数据和操作数据联系在一起,程序可以看成是相互合作的对象所构成的集合,面向对象程序设计是一种更贴近现实世界的程序组织方式。本章将主要介绍类与对象的关系、类的定义及使用,利用继承性由父类创建子类,最后介绍接口的定义及实现方法。

3.1 类

在面向对象程序设计中,对象代表现实世界中可以明确标识的一个实物,例如,一个人、一个学生、一张桌子、一根粉笔、一只猫、一个圆甚至一笔贷款等都可以看作一个对象,对象有自己的属性信息和行为。

- 对象的属性是由数据域的集合构成。例如,一个学生对象的属性信息可以由学号、姓名、年龄、成绩等构成。
- 对象的行为是由对数据信息的操作——方法的集合构成。例如,一个学生的信息操作可以有显示学习状态、计算成绩、获取成绩等。

Java 程序是由类构成的,编写 Java 程序主要就是定义各种类,类是定义同一类型对象的结构,定义一个类相当于定义了一个新的“数据类型”,用来规定具体对象的数据域和操作数据的方法。类和对象之间的关系可以比作比萨配方和比萨的关系,一个对象是类的一个实例,对象和实例经常互换使用,是等价的概念。

传统的过程化程序设计通常从顶部的 main 函数开始编写程序。在面向对象程序设计时,首先从设计类开始,然后再往每个类中添加方法。识别类的简单规则是在分析问题的过程中寻找名词,而方法则对应着动词。例如,在学生选课系统中有这样一些名词:学生、教师、课程等,这些名词很可能成为类 Student、Teacher、Course。接下来查看动词:选课、授课、获取成绩等,这些动词可能成为方法 addCourse、teachCourse、getScore。例如,当一个学生选了某门课程时,那个学生对象是被选定的对象,因此方法 addCourse 是 Student 类的一个方法,而 Course 对象是一个参数。由此,类之间的关系常见的有以下几种:

- 依赖关系——是一种最常见的关系,如果一个类的方法操作另一个类的对象,我们说一个类依赖于另一个类。应该尽可能地将相互依赖的类减至最少,就是让类之间的耦合度最低。
- 聚合关系——也称关联关系,聚合关系意味着类 A 的对象包含类 B 的对象。
- 继承关系——是一种表示特殊与一般的关系,如果类 A 继承类 B,类 A 不但包含从类 B 继承的方法,还可以拥有一些自己的特殊功能。

3.1.1 类的定义

类是现实世界中具体对象的抽象,它包括了对象的数据域和操作数据的方法。类定义的语法格式为:

```
class 类名{ //类体
成员变量
成员方法
}
```

class 是定义类的关键字,类名需要符合 Java 标识符的命名规则,类体需要用一对大括号{}括起来。在 Java 程序中,类中定义的变量称为成员变量,也称为域或字段,用于描述该类事物的属性信息;类中定义的函数称为方法,用于对该类事物的信息进行操作。因此,类体由成员变量和成员方法组成。

例 3.1 表示学生类 Student 的定义。

```
class Student{      //定义成员变量,用于描述学生的学号、姓名、年龄及两门课程的成绩
String no;
String name;
int age;
int score1,score2;
void sayHello(){  //定义成员方法,用于输出学生的名字
System.out.println("Hello! My name is:" + name);
}
int sum(){          //定义成员方法,用于计算学生的两门课程的总成绩
return score1 + score2;
}
}
```

1. 成员变量

成员变量用来存储对象的属性信息。成员变量可以是Java中的任何一种数据类型，包括基本类型和引用类型。成员变量的作用范围是在整个类体内都有效，其有效性与它在类体中定义的先后位置无关，通常先定义成员变量，后定义成员方法。对于成员变量如果不赋初始值，系统会自动赋一个默认值(数值型为0，boolean型为false，引用型为null)。

2. 成员方法

成员方法可以对类中声明的变量进行操作，即给出算法描述对象所具有的行为。成员方法的定义包括两部分：方法头和方法体，其语法格式如下：

```
返回值类型 方法名(参数列表){
方法体
}
```

方法的返回值类型可以是Java中的任何一种数据类型，描述的是在调用方法之后从方法返回的值，当一个方法不需要返回数据时，返回值类型必须为void。方法的名字须要符合标识符的命名规则。方法的参数可以是任意的Java数据类型。方法的定义是为了使用，因此在定义方法时，从调用时的角度来考虑方法的返回值类型及是否需要参数。例如，在学生类中定义设置学生学号和获取学生学号的方法：

```
void setNo(String no){
this.no = no;
}
```

该方法的功能是对具体学生对象的no变量赋值，在调用方法时需要有值传递到方法体中参与赋值运算，因此需要有参数，参数的类型与no变量的数据类型相同；该方法实现对具体学生对象的no变量存储空间中存放数据信息，不需要返回值，因此返回值类型为void。

```
String getNo(){
return no;
}
```

该方法的功能是获取具体学生对象的no变量的值，如同把一个存储空间的数据取出来，因此需要返回值，即在调用方法时不需要有值传递到方法体中参与运算，仅需要获取值，因此在定义方法时不需要有形式参数，需要有返回值。

方法体的内容包括局部变量的声明和Java语句。在方法体中声明的变量和方法的参数被称为局部变量，例如：

```
int sum(){                    //定义成员方法，用于计算学生的两门课程的总成绩
int s = score1 + score2;      //定义局部变量 s
return s;
}
```

局部变量与成员变量不同的是，只在方法内有效而且遵循先定义、后使用的原则。方法的参数在整个方法内有效，方法内的局部变量从声明它的位置之后开始有效。局部变量没

有默认值,必须显性赋值。

3.1.2 构造方法

类是面向对象语言中最重要的一种数据类型,可以声明类的变量,此变量被称为实例变量或对象变量。在声明类的实例变量后,还必须创建此实例(对象),即为声明的实例(对象)分配内存空间。

构造方法也称为构造函数,构造方法是类中的一种特殊的方法,通过调用构造方法为实例(对象)分配存储空间,同时完成实例(对象)的初始化工作。构造方法的特点如下:

- 构造方法的方法名与类名相同。
- 构造方法没有返回值,也不能写 void。
- 构造方法是在创建一个对象时,使用 new 操作符来调用,完成对象的初始化工作。

例 3.2 构造方法的定义。

```
class Student{      //定义成员变量,用于描述学生的学号、姓名、年龄及两门课程的成绩
String no;
String name;
int age;
int score1,score2;
Student(String no,String name,int age, int score1,int score2){
this.no = no;this.name = name;this.age = age;
this.score1 = score1; this.score2 = score2;
}//定义有参构造方法
Student(){ }          //定义无参构造方法
void sayHello(){   //定义成员方法,用于输出学生的名字
System.out.println("Hello! My name is:" + name);
}
int sum(){            //定义成员方法,用于计算学生的两门课程的总成绩
return score1 + score2;
}
}
```

类也可以不声明构造方法,在这种情况下,类中隐含声明了一个方法体为空的无参构造方法。这个构造方法称为默认构造方法,只有类中没有声明构造方法时,它才会自动生成。一旦类中声明了一个或多个有参的构造方法,则系统不会产生默认的构造方法。例如,例 3.1 中的 Student 类没有定义构造方法,则系统产生的默认构造方法如下:

```
Student(){ }
```

3.1.3 方法重载

1. 方法重载

在面向对象程序设计语言中,有一些方法的含义相同,但带有不同的参数,这些方法使用相同的名字,这就叫方法重载(overloading)。方法重载的方法参数必须不同,或者是参数的个数不同,或者是参数的类型不同;返回值可以相同,也可以不同。方法重载是实现“多

态”的一种方法，目的是实现同一功能有不同的实现，当然构造方法也可以重载。

例 3.3 方法重载。

```
import java.lang.Scanner;
class MaxTest{  //方法重载。同一功能：求两个数中最大的
//不同的实现：参与运算的数据有整型数据和实型数据之分
int max(int num1,int num2){
if (num1 > num2)
return num1;
else
    return num2;
}
double max(double num1,double num2){
if (num1 > num2)
return num1;
else
    return num2;
}
public static void main(String args[]){
    Scanner sc = new Scanner(System.in);
    MaxTest f = new MaxTest();
    int a = sc.nextInt();
    int b = sc.nextInt();
    System.out.println(f.max(a,b));
    double c = sc.nextDouble();
    double d = sc.nextDouble();
    System.out.println(f.max(c,d));
}
}
```

这里，两个函数都叫 max，都用于取两个数中最大的数。一个用于整数求最大值，一个用于浮点数求最大值。在调用这两个方法时，编译器会自动根据所调用的方法参数来决定具体调用哪个方法。

2. 构造方法重载

与普通方法一样，构造方法也可以重载，在一个类中可以定义多个构造方法，只要每个构造方法的参数类型或参数个数不同即可。在创建对象时，可以通过调用不同的构造方法为对象不同的属性赋值。

例 3.4 构造方法重载。

```
class Student{      //定义成员变量，用于描述学生的学号、姓名、年龄及两门课程的成绩
String no;
String name;
int age;
int score1,score2;
Student(String no,String name,int age){
this.no = no; this.name = name; this.age = age;
}               //定义有参构造方法
Student(String no,String name,int age, int score1,int score2){
```

```
this.no = no;this.name = name;this.age = age;
this.score1 = score1; this.score2 = score2;
}//定义有参构造方法
Student(){ }        //定义无参构造方法
void sayHello(){  //定义成员方法,用于输出学生的名字
System.out.println("Hello! My name is:" + name);
}
int sum(){          //定义成员方法,用于计算学生的两门课程的总成绩
return score1 + score2;
}
}
```

Student 类中定义了多个构造方法，它们形成了构造方法的重载。在创建对象时，编译器自动根据所调用构造方法的参数决定具体调用哪个构造方法。

3.2 对象的创建与使用

当定义一个类时，就是定义了一个新的引用数据类型，可以用这个数据类型来声明这种类型的变量，即实例变量或称为对象变量。

3.2.1 对象的声明与创建

1. 对象声明

如同变量的声明一样，对象被创建和使用前必须进行声明，其语法格式如下：

```
类名  对象名;
```

在对象声明的时候，并没有为对象分配存储空间，只有创建对象时，才为对象分配存储空间。这时候不能引用此对象。

2. 对象创建

创建一个对象有两种方法：

(1) 先声明再创建。

- 对象声明：类名对象名；
- 对象创建：对象名＝new 类名()；

(2) 一步完成。

- 类名 对象名＝new 类名()；

其中，new 是新建对象操作符。通过 new 调用构造方法实例化一个对象，返回该对象的一个引用，即该对象所在的内存地址。

3. 对象的使用

对象被创建，即实例化后，可以通过运算符“.”访问自己的属性域，也可以调用创建它的类中的成员方法。其语法格式如下：

- 对象.成员变量;
- 对象.成员方法([参数列表]);

例 3.5 创建 Student 对象。

```
class Test {
    public static void main(String[ ] args) {
     Student z;                 //声明学生对象
     z = new Student();         //调用无参构造方法创建学生对象 z
     z.no = "201706001";        //引用成员变量
     z.name = "Lili";
     z.age = 23;
     z.sayHello();              //调用成员方法
     Student o = new Student("201706002","Coco",18,97,96);
                                //调用有参构造方法创建学生对象 o
     System.out.println("Coco 的总成绩是: " + o.sum());
    }
}
```

3.2.2 this 的使用

在 Java 中 this 关键字可能有些难理解,this 表示当前对象,也就是调用方法的对象。在 Java 中当前对象是指当前正在调用类中方法的对象。this 有如下的作用。

1. 使用 this 解决局部变量与成员变量同名的问题

当局部变量(方法中的变量)与成员变量同名时,在方法中成员变量被隐藏了,使用 this 在方法中引用成员变量。例如,在学生类中定义给两门课程设置值的方法 setScore(),即:

```
void setScore(int score1,int score2){
   this.score1 = score1;
   this.score2 = score2;
}
```

成员变量 score1 和 score2 与参数变量同名,参数变量是局部变量。当成员变量与局部变量同名时,在方法中成员变量被隐藏了,隐藏的成员变量需要 this 来引用,this.score1、this.score2 表示成员变量,score1、score2 表示参数变量。在构造方法中也经常这样使用。

2. 使用 this 引用属性及调用方法

在方法中,可以使用 this 来访问对象的成员变量和方法。例如,在学生类中定义的方法 sum()中,使用 score1、score2 和使用 this.score1、this.score2 是相同的。

```
int sum(){                             //定义成员方法,用于计算学生的两门课程的总成绩
return this.score1 + this.score2;      //等价于 score1 + score2;
    }
```

这里还可以定义求平均成绩的方法 eve(),定义方法如下:

```
int eve(){                             //定义成员方法,用于计算学生平均成绩
```

```
return this.sum()/2;                    //等价于 sum()/2;
}
```

3. 在构造方法中，用 this 调用另一构造方法

在构造方法中，用 this 调用另一构造方法，可以实现代码复用。例如，可将例 3.4 中的代码修改如下。

例 3.6 用 this 调用另一构造方法。

```
class Student{              //定义成员变量，用于描述学生的学号、姓名、年龄及两门课程的成绩
String no;
String name;
int age;
int score1,score2;
Student(String no,String name,int age){
  this.No = No; this.name = name; this.age = age;
}//定义构造方法
Student(String no,String name,int age,int score1,int score2){
  this.(no,name,age);    //使用 this 调用构造方法
  this.score1 = score1; this.score2 = score2;
}//定义构造方法
Student(){}
}
```

注意：*在构造方法中，通过 this 调用另一个构造方法，其语法格式是*

```
this (参数表);
```

这种用法仅仅用于类的构造方法中，别的地方不能这么用，并且 this(参数表)语句必须放在构造方法中的第一句。另外，this 最重要的特点是表示当前对象，在 Java 中当前对象就是指当前正在调用类中方法的对象。

3.3 类的继承

在面向对象程序设计中，可以从已有的类派生出新类，这叫做继承。由继承而得到的类称为子类或派生类，被继承的类为父类或超类。父类包括所有直接或间接被继承的类，一个父类可以有多个子类，但 Java 不支持类的多重继承，只支持类的单继承，也就是 Java 中一个类只能有一个直接父类，继承是实现类复用的重要手段。

事实上，在 Java 中定义的每个类都是直接或间接地继承 java. lang. Object 得到的。Object 类是所有类的祖先类，也称为顶层父类，定义了所有类应该具有的基本方法，具体细节将在第 4 章介绍。

3.3.1 派生子类

在 Java 语言中，类的继承是通过 extends 关键字来实现的，其语法格式如下：

```
class 子类名 extends 父类名{
```

```
    //类体
}
```

这样就在两个类之间建立了继承关系，子类从它的父类中继承可访问的数据域和方法，也可以添加新数据域和方法。

例 3.7 类的继承。

```
class Person{
    private String id;  //定义成员变量
    private String name;
    private int age;
    public void setId(String id){
        this.id = id;
    }
    public String getId(){
        return id;
    }
}
class Student extends Person{
//定义成员变量，用于描述学生的学号、姓名、年龄及两门课程的成绩
String no;
int score1,score2;
int sum(){                //定义成员方法，用于计算学生的两门课程的总成绩
return score1 + score2;
}
}
```

在通过扩展父类定义子类的时候，仅需要指出子类与父类的不同之处。因此在设计类的时候，应该将通用的方法定义在父类中，而将具有特殊用途的方法定义在子类中，这种将通用的功能定义在父类中的做法是面向对象程序设计中的普遍思想。

3.3.2 方法覆盖

在继承关系中，子类会自动继承父类中定义的方法，但有时在子类中需要对继承的方法进行一些修改，对父类的方法进行重写，即子类定义了与父类中同名的方法，实现对父类方法的覆盖。需要注意的是，在子类中重写的方法需要和父类被重写的方法具有相同的方法名、参数列表及返回值类型，并且在子类中重写的方法不能拥有比父类方法更严格的访问权限。

例 3.8 方法的覆盖。

```
class Person{
    void print(){
        System.out.print("Person -- void print()");
    }
}
class Student extends Person{      //定义子类继承父类
    public void print(){           //重写父类中的方法，扩大了访问权限
        System.out.print("Student -- void print()");
    }
```

```
    }
    public class Test{
        public static void main(String args[]){
            new Student().print();  //调用的是子类中重写的 print 方法
        }
    }
```

程序的运行结果如下：

```
Student -- void print()
```

从以上程序可以看出，Student 子类重写了父类的方法，但是在子类中此方法的访部权限被扩大了，符合方法覆盖的规则。注意，在子类中重写的方法不能拥有比父类方法更严格的访问权限。当方法被覆盖后，子类对象调用的方法是被子类覆盖的方法。

3.3.3 super 的使用

当子类重写父类的方法后，子类对象将无法访问父类被覆盖的方法，为了解决这个问题，在 Java 中提供了 super 关键字，用于从子类中调用父类的构造方法、成员方法和成员变量。

(1) 使用 super 关键字引用父类的成员变量和成员方法，其语法格式如下：

```
super.成员变量
super.成员方法([参数1,参数2,…])
```

(2) 使用 super 关键字调用父类的构造方法，其语法格式如下：

```
super([参数1,参数2,…])
```

例 3.9 super 的使用。

```
class Person{
    private String name;
    private int age;
    public Person(String name,int age){
      this.name = name;
      this.age = age;
    }
    public void printInfo(){
      System.out.print("姓名是: " + this.name + " 年龄是: " + this.age);
    }
}
class Student extends Person{
    private String major;
    public Student(String name,int age,String major){
      super(name,age);            //调用父类构造函数
      this.major = major;
    }
    public void print(){          //覆盖父类的成员方法
      super.printInfo();          //调用父类被覆盖的方法
      System.out.print("学生的专业是: " + this.major);
      }
```

```
}
public class Test{
    public static void main(String args[]){
      new Student("lili",18,"computer").printInfo();  //调用子类重写的方法
    }
}
```

程序的运行结果如下：

```
姓名是：lili 年龄是：18
```

注意：通过 super 调用父类的构造方法的代码必须位于子类构造方法的第一行，并且只能出现一次。在子类的构造方法中一定会调用父类的某个构造方法，这时可以在子类的构造方法中通过 super 指定调用父类的哪个构造方法，如果没有指定，那么在实例化子类对象时，系统会自动调用父类无参的构造方法。

3.4 访问控制修饰符

为了实现类的封装性，要为类及类中成员变量和成员方法分别设置必要的访问权限，Java 语言为类设置了 2 种访问权限(内部类有 3 种权限)，为类成员设置了 4 种访问权限。

1. 类的访问控制修饰符

类的访问控制修饰符有两种：public 和默认。在一个源程序文件中可以声明多个类，但按照程序规范的要求，一般不建议在一个源程序文件中声明多个类。在一个源程序文件中用 public 修饰的类只能有一个，并且类名必须与文件名相同。如果类用 public 修饰，则该类可以被其他所有的类访问；如果类是默认的修饰符，则该类只能被同一包中的类访问。

2. 类成员的访问控制修饰符

Java 语言为类成员设置了 4 种访问控制修饰符：public、protected、private 和默认，用来修饰成员变量和成员方法。

- public：public 所修饰的类成员可被所有的类访问，public 指定的访问权限范围最大。
- protected：类中由 protected 修饰的成员可以被该类本身、它的子类(包括同一个包中及不同包中的子类)及同一个包中的其他类访问。
- private：private 所修饰的类成员只能被这个类本身访问。
- 默认：类中的成员为默认的访问权限时，成员可以被这个类本身和同一包中的类所访问，即包访问权限。

例 3.10 访问控制修饰符的使用(假定 C1、C2 是定义在同一个包中的类)。

```
class C1{
   public int x;
   int y;
   private int z;
   public void m1(){}
```

```
    void m2(){}
    private void m3(){}
}
class C2{
    void aMethod(){
    C1 o = new C1();
    o.x = 10;          //能访问
    o.y = 10;          //能访问
    o.z = 10;          //不能访问
    o.m1();            //能访问
    o.m2();            //能访问
    o.m3();            //不能访问
    }
}
```

在本程序中，在类C1中定义的x变量为public访问权限的，y变量为默认的访问权限，z变量为private访问权限，所以在同一包中的类C2中能访问x和y变量，z变量则不能被访问，方法的访问权限与成员变量的访问权限具有相同的使用方式，此处不再赘述。

3.5 非访问控制符

Java中常用的非访问控制符有static、final、abstract，也可以用于类及成员的修饰，接下来将详述其含义及作用。

3.5.1 static

由例3.4，假设创建下面两个对象：

```
Student z = new Student("201506001","李丽",18);
Student o = new Student("201506002","刘军",18);
```

这里对象z和对象o存储在不同的内存空间，对象z的属性no、name、age独立于对象o的属性no、name、age，对象z的属性值发生变化不会影响对象o的属性值，反之亦然。

如果想让一个类中的所有实例对象共享数据，需要用静态变量。在一个Java类中，可以使用static关键字来修饰成员变量，该变量被称为静态变量或类变量。类变量将变量值存储于类的公用内存。因为是公用内存，所以如果某个对象修改了类变量的值，同一类中的所有对象都会受影响。例如，在学生类中有"学校名称"的属性，其值对于这个学校的所有学生来说是同一个，这种属性就可以声明为类变量。类变量访问的语法格式为：类名.变量名。

static既可以声明属性时使用，也可以声明方法时使用。有时我们希望在不创建对象的情况下就可以调用某个方法，换句话说，也就是使用该方法不必和具体对象绑定在一起，这时可在定义方法时使用static关键字，我们称这样的方法为静态方法或类方法。类方法调用的语法格式为：

```
类名.方法名
```

例 3.11 static 的使用。

```
class Student{                          //定义成员变量,用于描述学生的学校、姓名、年龄
static String schoolname;               //定义类变量
String name;
int age;
Student(String name,int age){           //定义有参构造方法
 this.name = name; this.age = age;
}
Student(){ }                            //定义无参构造方法
static void setSname(){                 //定义类方法
    schoolname = "哈金专";
}
static String getSname(){               //定义类方法
    return schoolname;
}
}
class Test {
    public static void main(String[ ] args) {
     Student z = new Student("Coco",18);
     z.schoolname = "哈金融";        //通过对象引用类变量
     Student o = new Student("lili",18);
     Student.schoolname = "哈金院"; //通过类名引用类变量
     o.schoolname = "哈尔滨金融学院";
     System.out.println("Coco 的学校是: " + o.getSname());        //通过对象调用类方法
     System.out.println("lili 的学校是: " + Student.getSname());  //通过类名调用类方法
    }
}
```

在以上的程序中,类变量和类方法既可以通过类名来引用,也可以通过对象名来引用。需要注意的是,非 static 声明的方法可以调用类方法或类变量,但类方法不能调用非静态的变量或方法,因为类方法在对象未被实例化时就可以被类名调用,所以如果直接由类方法调用非 static 操作,则有可能实例对象还没有被创建就被调用了,这一点在语法上就讲不通了。

例 3.12 使用 static 方法调用非 static 方法及属性(引起错误的代码)。

```
class Person{
  private static String country = "China";
  private String name;
  public static void printN(){     //静态方法中不可以调用非静态方法
  System.out.println(getName() + "其国籍是: " + country);
    }
  public void setName(String name){
      this.name = name;
    }
  public String getName(){          //非静态方法中可以引用静态变量
    return country + name;
    }
 }
class Test {
```

```
        public static void main(String[ ] args) {
         new Person().printN();
        }
    }
```

程序编译时出现错误，如图 3.1 所示。

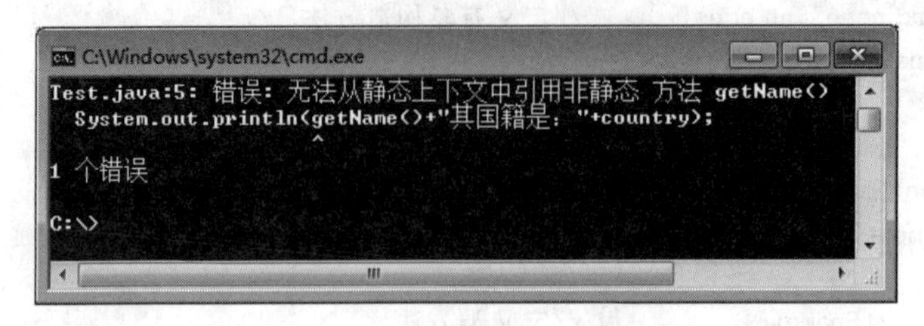

图 3.1　程序的运行结果

3.5.2　final

final 关键字在 Java 中表示的意思是最终，可用于修饰类、变量和方法，由 final 修饰的类、变量和方法具有以下特性：

- 使用 final 修饰的类不能被继承，也就是不能有子类。
- 使用 final 修饰的方法不能被子类重写。
- 使用 final 修饰的变量（成员变量和局部变量）是常量，只能赋值一次，不可以修改。

1. final 关键字修饰变量

在 Java 中，final 修饰的变量为常量，它只能被赋值一次，其值不能修改，并且在声明时必须初始化。

例 3.13　final 关键字修饰变量的应用。

```
class Student{
    final String schoolName = "金融学院";                //final 修饰的成员变量必须初始化
    public void introduce(){
        System.out.println("学校名字是" + schoolName);
    }
}
class Test{
    public static void main(String args[ ]){
        Student o = new Student();
        o.introduce();
        final int num = 1;            //final 修饰的局部变量为常量,只能赋值一次,其值不可改变
        //num = 2;                    //发生编译错误
    System.out.println("num 的值是: " + num);
    }
}
```

在以上程序中，final 关键字修饰成员变量时，虚拟机不会对其进行初始化设置默认值，因此使用 final 修饰的成员变量时，需要在定义的同时进行初始化赋值。

2. final关键字修饰方法

当一个类的方法被 final 关键字修饰后,如果这个类有子类,则它的子类不能重写该方法。

3. final关键字修饰类

Java 中,final 关键字修饰的类不可以被继承,也就是不能派生子类。

3.5.3 abstract

当定义一个类时,常需要定义一些方法对数据信息进行操作,但有时这些方法的实现是无法确定的。例如,定义"形状"类,求此形状的面积。由于不同的形状求面积的公式不同,此刻求面积的方法中无法确定求面积的公式,也就无法实现方法的定义。针对这种情况,Java 允许定义方法时不写方法体,不包含方法体的方法称为抽象方法,抽象方法必须使用 abstract 关键字修饰。

当一个类中包含了抽象方法时,该类必须使用 abstract 关键字来修饰,使用 abstract 关键字修饰的类称为抽象类。由于抽象类是不完整的(含有抽象方法),所以抽象类不能被实例化,其作用是提供父类,其他类可以继承它的公共部分。抽象类的每个具体子类都必须为父类的抽象方法提供具体实现,否则该子类依然是抽象类。

例 3.14 abstract 应用。

```
abstract class Shape {                          //父类
    public String color = "white";
    public void sayColor() {                    //抽象类中可以有具体方法
    System.out.println("颜色是: " + color);     }
    public abstract double getArea();           //定义抽象方法
}
class CircleShape extends Shape {               //继承父类,同时实现父类的抽象方法
    public double radius;                       //声明自己的属性
    public double getArea() {                   //实现方法
    return Math.PI * radius * radius;
    }  }
class RectangleShape extends Shape {            //继承父类,同时实现父类的抽象方法
    public double length;
    public double width;
    public double getArea() {                   //实现方法
        return length * width;
        }
}
public class Test {
    public static void main(String[] args) {
        RectangleShape r = new RectangleShape();
        r.length = 10;r.width = 10;
        System.out.println("r 的面积是: " + r.getArea());
        CircleShape c = new CircleShape();
        c.radius = 10;
```

```
        System.out.println("c 的面积是: " + c.getArea());     }
    }
```

需要注意的是，一个抽象类的子类如果不是抽象类，则它必须实现父类中的所有抽象方法，抽象类中可以定义一般方法和抽象方法，但抽象方法只能出现在抽象类中。抽象类与抽象方法的作用如下：

(1) 抽象类的作用是让其子类能够继承它所定义的属性和方法，避免各子类重复定义这些相同的内容。我们可以先建立抽象类(定义子类共有的属性和方法)，再从抽象类派生出具有具体特性的子类。

(2) 抽象方法仅声明方法的参数和返回值，抽象方法的具体实现由抽象类的子类完成，子类必须覆盖父类的抽象方法，否则该子类为抽象的。

3.6 包

为了便于对硬盘上的文件进行管理，通常都会将文件分目录进行管理。同理，在项目开发中，也需要将编写的类、接口分目录存放便于管理，为此，Java 引入了包(package)机制。包实际上就是一个文件夹，在需要定义多个类或接口时，为了避免名称冲突而采用的一种措施。

3.6.1 包的定义与使用

使用 package 关键字定义包，其语法格式为：

```
package pkg1[.pkg2[.pkg3 … ]];
```

包的声明语句只能位于 java 源文件的第一行。

例 3.15 包的定义。

```
package info.Demo14;  //包的声明语句只能位于 java 源文件的第一行。
class Demo{
    public String getInfo(){
        return "信息管理";
    }
}
public class Test{
    public static void main(String args[]){
        System.out.println(new Demo().getInfo());
    }
}
```

编译语法如下：

```
javac -d.Test.java
```

在以上的编译命令中加入了以下两个参数：

- -d——表示生成目录，生成的目录以 package 的定义为准。
- .——表示在当前目录，注意在“.”的前后都有空格。

以上程序因为是在包中，所以此时完整的类名称应该为“包.类名”，即 info.Demo14.Test，运行以上程序的结果如图 3.2 所示。整行命令表示生成带包目录的.class 文件，并存放在当前目录下，也就是在当前目录下查看包名 info.Demo14 对应的 info\Demo14 目录，如图 3.3 所示。

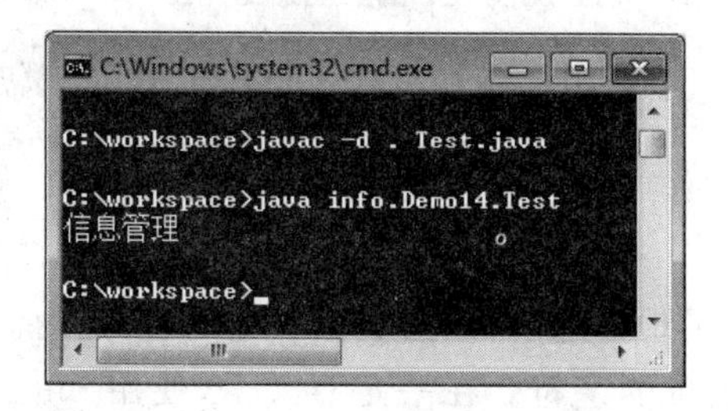

图 3.2 执行编译命令结果

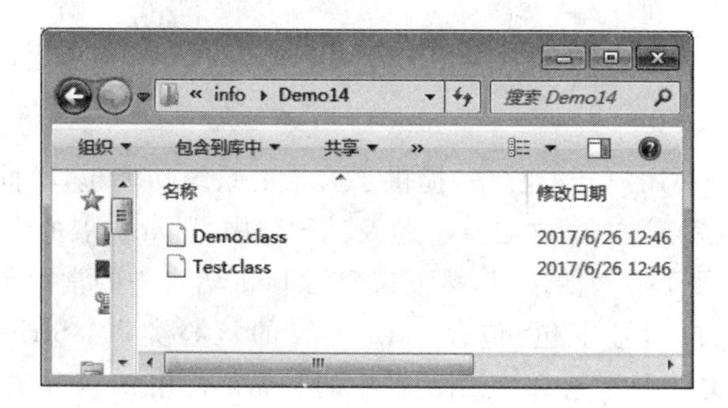

图 3.3 程序的运行结果

3.6.2 import 语句

一个类可以使用所属包中的所有类，以及其他包中的公有类。我们可以采用两种方式访问另一个包中的公有类。一种方式是在每个类名之前添加完整的包名。例如：

```
javax.swing.JFrame frame = new javax.swing.JFrame();
```

这显然很麻烦。更简单且更常用的方式是使用 import 语句，来导入所需要的类或类所在的整个包，一旦使用了 import 语句导入了类或类所在的包，就不必写出类的全名了。import 语句的语法格式为

```
import 包名.子包名.类名;
```

或

```
import 包名.子包名.*;
```

Java 编译器为所有程序自动引入包 java.lang，因此不必用 import 语句导入 java.lang 包含的类。在大多数情况下，只导入所需的包，并不过多地理睬它们，但在发生命名冲突的时候，就不能不注意包的名字了。例如，java.util 和 java.sql 包都有日期 Date 类，如果在程序中导入了这两个包：

```
import java.util.*;
import java.sql.*;
```

在程序使用Date类的时候,就会出现一个编译错误:

```
Date today;   //Error—java.util.Date or java.sql.Date?
```

此时编译器无法确定程序使用的是哪一个Date类,这时就需要import语句导入具体的类。例如:

```
import java.util.Date;
```

在Java程序中使用类的地方,都可以指明包含它的包,这时就不必用import语句导入该类了,只是这样要输入大量的字符。在一定意义上,使用import语句能使书写更方便。例如,包java.util中的类Date直接写全其类名的方式:

```
class MyDate extends java.util.Date{//定义 java.util.Date 类的子类
   …
}
```

在JDK中为了方便用户开发程序,提供了大量的系统功能包,不同功能的类放在不同的包中,其中Java的核心类主要放在java包及其子包中,Java扩展的大部分类都放在javax包及其子包中。为了便于后面的学习,接下来介绍Java语言中的常用包。

- java.lang:此包为基本包,包含Java语言的核心类,如String、Math、System和Inter等常用类都在此包中,使用此包中的类无须使用import语句导入包,系统会自动导入这个包中的所有类。
- java.util:此包为工具包,一些常用的类库、日期操作等都在此包中,如果把此包掌握精通,则各种设计思路都可以很好的理解。
- java.net:包含Java网络编程相关的类和接口。
- java.sql:数据库操作包,提供了各种数据库操作的类和接口。
- java.io:包含了Java输入、输出有关的类和接口。
- java.awt:包含了用于构建和管理应用程序的图形用户界面的类和接口。
- javax.swing:包含了用于建立图形用户界面的类和接口,此包中的组件相对于java.awt包而言是轻量级组件。

以上大部分包的内容将在本书的后续章节中逐步学习,在此只需了解即可。

3.6.3 静态导入

import语句不仅可以导入类,还增加了导入静态方法和静态域的功能。如果一个类中的方法全部是静态方法,则在导入时可以直接使用import static的方式导入,导入的语法格式为

```
import static 包.类.*;
```

例3.16 静态导入的应用。

```
import static java.lang.System.*;
```

```
import static java.lang.Math.*;
public class Test {
    public static void main(String[] args) {
                                    //out 是 java.lang.System 类的静态成员变量,表示输出
        out.println(PI);            //PI 是 java.lang.Math 类的静态成员变量,表示常量
        out.println(sqrt(256));     //sqrt()是 Math 类的静态方法
    }
}
```

使用 import static 语句导入类下的静态成员变量和静态方法,可以使程序简化,但不利于代码的清晰度。

3.6.4　给 Java 应用打包

当开发者为客户开发出了一套 Java 类之后,为了把这些类交给用户使用,并能更好地管理这些类,通常需要把这些类压缩成一个文件交付给用户使用,在 JDK 中提供了一个 jar 命令,使用这个命令能够将这些类打包成一个文件,这个文件的扩展名为.jar,被称为 jar 文件(Java Archive File),它是一种压缩文件,也被称为 jar 包。

如果想要生成 jar 文件,直接使用 JDK 中 bin 目录里的 jar.exe 就可以将所有的类文件进行压缩,此命令是 JDK 一起安装的,直接在命令行输入 jar,即可看到此命令的提示界面,如图 3.4 所示。当使用 jar 包时,只需要在 classpath 环境变量中包含这个 jar 文件的路径(配置 classpath 环境变量请查阅第 1 章),Java 虚拟机就能自动在内存中解压这个 jar 文件,根据包名所对应的目录结构去寻找所需要的类。

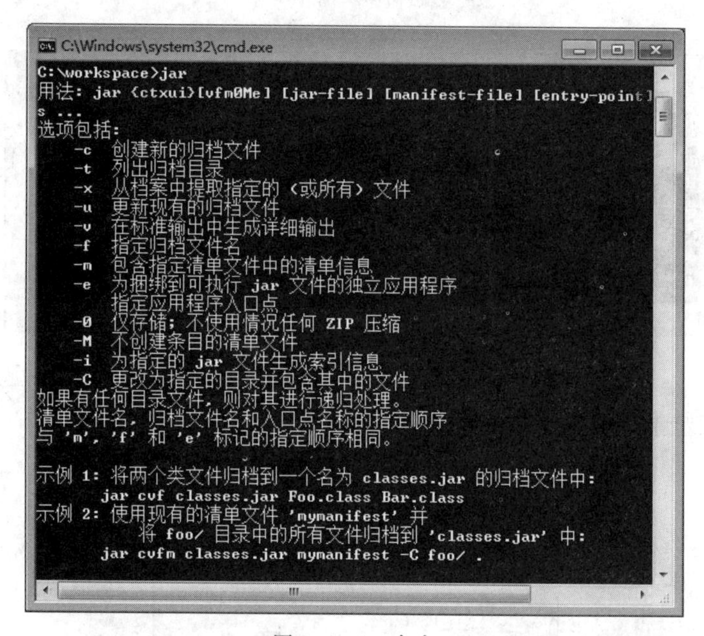

图 3.4　jar 命令

jar 命令的主要参数如下:

- C——创建新的文档。
- V——生成详细输出信息。

• F——指定文档的文件名。

下面使用 jar 命令进行文件的打包操作。

例 3.17 jar 命令应用。

```
package info.Demo16;
public class Test {
    public String getInfo(){
        return "The jar commond tests!";
    }
}
```

对此程序进行编译使用命令“javac -d. Test.java”进行编译，生成如图 3.5 所示的路径。

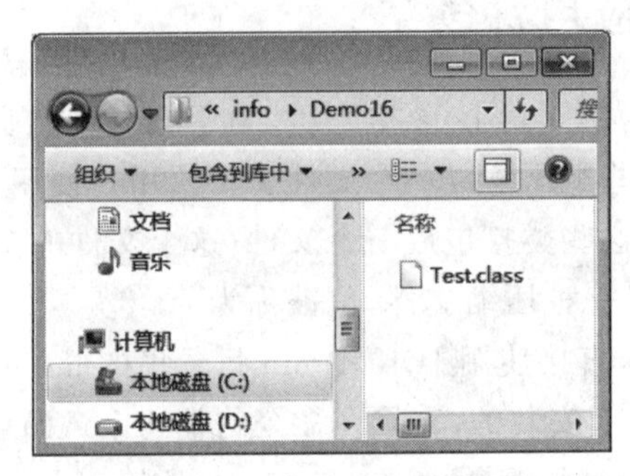

图 3.5 程序编译后的路径

将生成的 info 文件夹使用命令“jar -cvf Test.jar info”进行打包，此时会输出图 3.6 所示的信息。

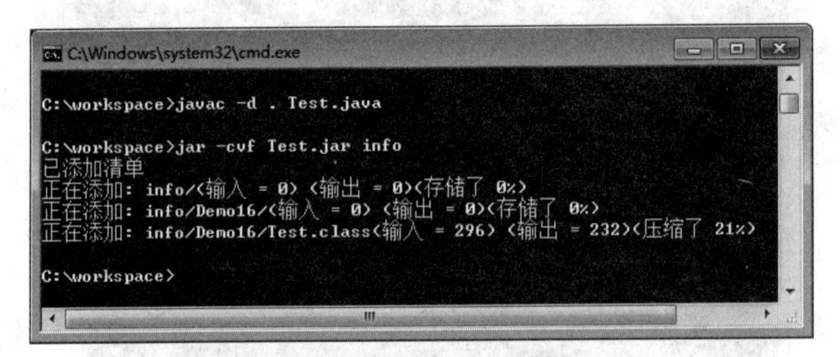

图 3.6 执行 jar 命令的输出信息

此时会在硬盘上生成一个名为 test.jar 的压缩文件，如图 3.7 所示。

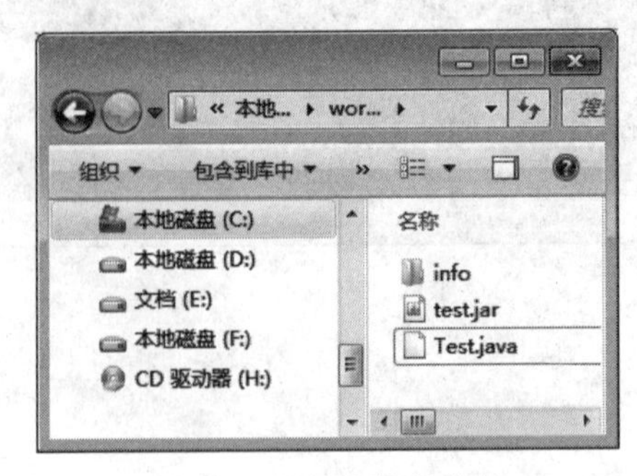

图 3.7 压缩文件的存储

如果要在程序中使用此文件中的类，则必须设置 classpath 路径。下面测试 jar 文件是否可用。测试前将生成的 Test.class 文件和 info 包一起删除。

例 3.18 试用 jar 文件。

```
import info.Demo16.Test;
public class OutputTest{
public static void main (String args [ ]){
        Test t = new Test();
        System.out.println(t.getInfo());
}
}
```

程序的运行结果如图 3.8 所示。

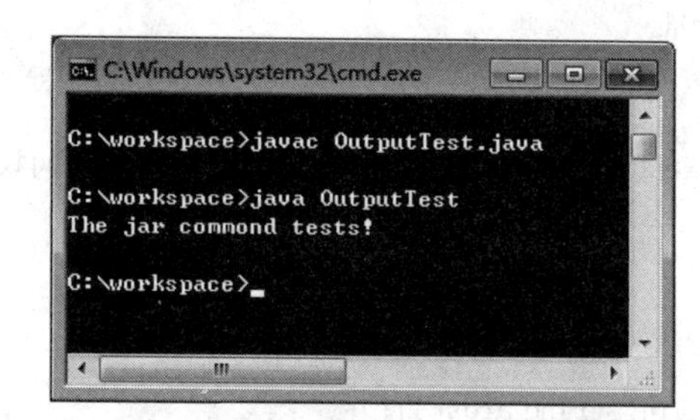

图 3.8 程序的运行结果

3.7 接口

接口(interface)是 Java 中最重要的概念之一，它可以被理解为一种特殊的"类"，是由常量和抽象方法组成的。接口不是类，而是对类的需求的描述，描述类具有什么功能，而并不给出每个功能的具体实现。

3.7.1 接口的定义

接口定义的基本语法格式为：

```
<public><abstract> interface 接口名[extends 父类接口列表]{
<public><static><final>变量名 = 初值;                    //静态常量
<public><abstract>返回值 方法名([参数表])throws[异常列表]; //抽象方法
}
```

注意：

- 关键字 interface 前默认的修饰符为 public abstract，即便没写也自动设置为此权限。
- 接口通过 extends 继承父接口，接口是多继承的，因此关键字 extends 后面是接口列表。
- 类通过 implements 关键字实现接口，一个类可以实现一个或多个接口，这实际上就摆脱了 Java 的单继承局限。
- 接口中定义的成员变量，系统自动为这些成员变量增加 public static final 修饰符，必须在定义时指定默认值。
- 一个类需要实现接口中的全部抽象方法,否则类为抽象类。
- 接口中的所有方法都是抽象的和公有的,即用 public abstract 修饰的,即便没写也自动设置为此权限。

例 3.19 接口的定义与实现。

```
interface Shape{                        //定义接口
     double PI = 3.14159;              //等价于 public static final double PI = 3.14159;
     double area();                     //等价于 public abstract double area();
}
 class Circle implements Shape {        //实现接口
         double radius;
         Circle(double r){
              this.radius = r;
         }
         public double area() {         //实现抽象方法,且方法的访问权限为 public
              return PI  * radius  * radius;
         }
     }
public class Test{
     public static void main(String args[ ]){
          Circle c = new Circle(10);
          System.out.println("圆的面积为: " + c.area());
     }
}
```

在实现接口的类中重写抽象方法时,必须显式标明方法的访问权限为 public。

3.7.2 抽象类与接口的应用

如果在定义类时,类既要实现接口又要继承父类,则其语法格式为

```
[<修饰符>] class <类名>[extends <父类名>][implements <接口名>] {
        [成员变量声明]
        [构造方法定义]
        [成员方法定义]                //类体
}
```

例 3.20 继承抽象类实现接口的实例。

```
interface Runner{
        void run();
}
interface Swimmer{
     void swim();
}
abstract class Animal{
     abstract public void eat();
}
 class Dog extends Animal implements Runner,Swimmer {
```

```
        String color;
        Dog(String color){this.color = color;}
        public void run(){//必须使用 public 修饰符
            System.out.println(color + " dog is running");
        }
        public void swim(){//必须使用 public 修饰符
            System.out.println(color + " dog is swimming");
        }
        public void eat(){
            System.out.println(color + " dog is eating");
        }
    }
public class Test{
    public static void main(String args[]){
        Dog toni = new Dog("white");
        toni.run();
    }
}
```

3.7.3 Java 8 对接口的扩展

如前所述，抽象类是从类中抽象出来的模板，接口里所有的方法都是抽象方法，在 Java 8 中对接口进行了改进，允许在接口中定义默认方法，默认方法可以提供方法的实现。接口定义的基本语法格式为

```
<public><abstract> interface 接口名[extends 父类接口列表]{
<public><static><final>变量名 = 初值;                    //静态常量
<public><abstract>返回值 方法名([参数表])throws[异常列表]; //抽象方法
 default 返回值 方法名([参数表]){                         //默认方法
     方法体
    }
 static 返回值 方法名([参数表]){                          //类方法
     方法体
    }
}
```

在 Java 8 中，接口里定义的方法只能是抽象方法、类方法或默认方法，因此如果不是定义默认方法，系统将自动为普通方法增加 abstract 修饰符。如果定义的是默认方法，必须用 default 修饰符标记，并提供一个默认实现，即接口中的普通方法不能有方法实现（方法体），但类方法、默认方法都必须有方法实现（方法体）。

例 3.21 Java 1.8 接口应用。

```
interface Collection{
    String DATA = "Java 1.8 接口应用";          //定义常量
    int size();                                 //定义抽象方法
    default boolean isEmpty(){                  //定义默认方法
        return size() == 0;
    }
    static String getData(){                    //定义类方法
```

```
            return DATA;
        }
    }
    public class Test {
        public static void main(String[ ] args) {
            System.out.println(Collection.DATA);
            System.out.println(Collection.getData());
        }
    }
```

在Java 8中，接口可提供默认方法，看起来没有太大用处，但有些情况下，默认方法可能很有用。例如，在第9章中会看到，在利用接口进行事件处理时，有的事件处理接口中有多个方法，但大多数情况下，人们只关心其中的一两个方法处理的事件类型。在Java 8中，可以把事件处理接口中所有的方法都声明为默认方法，只是这些默认方法仅拥有空的方法体，什么也不做。

3.8 本章小结

(1) 类是现实世界中具体对象的抽象，它包括了对象的数据域和操作数据的方法，类定义的语法格式为

```
class 类名{
成员变量
构造方法
成员方法
}
```

其中，在类体中定义的构造方法是一种特殊的方法，通过调用构造方法为所创建的对象分配存储空间，同时完成对所创建的对象进行初始化的工作。构造方法的特点是：

- 构造方法的方法名与类名相同。
- 构造方法没有返回值，也不能写void。
- 在创建一个对象时，使用new操作符来调用构造方法，完成对象的初始化工作。

(2) 方法重载就是一些方法的含义相同，但带有不同的参数，这些方法使用相同的名字，这就叫方法重载，此时方法参数必须不同，或者是参数的个数不同，或者是参数的类型不同。返回值可以相同，也可以不同。方法重载通常是发生在同一个类体中，或是在子类中重载父类的方法。方法重载是实现“多态”的一种方法，目的是实现同一功能有不同的实现，当然构造方法也可以重载。

(3) 如同变量的声明一样，对象被创建和使用前必须进行声明，其语法格式如下：

```
类名  对象名;
```

在对象声明的时候，并没有为对象分配存储空间，只有创建对象时，才为对象分配存储空间。这时候不能引用此对象。

创建一个对象有两种方法：

① 先声明再创建。

- 对象声明：类名 对象名；
- 对象创建：对象名＝new 类名()；

② 一步完成。

- 类名 对象名＝new 类名()；

对象被创建，即实例化后，可以通过运算符“.”访问自己的属性域，也可以调用创建它的类中的成员方法。其语法格式如下：

- 对象.成员变量；
- 对象.成员方法([参数列表])；

(4) 在 Java 中当前对象是指当前正在调用类中方法的对象，this 表示当前对象。this 有如下的作用：

- 使用 this 解决局部变量与成员变量同名的问题。
- 使用 this 引用属性及调用方法。
- 在构造方法中，用 this 调用另一构造方法。

注意：*在构造方法中，通过 this 调用另一个构造方法，这种用法仅仅用于类的构造方法中，别的地方不能这么用，并且 this(参数表)语句必须放在构造方法中的第一句。*

(5) 从已有的类派生出新类，这叫做继承。由继承而得到的类称为子类或派生类，被继承的类为父类或超类。父类包括所有直接或间接被继承的类，一个父类可以有多个子类，但 Java 不支持类的多重继承，只支持类的单继承，也就是 Java 中一个类只能有一个直接父类，继承是实现类复用的重要手段。

在 Java 语言中，类的继承是通过 extends 关键字来实现的，其语法格式如下：

```
class 子类名 extends 父类名{
    //类体
}
```

(6) 在继承关系中，子类会自动继承父类中定义的方法，但有时在子类中需要对继承的方法进行一些修改，对父类的方法进行重写，即子类定义了与父类中同名的方法，实现对父类方法的覆盖。需要注意的是，在子类中重写的方法需要和父类被重写的方法具有相同的方法名、参数列表及返回值类型，并且在子类中重写的方法不能拥有比父类方法更严格的访问权限。当方法被覆盖后，子类对象调用的方法是被子类覆盖的方法。

(7) 当子类重写父类的方法后，子类对象将无法访问父类被覆盖的方法，为了解决这个问题，在 Java 中提供了 super 关键字，用于从子类中调用父类的构造方法、成员方法和成员变量。使用 super 关键字引用父类的成员变量和成员方法，其语法格式如下：

- super.成员变量
- super.成员方法([参数 1,参数 2,…])

使用 super 关键字调用父类的构造方法，其语法格式如下：

- super([参数 1,参数 2,…])

注意：*通过 super 调用父类的构造方法的代码必须位于子类构造方法的第一行，并且只能出现一次。*

(8) Java 语言为类设置了两种访问权限(内部类有 3 种权限)，为类成员设置了 4 种访问权限。类的访问控制修饰符有两种：public 和默认。Java 语言为类成员设置了 4 种访问控制修饰符：public、protected、private 和默认，用来修饰成员变量和成员方法。

(9) Java 中常用的非访问控制符有 static、final、abstract。

使用 static 关键字来修饰成员变量，该变量被称为静态变量或类变量。类变量将变量值存储于类的公用内存。使用 static 关键字修饰方法，我们称这样的方法为静态方法或类方法。类变量和类方法既可以通过类名来引用，也可以通过对象名来引用。需要注意的是，非 static 声明的方法可以调用类方法或类变量，但类方法不能调用非静态的变量或方法。

final 关键字在 Java 中表示的意思是最终，可用于修饰类、变量和方法，由 final 修饰的类、变量和方法具有以下特性：

- 使用 final 修饰的类不能被继承，也就是不能有子类。
- 使用 final 修饰的方法不能被子类重写。
- 使用 final 修饰的变量(成员变量和局部变量)只能赋值一次，不可以修改。

abstract 修饰的方法称为抽象方法，抽象方法只有方法头，没有方法体。当一个类中包含了抽象方法时，该类必须使用 abstract 关键字来修饰，使用 abstract 关键字修饰的类称为抽象类。由于抽象类是不完整的(含有抽象方法)，所以抽象类不能被实例化。抽象类的每个具体子类都必须为父类的抽象方法提供具体实现，否则该子类依然是抽象类。

(10) 在项目开发中为了便于管理类、接口，Java 引入了包(package)机制。包实际上就是一个文件夹，在需要定义多个类或接口时，为了避免名称冲突而采用的一种措施。

- 使用 package 关键字定义包，其语法格式为

```
package pkg1[.pkg2[.pkg3…]];
```

包的声明语句只能位于 Java 源文件的第一行。

- 使用 import 语句来引入所需要的类或类所在的整个包，import 语句的语法格式为

```
import 包名.子包名.类名;
```

或

```
import 包名.子包名.*;
```

(11) 接口不是类，而是对类的需求的描述，描述类具有什么功能，而并不给出每个功能的具体实现。接口定义的基本语法格式为

```
<public><abstract> interface 接口名[extends 父类接口列表]{
<public><static><final>变量名 = 初值;                    //静态常量
<public><abstract>返回值 方法名([参数表])throws[异常列表]; //抽象方法
}
```

注意：

- 关键字 interface 前默认的修饰符为 public abstract，即便没写也自动设置为此权限。
- 接口通过 extends 继承父接口，接口是多继承的，因此关键字 extends 后面是接口列表。
- 类通过 implements 关键字实现接口，一个类可以实现一个或多个接口，这实际上就摆脱了 Java 的单继承局限。

- 接口中定义的成员变量，系统自动为这些成员变量增加 public static final 修饰符，必须在定义时指定默认值。
- 一个类需要实现接口中的全部抽象方法，否则类为抽象类。
- 接口中的所有方法都是抽象的和公有的，即用 public abstract 修饰的，即便没写也自动设置为此权限。

第4章 深入理解Java语言

本章学习目标

- 了解顶层父类 Object 类。
- 掌握变量的内存分配机制。
- 了解 Java 的多态性。
- 掌握对象创建的过程中构造函数的调用机制。
- 掌握内部类与匿名类的使用。
- 了解 Java 的反射机制。
- 了解 Java 8 新增的 lambda 表达式。

本章将介绍 Java 的 Object 类、变量及其传递、引用类型间的类型转换、内部类与匿名类、Java 的反射机制及 Java 8 新增的 lambda 表达式等内容，通过本章的学习，能够对 Java 语言有进一步的了解。

4.1 Object 类

Object 类是 Java 多层继承的顶层父类。如果一个类在定义的时候没有声明父类，系统会把 Object 类作为它的父类，所以 Object 是所有类的直接或间接父类。这个类中定义了所有对象都需要的状态和行为，Object 类常用的方法如表 4.1 所示。

表 4.1　Object 类中的主要方法

序　号	方法名称	描　述
1	public boolean equals(Object obj)	判断两个对象是否有相同的引用
2	public Class getClass()	返回对象所属的类
3	public int hashCode()	返回对象内存地址的哈希值
4	public String toString()	对象打印时调用

例 4.1　Object 类的 toString()方法的应用。

```
class Person{
    private String name;
    private int age;
}
public class Test {
```

```
    public static void main(String[] args) {
        Person o = new Person();
        System.out.println(o.toString());
    }
}
```

程序运行结果如下：

```
Person@1db9742
```

在本例中，Person类的对象调用了toString()方法，而Person类并没有定义该方法，程序并没有报错，这是因为在Object类中定义了toString()方法。Object类的toString()方法中的代码具体如下：

```
getClass().getName() + "@" + Integer.toHexString(hashCode());
```

在该方法中获取了对象的信息，即类名@对象的内存地址的哈希值。getClass().getName()代表返回对象所属的类名。Integer.toHexString(hashCode())代表将对象的哈希值用十六进制表示。hashCode()方法将对象的内存地址进行哈希运算，返回一个int类型的哈希值。

例4.2　重写父类的toString()方法。

```
class Person{
    private String name;
    private int age;
    public Person(String name, int age){
        this.name = name;
        this.age = age;
    }
    public String toString(){                    //重写Object类的toString()方法
        return "姓名: " + this.name + " 年龄:" + this.age;
    }
}
public class Test {
    public static void main(String[] args) {
        Person o = new Person("lili",18);
        System.out.println("对象信息" + o);    //打印对象调用toString()方法
    }
}
```

程序的运行结果如下：

```
对象信息姓名:lili 年龄:18
```

Object类的toString()方法在对象打印时调用。在例4.2的Person类中重写了Object类的toString()方法，这样直接输出对象时调用的是被子类重写的toString()方法。

Object类的equals()方法的功能是判断两个对象是否具有相同的引用，如果两个对象具有相同的引用，则它们是相等的。equals()方法是按地址进行比较，并不能对内容进行比较。如果一个类需要实现对象的比较操作，则直接在类中重写此方法即可。

注意：在Object类中使用equals()方法等价于使用“==”运算符，比较运算符“==”

用来比较两个基本数据类型的值是否相等，或者判断两个对象是否具有相同的引用值。运算符“==”判断两个引用变量是否指向相同的对象。

例 4.3 重写方法的应用。

```
class Person{
    private String name;
    private int age;
    public Person(String name, int age){
        this.name = name;
        this.age = age;
    }
    public Person(){}
    public boolean equals(Object obj){      //重写 Object 类的 equals()方法
        if (obj == null) return false;      //对象不存在,返回 false
        //判断两个对象是否是同一个类,不是同一类时则返回 false
        if (getClass()!= obj.getClass())  return false;
if (this == obj) return true;               //如果两个对象的地址相等,肯定是同一对象
Person per = (Person)obj;                   //逐个属性比较,对象内容相等时返回 true
        return name.equals(per.name)&&age == per.age;
        }
}
public class Test {
    public static void main(String[] args) {
        Person o = new Person("lili",18);
        Person p = new Person("lili",18);
        Person q = new Person("Haha",18);
        System.out.println(o.equals(p)?"是同一人!":"不是同一人!");
        System.out.println(q.equals(p)?"是同一人!":"不是同一人!");
    }
}
```

程序的运行结果如下：

```
是同一人!
不是同一人!
```

在 Person 类中重写了 equals()方法，首先判断传进来的对象是否存在，不存在则返回 false，不是同一对象。接下来判断两个对象是否是同一个类，不是同一类时则返回 false。然后判断两个对象的地址是否相等，相等则肯定是同一对象。最后逐个属性比较，对象内容相同时返回 true。此重写的 equals()方法实现了对内容的比较。

4.2 变量及其传递

4.2.1 基本类型变量与引用类型变量

Java 数据类型分为两大类：基本类型和引用类型，变量也就相应地分为基本类型变量和引用类型变量两大类。基本类型变量包括 8 种类型：char、byte、short、int、long、float、 double、boolean。引用类型包括类、接口、数组及 String 类型。

基本类型变量与引用类型变量在内存中的存储方式是不同的。基本类型变量的值直接存放于变量所表示的存储单元中；而引用类型变量则不同，引用类型变量也称为实例变量，在 Java 中引用类型变量里存放的是一个引用，此引用指向实际的对象，即引用类型变量里存放的是对象在内存中的存储地址。

例 4.4　基本类型变量与引用类型变量的区别。

```
class Person{
    String name;
    int age;
    public Person(String name,int age){
        this.name = name;
        this.age = age;
    }
}
public class Test {
    public static void main(String[] args) {
        Person o = new Person("lili",18);
        System.out.println("此人的名字是：" + o.name + "年龄：" + o.age);
    }
}
```

此程序运行时创建了 Person 类的实例对象 o，对象的实例化划分为栈内存空间、堆内存空间，o 是引用类型变量，保存的是所引用的对象地址，而对象的具体内容则保存在对应的堆内存中，也就是引用类型变量 o 本身只存储了一个地址值，它指向实际的 Person 对象，具体的内存分配如图 4.1 所示。

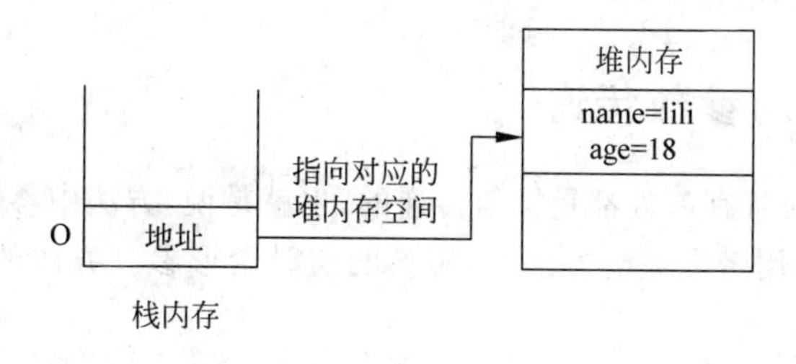

图 4.1　对象的内存分配

4.2.2　成员变量与局部变量

成员变量与方法中定义的局部变量是有区别的：

- 局部变量是在方法中定义的变量或方法的参数变量，局部变量不能被访问控制符及 static 修饰，可以被 final 修饰。
- 局部变量的作用域是从该变量的声明开始到包含该变量的语句块结束为止，并且要先声明后使用，一个方法中的形参的作用域是整个方法体。
- 成员变量是在类中定义的变量，成员变量可以被访问控制符、final 及 static 等修饰，不管在何处声明，成员变量的作用域是整个类。

- 在方法中，如果局部变量和一个成员变量有相同的名字，那么局部变量优先，成员变量被隐藏。
- 成员变量如果没有赋初值，则系统会自动提供默认值(有一种情况例外，被 final 修饰但没有被 static 修饰的成员变量，必须显式地赋值)，而局部变量系统不提供默认值，必须显式地赋值。
- 成员变量是属于对象的，它随对象的创建而存放于堆内存中，而局部变量随着方法的调用而存放于栈内存中，随着方法调用结束而自动消失。

每当调用一个方法时，系统将参数、局部变量存储在一个内存区域中，这个内存区域称为栈内存，它用后进先出的方式存储数据。当一个方法调用另一个方法时，调用者的栈内存空间保持不动，新开辟栈内存空间处理新的方法调用，直到这个方法调用结束，返回到调用者，其相应的内存空间被释放。例如，在主方法 main 中定义的变量 a、b、c，在 getSum 方法中定义了变量 num1、num2、sum，当在 main 方法中调用 getSum 方法时，局部变量在栈内存中的分配情况如图 4.2 所示。

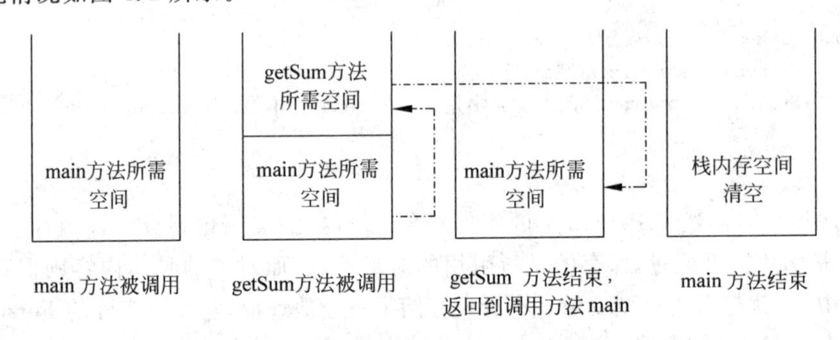

图 4.2 局部变量在栈内存中的分配情况

4.2.3 方法的参数传递

在 Java 中，方法的所有参数都是按值传递的，也就是说，方法中参数变量的值是调用者指定的值的副本，在调用带参数的方法时，实参的值赋给形参。方法的参数共有两种类型：基本类型和引用类型。

1. 基本类型的参数传递

一个方法不能修改一个基本类型的参数，也就是说，如果实参是变量而不是直接量，则将该变量的值传递给形参。无论形参在方法中如何改变，该实参变量都不受影响。

例 4.5 基本类型的参数传递。

```
public class Test {
    public static void main(String[ ] args) {
        int x = 1;
        int y = 2;
        System.out.println("调用交换函数前 x 的值是: " + x + ", y 的值是: " + y);
        swap(x,y);
        System.out.println("调用交换函数后 x 的值是: " + x + ", y 的值是: " + y);
    }
```

```
    public static void swap(int n1,int n2){//利用中间变量 temp 实现变量 n1、n2 值的交换
        int temp = n1;
        n1 = n2;
        n2 = temp;
        System.out.println("交换后 n1 的值是: " + n1 + ",n2 的值是: " + n2);
    }
}
```

程序的运行结果如下：

```
调用交换函数前 x 的值是: 1, y 的值是: 2
交换后 n1 的值是: 2,n2 的值是: 1
调用交换函数后 x 的值是: 1, y 的值是: 2
```

通过本例可以看出，当方法的参数是基本类型时，在方法中形参的改变并不能使得实参发生变化。这是为什么呢？我们再来分析一下局部变量的内存分配情况，如图 4.3 所示。

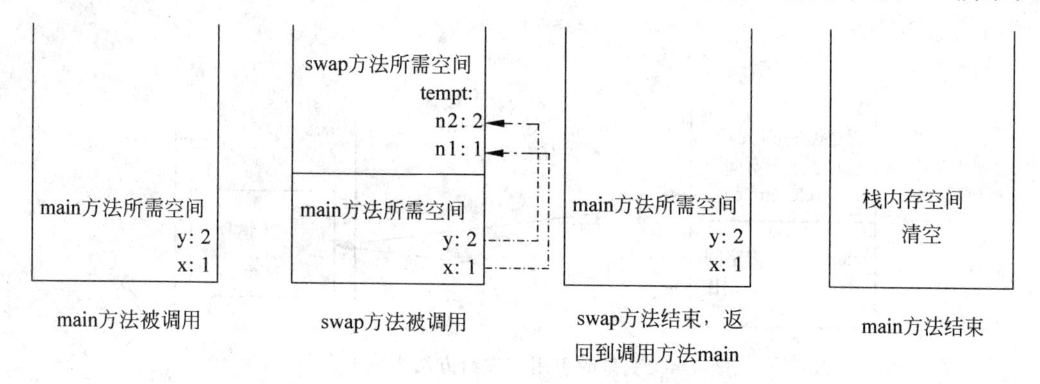

图 4.3 变量的值传递给方法中的形参

实参 x 和 y 的值传递给 n1 和 n2，但是 n1 和 n2 有自己独立于 x 和 y 的存储空间，所以，n1 和 n2 的改变不影响 x 和 y 的内容。

2. 引用类型的参数传递

Java 中引用类型的数据包括数组、类、接口以及 String 类型，当参数是引用类型时，传递对象实际上是传递对象的引用。下面的代码将对象作为参数传递给方法。

例 4.6 引用类型的参数传递。

```
class Circle{
    int radius;
    Circle(int radius){
        this.radius = radius;
    }
    int getRadius(){
        return radius;
    }
    int getArea(){
        return (int)Math.PI * radius * radius;
    }
}
```

```
public class Test {
    public static void main(String[] args) {
        Circle c = new Circle(5);
        getCircleArea(c);
    }
    public static void getCircleArea(Circle circle){
    System.out.println("圆的半径是:" + circle.getRadius() + ",圆的面积是: " + circle.getArea());
    }
}
```

程序的运行结果如下：

```
圆的半径是:5,圆的面积是: 75
```

通过本例可以看出，Circle 的值传递给 getRadiusArea 方法，这个值是 Circle 对象的引用值，我们再来分析一下局部变量的内存分配情况，如图 4.4 所示。

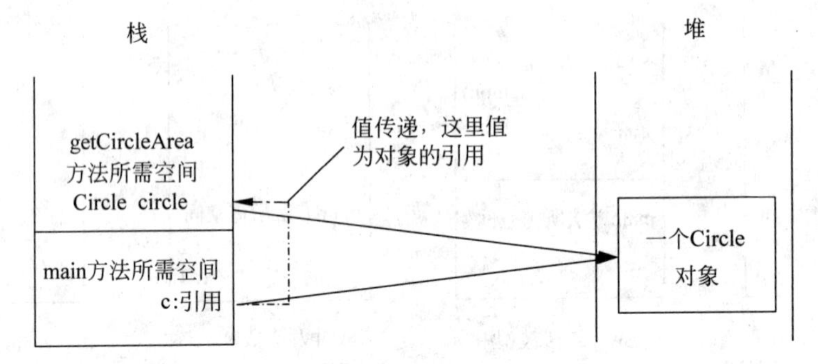

图 4.4　变量的引用传递给方法中的形参

4.3 多态

4.3.1 多态性

首先看看下面的程序。

例 4.7　多态性。

```
class Person{
    public void sleep(){
        System.out.println("人需要睡觉!");
    }
    public void work(){
        System.out.println("人需要工作!");
    }
}
class Student extends Person{
    public void sleep(){            //重写父类的方法
        System.out.println("学生也需要睡觉!");
    }
```

```
        public void study(){          //添加子类的方法
            System.out.println("学生需要学习!");
        }
}
public class Test{
    public static void main(String args[ ]){
    Person o = new Student();       //子类对象赋给了父类的引用变量 o
    o.sleep();
    o.work();
    }
}
```

程序的运行结果如下：

```
学生也需要睡觉!
人需要工作!
```

在本程序中子类对象赋给了父类的引用变量 o，Java 中允许把一个子类对象直接赋给一个父类的引用变量，无须任何转型，被称为向上转型，向上转型由系统自动完成。子类 Student 重写了父类 Person 的 toString 方法，此时通过引用变量 o 调用 toString 方法，调用的是子类的 toString 方法而不是父类的 toString 方法。对于一个子类实例，如果子类重载了父类的方法，那么运行时，系统调用子类的方法；如果子类继承了父类的方法(未重载)，那么运行时，系统调用父类的方法。

当子类重写了父类的方法时，把一个子类对象直接赋给父类引用变量，并通过该引用变量调用方法时，其方法行为总是表现出子类方法的行为特征，而不是父类方法的行为特征，这就可能出现：相同类型的变量，调用同一方法时呈现出多种不同的行为特征，这就是多态。

4.3.2 引用类型之间的类型转换

在多态的学习中，涉及将子类对象赋给了父类的引用变量的情况，Java 中允许把一个子类对象直接赋给一个父类的引用变量，无须任何转型，被称为向上转型，向上转型由系统自动完成。虽然将子类对象当作父类使用时不需要任何显式地声明，需要注意的是，此时不能通过父类变量去调用子类中的某些方法，我们来看下面的程序。

例 4.8 引用变量的类型转换。

```
class Person{
    public void sleep(){
        System.out.println("人需要睡觉!");
    }
}
class Student extends Person{
    public void sleep(){
        System.out.println("学生也需要睡觉!");
    }
    public void study(){        //添加子类的方法
        System.out.println("学生需要学习!");
```

```
        }
    }
    public class Test{
        public static void main(String args[ ]){
        Person o = new Student();
        o.sleep();
        o.study();                    //编译错误:The method study() is undefined for the type Person
        }
    }
```

编译程序报错,The method study() is undefined for the type Person。因此,向上转型时不能通过父类变量去调用子类中定义的方法(父类中没有定义)。

引用类型之间的转换只能在具有继承关系的两个类之间进行,如果是两个没有任何继承关系的类型,则无法进行类型转换,编译时就会出现错误。如果想把一个父类对象转换成子类类型,必须确保父类对象是子类的一个实例,否则运行时会引发 ClassCastException 异常。

例 4.9 父类对象转换成子类类型。

```
class Person{
    public void sleep(){
        System.out.println("人需要睡觉!");
    }
}
class Student extends Person{
    public void sleep(){
        System.out.println("学生也需要睡觉");
    }
    public void study(){
        System.out.println("学生需要学习");
    }
}
public class Test{
public static void main( String[ ] args ){
    Person p  =  new Student();          //父类对象 p 是子类的一个实例
    p.sleep();
    Student s  =  (Student) p;           //可以把父类对象 p 强制转换成子类对象
    s.sleep();
    Student o = (Student)new Person();   //出现编译错误
    o.study();
    }
}
```

程序的运行结果如图 4.5 所示。

```
学生也需要睡觉
学生也需要睡觉
Exception in thread "main" java.lang.ClassCastException: Person cannot be cast to Student
        at Test.main(Test.java:20)
```

图 4.5 程序的运行结果

此例说明,继承关系使一个子类继承父类的特征,并附加新特征。每个子类的实例都是父类的实例,但是反过来不行。

4.3.3 instanceof 运算符

instanceof 是 Java 提供的运算符,用于判断前面的对象是否是后面的类(或者其子类、实现类)的实例。如果是,则返回 true,否则返回 false。其语法格式是:

```
引用类型变量 instanceof 类名或接口名
```

运算符的前一个操作数通常是一个引用类型变量,后一个操作数通常是一个类(或者是接口,因为接口可以理解为是一个特殊的类)。

例 4.10 instanceof 运算符的应用。

```
class Student{
        public void study(){
        System.out.println("学生需要学习");
    }
}
public class Test{
public static void main(String[] args ){
    Object o = new Student();              //进行隐式转换
    if (o instanceof Student) System.out.println("o 为 Student 的实例");        //测试 o 的类型
    Student p = (Student)o;                //强制转换,o 必须是 Student 的实例
    p.study();
    }
}
```

程序的运行结果如下:

```
o 为 Student 的实例
学生需要学习
```

在本例中,如果有语句 Student p＝o,那么将产生编译错误,编译器不能确定 o 是 Student 的对象。如果想把一个父类对象强制转换为子类对象,必须确保转换的对象是子类的一个实例,否则会发生 ClassCastException 异常。

4.4 对象构造与初始化

Java 语言是利用构造方法来创建实例对象并执行初始化的,构造方法是可以重载的,即有多个同名的构造方法,从而允许使用不同的构造方法来初始化 Java 对象。构造方法是不能继承的,因为继承意味着与父类的构造方法要同名,显然子类的构造方法不能与父类的构造方法同名。

虽然构造方法不能继承,这并不意味着不调用父类的构造方法。事实上,在构造方法中一定要调用本类或父类的构造方法(除非它是 Object 类,因为 Object 类没有父类)。具体的做法可以选择以下方法之一:

(1) 可以使用 super 调用父类的构造方法，super 语句必须为子类构造方法的第一条语句。

(2) 可以使用 this 调用本类的其他构造方法，this 语句必须为子类构造方法的第一条语句。

(3) 如果子类没有用 this 调用本类构造方法，又没有使用 super 显式地调用父类的构造方法，系统会自动调用 super()，即调用父类无参的构造方法。此时，如果父类定义了有参的构造方法，没有不带参数的构造方法，那么 Java 编译器将报告错误。

例 4.11 在构造方法中使用 this 及 super。

```
class Person{
    private String id;
    private String name;
    private int age;
    public Person(String id,String name,int age){
        this.id = id;
        this.name = name;
        this.age = age;
    }
}
class Student extends Person{
    private String school;
    private String major;
    private int score;
    public Student(String school){          //产生编译错误,系统默认调用父类无参的构造方法
        this.school = school;
    }
    public Student(String school,String major,String id,String name,int age){
        super(id,name,age);                  //调用父类的构造方法
        this.school = school;
        this.major = major;
    }
    public Student(String school,String major,String id,String name,int age,int score){
        this( school,major, id,name,age); //调用本类的构造方法
        this.score = score;
    }
}
```

在构造方法中调用 this(参数表)及 super(参数表)或自动调用 super()，最终保证了任何一个构造方法都要调用父类的构造方法，而父类的构造方法又会调用其父类的构造方法，直到最顶层的 Object 类。即父类的构造方法总是在子类对象的构造过程中被调用，而且按照继承层次逐渐向上链接，以使每个父类的构造方法都能够得到调用。这使得当程序创建一个子类对象时，系统不仅会为该类中定义的实例变量分配内存，也会为它从父类继承得到的所有实例变量分配内存。

4.5 内部类与匿名类

4.5.1 内部类

内部类是定义在另一个类内部的类，包含内部类的类也被称为外部类。内部类具有如下特点：

- 内部类被当成其外部类的成员，因此内部类可以直接访问外部类的私有成员，同一个类的成员之间可以互相访问。但外部类不能直接访问内部类的成员。
- 内部类被当成其外部类的成员，可以使用成员的修饰符：private、protected、static。但外部类不能使用这 3 个修饰符。
- 非静态内部类不能拥有静态成员。
- 内部类也是类，因此定义内部类与定义外部类的语法大致相同。

例 4.12 内部类的定义。

```
class Goods{
    double value = 333.33;
    class Contents{                              //定义内部类
        private int num;
        public Contents(int num){
            this.num = num;
        }
        public double value(){
            return num * value;                  //内部类访问外部类成员 value
        }
    }
    class Destination{                           //定义内部类
        private String label;
        public Destination(String label){
            this.label = label;
        }
    }
    public void transport(){
        Contents c = new Contents(200);          //在外部类的成员方法中使用内部类
        Destination d = new Destination("中国");
        System.out.println("商品地址是: " + d.label + ",商品运费是:" + c.value());
          //外部类访问内部类的成员,需创建内部类对象
    }
}
public class Test{
    public static void main(String args[]){
        Goods goods = new Goods();
        goods.transport();
    }
}
```

内部类与外部类中的域、方法一样是外部类的成员，所以在内部类中可以直接访问外部

类的域和方法，即使它们是 private 的，这是内部类具有外部类成员的特点。

例 4.13 内部类在外部使用。

```
class Goods{
    static final double VALUE = 333.33;
    Contents c;
    Destination d;
    class Contents{
        private int num;
        public Contents(int num){
            this.num = num;
        }
    }
    class Destination{
        private String label;
        public Destination(String label){
            this.label = label;
        }
    }
    public double value(Contents c){
            return c.num * VALUE;
    }
    public String transport(Destination d){
        return d.label;
        }
}
public class Test{
    public static void main(String args[]){
        Goods goods = new Goods();
        Goods.Contents c = goods.new Contents(200);   //在外部访问内部类
        Goods.Destination d = goods.new Destination("中国");
System.out.println("商品邮费是:" + goods.value(c) + ",商品地址是:" + goods.transport(d));

    }
}
```

内部类在封装它的外部类的类体中使用，与普通类的使用方式相同；在外部类的外部使用，类名前要冠以其外部类的名字才能使用，在用 new 创建内部类对象时，也要在 new 前面冠以外部类的对象名。

例 4.14 static 修饰内部类。

```
class Goods{
    static double v;
    static class Value{
        Value(double value){
            v = value;
        }
       double v(){
            return v;                    //static 修饰的内部类中，只能访问外部类的 static 成员
        }
```

```
    }
}
public class Test{
    public static void main(String args[ ]){
        Goods.Value o = new Goods.Value(333.3);            //创建 static 修饰的内部类的对象
        System.out.println("商品邮寄每单位的价格是:" + o.v());
    }
}
```

使用 static 可以声明属性和方法，也可以使用 static 声明内部类。static 内部类中不能访问其外部类的非 static 域及方法，即只能访问 static 成员；实例化 static 内部类时，在 new 前面不需要用外部类的对象变量。

4.5.2 匿名内部类

在 Java 中除了内部类之外，还有一种匿名内部类。匿名内部类就是指没有一个具体名称的类，在定义匿名内部类的同时系统会自动生成一个该类的实例，匿名内部类适用于一个类仅被使用一次的情况。定义匿名内部类的语法格式如下：

```
new  接口名()或类名(实参列表)
{     //匿名内部类的类体部分
}
```

从上面的定义可以看出，匿名内部类具有如下特点：

- 匿名内部类必须继承一个父类，或实现一个接口，但最多只能继承一个父类或实现一个接口。
- 系统在创建匿名内部类时，会同时生成该匿名内部类的对象，因此不允许将匿名内部类定义成抽象的类。

例 4.15 匿名内部类实现接口中的抽象方法。

```
interface A{
    public void printInfo();
}
class B{
    public void function(A a){
        a.printInfo();
    }
}
public class Test{
    public static void main(String args[ ]){
        B b = new B();
        b.function(new A(){
            public void printInfo(){
                System.out.println("匿名内部类,实现接口中的抽象方法");
            }
        });
    }
}
```

程序运行结果如下：

```
匿名内部类,实现接口中的抽象方法
```

例 4.16 匿名内部类实现抽象类。

```
abstract class A{
    public abstract void printInfo();
}
class B {
    public void function(A a){
        a.printInfo();
    }
}
public class Test{
    public static void main(String args[ ]){
        B b = new B();
        b.function(new A(){
            public void printInfo(){
                System.out.println("匿名内部类,实现抽象类中的抽象方法");
            }
        });
    }
}
```

程序运行结果如下：

```
匿名内部类,实现抽象类中的抽象方法
```

4.6 Java 的反射机制

Java 程序中的许多对象在运行时都会出现两种类型：编译时类型和运行时类型，例如代码“Person p＝new Student();”，这行代码将会生成一个 p 变量，该变量的编译时类型为 Person，运行时类型为 Student，程序需要在运行时发现对象和类的真实信息。本节将讨论 Java 是如何让我们在运行时识别对象和类的信息的。主要有两种方式：一种是传统的 RTTI(Runtime Type Information，运行时类型信息)，它假定我们在编译时已经知道了所有的类型；另一种是“反射”机制，它允许我们在运行时发现和使用类的信息。什么是反射机制呢？举个简单的例子，正常情况下如果已经有一个类，则肯定可以通过类创建对象；如果现在要求通过一个对象找到一个类的名称，此时就需要用到反射机制。

4.6.1 认识 Class 类

Class 类是 java.lang 包中的类。当程序使用某个类时，Java 虚拟机会将该类加载到内存中，该类的 class 文件读入内存，并为该类创建一个 java.lang.Class 对象，它包含了与类有关的信息。每个类都有一个 Class 对象，即每当编写并且编译了一个新类，就会产生一个 Class 对象，被保存在一个同名的.class 文件中。在 Java 程序中获得 Class 对象通常有如下

3 种方式：

- 使用 Class 类的 forName(String className)静态方法。该方法需要传入字符串参数，该字符串参数的值是某个类的全限定类名(必须添加完整包名)。
- 调用某个类的 class 属性来获取该类对应的 Class 对象。例如，Person. class 将会返回 Person 类对应的 Class 对象。
- 调用某个对象的 getClass()方法。该方法是 java. lang. Object 类中的一个方法，所有的 Class 对象都可以调用该方法，该方法将会返回该对象所属类对应的 Class 对象。

Class 类表示一个类的本身，通过 Class 类可以完整地得到一个类中的完整结构，包括此类的方法定义、属性定义等。

例 4.17 获取一个对象的完整的名称。

```
package org.llx.demo416.getclassdemo;
class A{
}
public class Test {
    public static void main(String[] args) {
        Class <?> c1 = null;                                    //指定泛型
        Class <?> c2 = null;
        Class <?> c3 = null;
        try{ c1 = Class.forName("org.llx.demo416.getclassdemo.A");     //获得 Class 对象
        }catch(ClassNotFoundException e){
            e.printStackTrace();
        }
        c2 = new A().getClass();                                //获得 Class 对象
        c3 = A.class;                                           //获得 Class 对象
        System.out.println("类名称: " + c1.getName());          //得到类的完整的"包.类"名称
        System.out.println("类名称: " + c2.getName());
        System.out.println("类名称: " + c3.getName());
    }
}
```

程序的运行结果如下：

```
类名称: org.llx.demo416.getclassdemo.A
类名称: org.llx.demo416.getclassdemo.A
类名称: org.llx.demo416.getclassdemo.A
```

在 Java 中 Object 类是一切类的父类，那么所有类的对象实际上也就都是 java. lang. Class 类的实例，因此所有对象都可以转变为 java. lang. Class 类型表示。getName 方法是 Class 类的常用方法，将得到一个类完整的“包.类”名称。在本程序中，使用了 3 种方式实例化 Class 对象，它们的作用是一样的。

4.6.2 通过反射查看类信息

Class 类提供了大量的实例方法来获取该 Class 对象所对应类的详细信息，也就是通过反射机制获取一个类的完整结构，这就要使用到 java. lang. reflect 包中的以下几个类：

- Constructor——表示类中的构造方法。
- Field——表示类中的属性。
- Method——表示类中的方法。

这3个类都是AccessibleObject类的子类，它们和Class类共同完成类的反射操作。下面使用Class类并结合java.lang.reflect包中的类取得一个类的完整结构。

例4.18 如何通过Class对象来获取对应类的详细信息。

```
package org.llx.demo417.reflectemo;
import java.lang.reflect.Constructor;
import java.lang.reflect.Method;
import java.lang.reflect.Modifier;
interface Chinese{
    public static final String NATIONAL = "Chinese";
    public void sayLanguage();
}
class Person implements Chinese{
    private String name;
    private int age;
    public Person(){
    }
    public Person(String name,int age){
        this.name = name;
        this.age = age;
    }
    public void sayLanguage(){
        System.out.println("国籍是: " + NATIONAL);
    }
}
public class Test {
    public static void main(String[] args) {
        Class <?> c1 = null;                                    //声明 Class 对象
        try{
            c1 = Class.forName("org.llx.demo417.reflectemo.Person");   //实例化 Class 对象
        }catch(ClassNotFoundException e){
            e.printStackTrace();
        }
        Class <?> c[] = c1.getInterfaces();                     //取得实现的全部接口
        for(int i = 0;i < c.length;i++){
            System.out.println("实现的接口名是: " + c[i].getName());
        }
        Constructor <?> con[] = c1.getConstructors();           //获得全部构造方法
        for(int i = 0;i < con.length;i++){
            System.out.println("构造方法是: " + con[i]);
        }
        Method m[] = c1.getMethods();                           //取得全部方法
        for(int i = 0;i < m.length;i++){
            Class <?> r = m[i].getReturnType();                 //取得方法的返回值类型
            Class <?> p[] = m[i].getParameterTypes();           //得到全部的参数类型
            int xsf = m[i].getModifiers();                      //得到方法的修饰符
            System.out.print(Modifier.toString(xsf) + " "); //取得修饰符
            System.out.print(r.getName() + " ");                //取得方法的返回值类型
            System.out.print(m[i].getName());                   //取得方法名
```

```
            System.out.print("(");                          //输出"("
            for(int j = 0;j < p.length;j++){//输出参数
                System.out.print(p[j].getName() + " " + "arg" + j);
                if(j < p.length - 1) System.out.print(",");
            }
            Class <?> e[] = m[i].getExceptionTypes();       //得到全部的异常抛出
            if(e.length > 0) System.out.print(") throws");  //输出")"
            else System.out.print(")");
            for(int k = 0;k < e.length;k++){//输出异常信息
                System.out.print(e[k].getName());
                if(k < e.length - 1) System.out.print(",");
            }
            System.out.println();
        }
        Class <?> c2 = c1.getSuperclass();
        System.out.println("父类名为: " + c2.getName());
    }
}
```

程序的运行结果如下：

```
实现的接口名是: org.llx.demo417.reflectemo.Chinese
构造方法是: public org.llx.demo417.reflectemo.Person()
构造方法是: public org.llx.demo417.reflectemo.Person(java.lang.String,int)
public void sayLanguage()
public final void wait() throwsjava.lang.InterruptedException
public final void wait(long arg0,int arg1) throwsjava.lang.InterruptedException
public final native void wait(long arg0) throwsjava.lang.InterruptedException
public boolean equals(java.lang.Object arg0)
public java.lang.String toString()
public native int hashCode()
public final native java.lang.Class getClass()
public final native void notify()
public final native void notifyAll()
父类名为: java.lang.Object
```

在本例中使用 Class 类的 getInterfaces()方法，取得了一个类所实现的全部接口，该方法返回一个 Class 类的对象数组，之后利用 Class 类的 getName()方法取得类的名称。使用 Class 类的 getConstructors()方法取得一个类中的全部构造方法，此方法返回一个 Constructor 对象。使用 Class 类的 getMethods()方法取得一个类中的全部方法，该方法返回一个 Method 类的对象数组，需要使用 Method 类中的方法取得方法的参数、抛出的异常声明等信息。使用 Class 类的 getSuperclass()方法取得一个类的父类。

4.7　Java 8 新增的 lambda 表达式

执行下面的代码：

```
button.addActionListener(new ActionListener(){
        public void actionPerformed(ActionEvent e){
            System.out.println("匿名内部类,实现接口中的抽象方法");
```

```
        }
    });
```

为对象注册监听器的知识将在第9章中讲解。我们定义了一个匿名内部类并创建了它的对象,通过这种方式可把一些函数功能传给addActionListener方法,希望可以动态传入一段代码实现具体的处理行为,因此程序创建了一个匿名内部类实例来封装处理行为。这种做法在Java语言中进行事件处理时经常用到,在Java中不能直接传递代码,所以必须构造一个对象,这个对象的类需要有一个方法能包含所需的代码,因此程序不得不使用匿名内部类的语法来创建。lambda表达式是Java 8的重要更新,使用lambda表达式采用一种简洁的语法定义代码块,完全可用于简化创建匿名内部类对象。

4.7.1 lambda表达式的基本语法

lambda表达式又被称为"闭包"或"匿名方法",当某个方法只使用一次,而且定义很简短,这时就可以考虑使用lambda表达式了,它的基本写法是:

```
(参数)->表达式或{语句}
```

从上面语法格式可以看出,lambda表达式由3部分组成:

- 形参列表。形参允许省略形参类型。如果形参列表中只有一个参数,形参列表的小括号也可以省略。
- 箭头->。
- 代码块。如果代码块只包含一条语句,lambda表达式允许省略代码块的大括号;lambda代码块只有一条return语句,可以省略return语句,lambda表达式会自动返回这条语句的值。

例如,一个接收String和Object数据,并返回int型数据的函数可以用lambda表达式表示为(String,Object)-> int。

以下是一些常见的写法:

```
(int x)->{return x + 1;};          //单个参数 x
(int x)->x + 1;                    //返回值直接用表达式
(x)->x + 1;                        //省略了参数的类型
x->x + 1;                          //如果只有一个参数,则参数的小括号可以省略
(x,y)->x + y;                      //两个参数
(person)->{System.out.println(person.name);};    //返回 void
()->{System.gc();};                //0 个参数
```

例4.19 lambda表达式的应用。

```
interface Eatable{
    void taste();
}
interface Flyable{
    void fly(String weather);
}
interface Addable{
    int add(int x,int y);
```

```
}
public class Test{
    public void eat(Eatable e){
        e.taste();
    }
    public void drive(Flyable e){
        e.fly("晴空万里");
    }
    public void test(Addable e){
        System.out.println("计算求和:" + e.add(1, 2));
    }
    public static void main(String args[]){
        Test lam = new Test();
        lam.eat(() -> System.out.println("美味"));//lambda 表达式作参数,lambda 表达式的代
码块代替实现抽象方法的方法体,代码块只有一条语句,可以省略大括号
        lam.drive(weather ->{//lambda 表达式的形参只有一个,省略了小括号
            System.out.println("今天的天气:" + weather);
            System.out.println("天气适合飞行吧");
        });
        lam.test((a,b) -> a + b);   //lambda 代码块只有一条 return 语句,省略了 return 语句
    }
}
```

程序的运行结果如下：

```
美味
今天的天气:晴空万里
天气适合飞行吧
计算求和:3
```

通过本例可以看出，lambda 表达式的主要作用是代替匿名内部类的语法，当使用 lambda 表达式代替匿名内部类创建对象时，lambda 表达式的代码块将会代替实现抽象方法的方法体。

4.7.2　lambda 表达式与函数式接口

lambda 表达式在一定意义上代替了实现一个接口的匿名类，这也是 lambda 表达式的本质。对于只有一个抽象方法的接口，需要这种接口的对象时，可以提供一个 lambda 表达式，这种接口称为函数式接口。函数式接口代表只包含一个抽象方法的接口，函数式接口可以包含多个默认方法、类方法，但只能声明一个抽象方法。

如果采用匿名内部类语法来创建函数式接口的实例，则只需实现一个抽象方法，在这种情况下即可采用 lambda 表达式来创建对象，该表达式创建出来的对象的目标类型就是这个函数式接口。在 Java 8 的 API 文档中，可以发现大量的函数式接口，例如，ItemListener、ActionListener 等接口都是函数式接口。

为了展示如何转换为函数式接口，下面考虑 ActionListener 接口的 actionPerformed 方法，它的参数为 ActionEvent 的实例，ActionListener 就是只有一个方法的接口，所以可以提供一个 lambda 表达式：

```
button.addActionListener((e) ->{System.out.println(e.getSource());});  //假定 button 是类
Button 的对象
```

在这里,addActionListener 方法会接收实现了 ActionListener 的某个类的对象,在这个对象上调用 actionPerformed 方法会执行这个 lambda 表达式。与传统的匿名内部类相比,这样可以更高效些。这里需要接受 lambda 表达式可以传递到函数式接口,把 lambda 表达式看作是一个函数。

4.7.3 lambda 表达式与匿名内部类的联系与区别

从前面的介绍可以看出,lambda 表达式是匿名内部类的一种简化,因此它可以部分取代匿名内部类的作用,lambda 表达式与匿名内部类的相同点如下:

- lambda 表达式与匿名内部类一样,都可以直接访问 effectively final 的局部变量,以及外部类的成员变量(包括实例变量和类变量)。
- lambda 表达式创建的对象与匿名类生成的对象一样,都可以直接从接口中继承默认方法。

lambda 表达式与匿名内部类的区别如下:

- 匿名内部类可以为抽象类甚至普通类创建实例;但 lambda 表达式不能。
- 匿名内部类可以为任意接口创建实例,不管接口包含多少个抽象方法,只要匿名内部类实现所有的抽象方法即可;但 lambda 表达式只能为函数式接口创建实例。
- 匿名内部类实现的抽象方法的方法体允许调用接口中定义的默认方法;但 lambda 表达式的代码块不能调用接口中定义的默认方法。

例 4.20 函数式接口举例。

```
interface LambdaDemo{//定义函数式接口,包含一个抽象方法和一个默认方法
    void display();
    default int sum(int a,int b){
        return a + b;
    }
}
public class Test{
    private int num = 12;
    private static String name = "lambda 表达式应用举例";
    public void t(){
        String str = "局部变量的测试";
        LambdaDemo la = () ->{                    //定义 lambda 表达式
            System.out.println("局部变量为: " + str);    //lambda 表达式可以访问局部变量
            System.out.println("外部类的实例变量 num 为: " + num);
                                                  //lambda 表达式访问实例变量和局部变量
            System.out.println("外部类的类变量 name 为" + name);
            };
    la.display();
    System.out.println(la.sum(1,2));
    }
    public static void main(String args[]){
        Test lambda = new Test();
```

```
            lambda.t();
        }
    }
```

程序的运行结果如下：

```
局部变量为：局部变量的测试
外部类的实例变量 num 为：12
外部类的类变量 name 为 lambda 表达式应用举例
3
```

上面的程序使用了 lambda 表达式创建了接口 LambdaDemo 的对象，在这里 lambda 表达式可以使用局部变量、实例变量和类变量。当程序使用 lambda 表达式创建了 LambdaDemo 的对象之后，该对象不仅可调用接口中唯一的抽象方法，也可以调用接口中的默认方法。

4.8 本章小结

(1) Object 类是 Java 多层继承的顶层父类。如果一个类在定义的时候没有声明父类，系统会把 Object 类作为它的父类，所以 Object 是所有类的直接或间接父类，这个类中定义了所有对象都需要的状态和行为。

(2) 基本类型变量与引用类型变量在内存中的存储方式是不同的，基本类型变量的值直接存放于变量所表示的存储单元中；而引用类型变量则不同，引用类型变量也称为实例变量，在 Java 中引用类型变量里存放的是一个引用，此引用指向实际的对象，即引用类型变量里存放的是对象在内存中的存储地址。

(3) 方法的参数共有两种类型：基本类型和引用类型。

① 如果方法的参数是基本类型，无论形参在方法中如何改变，该实参变量都不受影响。

② 当参数是引用类型时，传递对象实际上是传递对象的引用。

(4) 当子类重写了父类的方法时，把一个子类对象直接赋给父类引用变量，并通过该引用变量调用方法时，其方法行为总是表现出子类方法的行为特征，而不是父类方法的行为特征，这就可能出现：相同类型的变量、调用同一方法时呈现出多种不同的行为特征，这就是多态。

(5) 在多态的学习中，涉及将子类对象赋给了父类的引用变量的情况，Java 中允许把一个子类对象直接赋给一个父类的引用变量，无须任何转型，被称为向上转型，向上转型由系统自动完成。虽然将子类对象当作父类变量使用时不需要任何显式地声明，需要注意的是，此时不能通过父类变量去调用子类中定义的方法（子类特有的方法，不是重写父类的方法）。

(6) 在构造方法中调用 this(参数表)及 super(参数表)或自动调用 super()，最终保证了任何一个构造方法都要调用父类的构造方法，而父类的构造方法又会调用其父类的构造方法，直到最顶层的 Object 类。即父类的构造方法总是在子类对象的构造过程中被调用，而且按照继承层次逐渐向上链接，以使每个父类的构造方法都能够得到调用。这使得当程序创建一个子类对象时，系统不仅会为该类中定义的实例变量分配内存，也会为它从父类继承得到的所有实例变量分配内存。

(7) 内部类是定义在另一个类内部的类,包含内部类的类也被称为外部类。内部类具有如下特点:

- 内部类被当成其外部类的成员,因此内部类可以直接访问外部类的私有成员,同一个类的成员之间可以互相访问。但外部类不能直接访问内部类的成员。
- 内部类被当成其外部类的成员,可以使用成员的修饰符 private、protected、static——外部类不能使用这 3 个修饰符。
- 非静态内部类不能拥有静态成员。
- 内部类也是类,因此定义内部类与定义外部类的语法大致相同。

(8) 匿名内部类就是指没有一个具体名称的类,在定义匿名内部类的同时系统会自动生成一个该类的实例,匿名内部类适用于一个类仅被使用一次的情况。定义匿名内部类的语法格式如下:

```
new 接口名()或类名(实参列表)
{      //匿名内部类的类体部分
}
```

(9) Class 类是 java. lang 包中的类。当程序使用某个类时,Java 虚拟机会将该类加载到内存中,该类的 class 文件读入内存,并为该类创建一个 java. lang. Class 对象,它包含了与类有关的信息。每个类都有一个 Class 对象,即每当编写并且编译了一个新类,就会产生一个 Class 对象,被保存在一个同名的. class 文件中。在 Java 程序中获得 Class 对象通常有 3 种方式。

(10) 通过反射机制获取一个类的完整结构,这就要使用到 java. lang. reflect 包中的以下几个类:

- Constructor——表示类中的构造方法。
- Field——表示类中的属性。
- Method——表示类中的方法。

(11) lambda 表达式又被称为"闭包"或"匿名方法",当某个方法只使用一次,而且定义很简短,这时就可以考虑使用 lambda 表达式了,它的基本写法是

```
(参数)->表达式或{语句}
```

lambda 表达式在一定意义上代替了实现一个接口的匿名类,这也是 lambda 表达式的本质。对于只有一个抽象方法的接口,需要这种接口的对象时,可以提供一个 lambda 表达式,这种接口称为函数式接口。

第5章 异常处理

本章学习目标

- 了解异常的概念以及异常的分类。
- 掌握捕获和处理异常的方法。
- 掌握自定义异常和抛出异常的方法。

本章首先介绍了异常处理的意义以及异常的分类，然后介绍了如何使用异常处理机制处理异常，最后介绍了自定义异常和抛出异常对象的方法。

5.1 异常处理简介

异常是程序在运行过程中发生的由于硬件设备问题、软件设计错误等导致的程序异常事件，对于面向对象的程序设计语言 Java 中来说异常本身是一个对象，产生异常就是产生了一个异常对象。

5.1.1 异常处理的意义

对于计算机程序而言，没有人能保证自己写的程序永远不会出错。就算程序没有错误，也无法保证用户总是按照你的意愿来输入，就算用户都是非常“聪明而且配合”的，也无法保证运行该程序的操作系统、机器硬件、网络链接等不发生意外情况。而对于一个程序设计人员来说，需要尽可能地预知所有可能发生的意外情况，尽可能地保证程序在所有可能的情况下都可以运行。针对这种情况，Java 语言引入了异常，以异常类的形式对这些非正常情况进行封装，通过异常处理机制对程序运行时发生的各种异常情况进行处理。接下来通过一个案例来认识一下什么是异常。

例 5.1 认识异常。

```
public class ExceptionExam {
    public static void main(String[] args) {
        int i = 0;
            int a[] = {1,2,3};
            while (i < 4) {
                System.out.println(a[i]);
                i++;
            }
```

```
        System.out.println(" ********** 程序运行结束 ********** ");
    }
}
```

程序运行结果如图 5.1 所示。

```
1
2
3
Exception in thread "main" java.lang.ArrayIndexOutOfBoundsException: 3
	at ExceptionExam.main(ExceptionExam.java:7)
```

图 5.1 例 5.1 程序运行结果

在以上程序中，因为引用数组元素出现了下标越界的情况，即抛出了 ArrayIndexOfBoundsException 异常。从运行结果可以发现，如果不对异常进行处理，则一旦出现了异常，程序就立刻退出，所以后面的语句并没有执行。

例 5.2 对例 5.1 中的异常进行处理。

```
public class ExceptionExam {
    public static void main(String[] args) {
        int i = 0;
            int a[] = {1,2,3};
            while (i < 4) {
                System.out.println(a[i]);
                i++;
            }
        System.out.println(" ********** 程序运行结束 ********** ");
    }
}
```

程序运行结果如图 5.2 所示。

```
1
2
3
出现异常了! java.lang.ArrayIndexOutOfBoundsException: 3
**********程序运行结束**********
```

图 5.2 例 5.2 程序运行结果

在本例程序中进行了异常处理，虽然也出现了 ArrayIndexOfBoundsException 异常，但程序完整地执行了。那么为什么需要异常处理呢？通过本例我们可以了解进行异常处理的目的：

- 当程序运行时出现了异常时，能够改变程序的执行流程，给程序以正确的执行出口，让程序能够完整地运行。
- 为程序员标识出异常代码的位置(通常在异常处理中利用输出语句)。

Java 语言是面向对象的程序设计语言，因此也使用面向对象的方法来处理异常。在程序运行过程中，一旦发生了异常，这个方法就生成代表该异常的一个对象，并把该对象交付给运行时的系统，运行时系统找到相应的代码来处理这一异常，这一过程称为异常的捕获

(catch)。使用Java异常处理机制有以下优点：

(1) 将异常处理代码从常规代码中分离出来,增强了程序的可读性。

(2) 将出现的异常按类型和差别进行分组,增加程序可读性的同时,分清了责任。

(3) 可以对无法预测的异常进行捕获和处理。

(4) 克服了传统方法受if语句限制、错误信息有限的问题。

(5) 可以把异常向上传送到调用它的方法中。

Java异常处理通常分为两步：一是抛出(throw)异常。在方法的运行过程中,如果发生了异常,则该方法生成一个代表该异常的对象并把它交给运行时系统,运行时系统便寻找相应的代码来处理这一异常；二是捕获(catch)异常,运行时系统在方法的调用栈中查找,从生成异常的方法开始进行回溯,直到找到包含相应异常处理的方法为止。

5.1.2 异常的分类

ArrayIndexOfBoundsException异常只是Java异常类中的一种,在Java中还提供了大量的异常类,这些类都继承自java. lang. Throwable类。接下来通过一张图来展示Throwable类的继承体系,如图5.3所示。

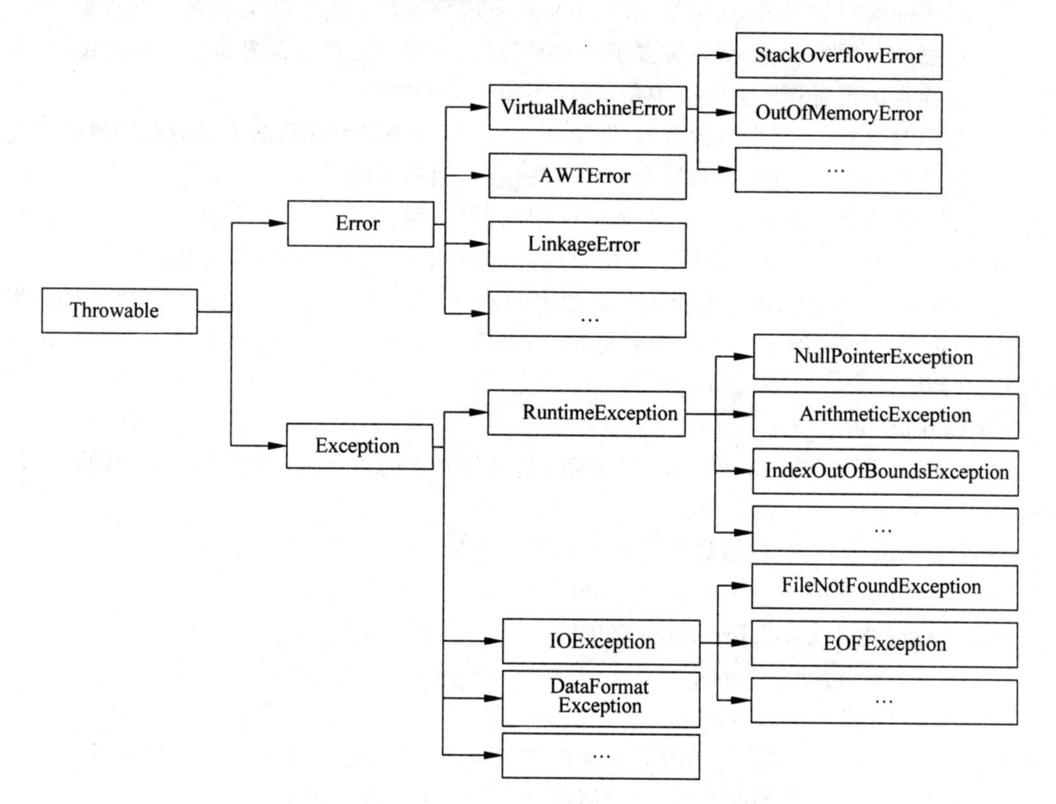

图5.3 Throwable类的继承体系

通过图5.3可以看出,Throwable有两个直接子类Error和Exception,其中Error代表程序中产生的错误,Exception代表程序中产生的异常。

1. Error 类

Error 类也称为错误类，它表示 Java 运行时产生的系统内部错误或资源耗尽的错误，是比较严重的错误，仅靠修改程序本身是不能恢复执行的。这种错误很少发生，如果发生，除了通知用户以及尽量稳妥地结束程序外，几乎什么也不能做。例如，使用 Java 命令去运行一个不存在的类就会出现 Error 错误。

2. Exception 类

Exception 类称为异常类，它表示程序本身可以处理的错误，在开发 Java 程序中进行的异常处理，都是针对 Exception 类及其子类。在 Exception 类的众多子类中有一个特殊的 RuntimeException 类，该类及其子类用于表示运行时异常，除了此类，Exception 类下所有其他的子类都用于表示编译时异常，即系统定义的异常分为运行时异常和编译时异常（也称为非运行时异常）。

- 运行时异常：例如，数组下标越界、算术运算异常等，该类异常在语法上不强制程序员必须处理，即使不处理这样的异常也不会出现语法错误。并且这种异常可以通过适当的编程加以避免，例如，数组下标就不应该越界。由于这类异常可以避免，所以从算法角度来看，Java 不需要捕获这种异常，程序不处理这类异常也能通过编译，但有异常出现时程序会发生中断，程序不能完整地执行。
- 编译时异常（非运行时异常）：例如，I/O 异常，该类异常在语法上强制程序员必须进行处理，如果不进行处理则会出现语法错误，编译不能通过。

也就是说，异常分两种：一种是必须处理的，另一种是不要求处理的。对于必须处理的，则要么捕获(catch)，要么声明抛出(throws)，即所谓的“要么捕获，要么抛出”。

熟悉异常类的分类，将有助于后续语法中的处理，也使得在使用异常类时可以选择恰当的异常类类型。Java 预定义了一些常见异常，如图 5.3 所示，下面对几种最常见的系统异常加以介绍。

1）Exception

Exception 类是 Throwable 的一个子类，是其他异常的直接或间接父类，通常用以下两种构造方式：

- Exception()——构造详细消息为 null 的新异常。
- Exception(String message)——构造带指定详细消息的新异常。

Exception 类从父类 Throwable 那里继承了若干方法，其中常用的有以下几种：

- public String getMessage()——返回此 Exception 的详细消息字符串。
- public void printStackTrace()——在当前的标准输出（一般就是屏幕显示）将此 Exception 打印输出当前异常对象的堆栈使用痕迹，也就是程序先后调用并执行了哪些对象或类的哪些方法，使得运行过程中产生了这个异常对象。
- public String toString()——返回此 Exception 的简短描述。

2）ArithmeticException

算数异常，当整数除法中除数为 0 时，则会产生该类异常，例如：

```
int i = 85/0;
```

3）NullPointerException

如果访问的对象还没有实例化，那么访问该对象将出现空指针异常 NullPointerException。例如：

```
Date d = null;
System.out.println(d.getTime());
```

此刻会产生 NullPointerException 异常。

4）NegativeArraySizeException

数组元素的个数应该大于等于零，如果创建数组时元素个数是负数，则会出现 NegativeArraySizeException 异常。

5）ArrayIndexOutOfBoundsException

数组用 length 常量来记录数组的大小。访问数组元素时，如果数组下标越界，则产生 ArrayIndexOutOfBoundsException 异常，如例 5.1。

6）ArrayStoreException

试图将错误类型的对象存储到一个对象数组时抛出的异常。例如，以下代码会生成一个 ArrayStoreException：

```
Object x[] = new String[3];
x[0] = new Integer(0);
```

7）FileNotFoundException

当试图打开一个不存在的文件时，抛出此异常。在不存在具有指定路径名的文件时，此异常将由 FileInputStream、FileOutputStream 或 RandomAccessFile 构造方法抛出。如果该文件存在，但是由于某些原因不可访问，比如试图打开一个只读文件进行写入，则此时这些构造方法仍然会抛出该异常。

8）IOException

当发生某种 I/O 异常时，抛出此异常。此类是失败或中断的 I/O 操作生成的异常的通用类。

5.1.3 捕获和处理异常

对于编译时异常，Java 强迫程序必须进行处理。异常处理包括以下 3 个步骤：

(1) 程序的执行过程中如果出现异常，会自动生成一个异常类对象，该异常对象将被提交给 Java 运行时系统，这个过程称为抛出(throw)异常。

(2) 当 Java 在运行时系统接收到异常对象，会寻找处理这种异常对象的代码，并把当前异常对象交给其处理，这一过程称为捕获(catch)异常。

(3) 如果 Java 运行时系统找不到可以捕获异常的方法，也就是说，出现异常但未捕获，则运行时系统将终止，Java 程序将退出。

1. 捕获异常的 try-catch-finally 语句

Java 中捕获异常会用到 try-catch-finally 语句。将可能抛出异常的代码写在 try 语句块中，用 catch 方法来捕获异常及相应的处理代码。具体语法格式如下：

```
try{
 程序代码
}catch(异常类型 1  异常的变量名 1){
 异常处理程序代码
}catch(异常类型 2  异常的变量名 2){
 异常处理程序代码
…
}catch(异常类型 n  异常的变量名 n){
 异常处理程序代码
}finally{
 异常处理程序代码
}
```

运行时，根据发生的异常类型，找到相应的 catch 方法，然后执行其后的语句序列。finally 语句块的作用通常是用于释放资源，finally 不是必需的，如果有 finally 部分，那么无论是否捕获到异常，总要执行 finally 后面的语句块。

例 5.3 运行时异常处理。

```
public class ExceptionIndexOutOf{
    public static void main(String[] args)    {
        String student[] = {"李强","张海波","刘兴军"};
        try {
            for(int i = 0;i < 5;i++) {
                System.out.println(student[i]);
            }
        } catch(ArrayIndexOutOfBoundsException e)  {
            System.out.println("出错,数组下标越界!!");
        }finally{
            System.out.println("这里是 finally 执行的部分");
        }
        System.out.println("\n 程序结束!!");
        }
}
```

本例中，程序执行循环部分，当 i 等于 4 时，执行“System.out.println(student[i]);”语句会产生抛出一个 ArrayIndexOutOfBoundsException（数组下标越界）异常，该异常会被 catch 捕获，捕获后进行了简单处理，输出了产生异常的提示信息。之后执行了 finally 后面的语句输出“这里是 finally 执行的部分”。之后程序继续向后执行，程序得以完整地执行，程序运行结果如图 5.4 所示。

```
李强
张海波
刘兴军
出错，数组下标越界！！
这里是Finally执行的部分

程序结束！！
```

图 5.4 程序运行结果

在本程序中发生了 ArrayIndexOutOfBoundsException(数组下标越界)异常,该异常是运行时异常,如果不进行异常处理,程序是能够通过编译并执行的,只是执行循环部分,当 i 等于 4 时出现了数组下标越界异常,程序发生中断,不能完整地执行。

例 5.4 编译时异常处理。

```
import java.io.*;
public class IOExceptionTest {
 public static void main (String[] args) {
 char c;
 System.out.println("请输入一个字符:");
 try{
     c = (char)System.in.read();     //read()方法中有未处理的编译时异常,即 IOException
     System.out.println("输入的字符是" + c);
       }catch(IOException e){
       e.getMessage();   }
 System.out.println("程序运行结束!");
    }
}
```

本例中的 read()方法中有未处理的编译时异常,即 IOException,对于编译时异常必须进行异常处理,否则会产生编译错误,因此这里采用了 try-catch-finally 语句进行了异常处理,使得程序能够通过编译运行。

2. throws 声明异常

在定义一个方法时可以使用 throws 关键字声明,使用 throws 声明的方法表示此方法不处理异常,而交给方法的调用处进行处理,即谁调用此方法谁处理此异常。throws 使用格式如下:

```
public 返回值类型  方法名称(参数列表) throws 异常类列表{
        方法体
}
```

其中,异常类列表中的多个异常类之间用逗号间隔。

例 5.5 使用 throws 关键字。

```
class Math{
    public int div(int x,int y) throws Exception{//方法不处理异常,谁调用谁处理
        int result = x/y;
        return result;
    }
}
public class Test{
    public static void main(String args[]){
        Math o = new Math();
        try{
    //Math 类的 div()方法使用 throws 声明了异常,不管是否会产生异常,都必须处理
            System.out.println("除法操作:" + o.div(10, 0));
        }catch(Exception e){
```

```
                e.printStackTrace();
            }
            System.out.println(" ***** 程序运行结束 ***** ");
        }
    }
```

在本例 Math 类中定义的 div()方法时，由于考虑到运算可能会产生异常，但在这里不想进行处理，因此使用了 throws 关键字，表示不管是否会有异常，在调用此方法处都必须进行异常处理。

例 5.6 对编译时异常采用 throws 关键字进行声明。

```
import java.io.*;
public class IOExceptionTest {
 public static void main(String[] args) throws IOException {
     char c;
     System.out.println("请输入一个字符:");
     c = (char)System.in.read();
     System.out.println("输入的字符是" + c);
   }
}
```

本例的 read()方法中有未处理的编译时异常，即 IOException，对于编译时异常必须进行异常处理，否则产生编译错误，因此这里在定义 main()主方法时，使用关键字 throws 声明了此异常，表示此时主方法不处理异常。

主方法为程序的起点，所以此时主方法再向上声明抛出异常，则只能抛给 Java 虚拟机进行处理了，程序发生异常时会导致程序发生中断。

3. 多异常处理

捕获异常时，catch 方法可以有一个或多个，而且至少要有一个 catch 方法或 finally 语句。每个 catch 方法通常会用同种方式来处理它所接收的所有异常，但常常在一个 try 语句块中可能产生多种不同的异常，也就是说，有多个异常需要捕获时，就需要定义多个 catch 方法来实现，每个 catch 方法用来接收和处理一种特定异常。

当 try 语句抛出一个异常时，程序流程首先转向第一个 catch 方法，并检查当前异常对象是否可以被这个 catch 方法所接收。可接收是指异常对象可以与 catch 方法的参数类型相匹配。这可以是 3 种情况：

- 异常对象与参数属于相同的类；
- 异常对象是参数类的子类；
- 异常对象实现了参数类接口。

如果异常对象被第一个 catch 方法所接收，则程序的流程将直接跳转到这个 catch 语句块中，语句执行完成后，跳出该方法。如果 try 语句抛出的异常与第一个 catch 方法参数不匹配，就转向第二个，如果第二个不匹配就转向第三个……直到找到匹配的参数类型。如果存在 finally 语句，catch 方法执行完成后则执行 finally 语句，之后继续执行后面的代码；否则直接执行后面的代码。

如果此过程中所有的 catch 方法的参数类型都不能与当前的异常对象相匹配，则说明当前方法不能处理这个异常，程序流程将返回到调用该方法的上层方法。如果这个上层方法中定义了与所产生的异常对象相匹配的 catch 方法，流程则跳转到这个 catch 方法中，否则继续回溯到更上层的方法。如果所有的方法中都找不到合适的 catch 方法进行异常处理，则由 Java 运行时系统来处理这个异常对象，通常会中止程序的运行，退出虚拟机返回到操作系统，并在标准输出上输出相关的异常信息。

在多异常处理过程中，处理异常类型的顺序很重要，在类层次中，一般的异常类型要放在后面，特殊的放在前面。因此在设计 catch 方法处理不同的异常时，要注意如下的问题：

- catch 语句块中的语句应根据异常的不同而执行不同的操作，这样当有异常发生时有助于程序员快速地定位产生异常的代码，比较通用的操作是打印异常和错误的相关信息，包括异常名称、产生异常的方法名等。
- 由于异常对象与 catch 语句的匹配是按照 catch 语句的先后排列顺序进行的，所以在处理多异常时应注意认真设计各 catch 语句的先后顺序。一般地，将处理较具体和较常见的异常的 catch 语句放在前面，而可以与多种异常相匹配的 catch 语句放在较后的位置。若将子类异常的 catch 处理语句放在父类的后面，则编译不能通过。

例 5.7 多异常处理。

```
class Demo{
    int div(int a,int b) throws ArithmeticException,ArrayIndexOutOfBoundsException{
        //在功能上通过 throws 的关键字声明该功能可能出现除零异常或数组下标越界
          int []arr = new int [a];
          System.out.println(arr[4]);      //制造的第一处异常,a 长度小于 5 则下标越界
          return a/b;                      //制造的第二处异常,除零异常
    }
}
public class MutliExceptionDemo{
    public static void main(String[] args)  {
        Demo d = new Demo();
          try  {
               int x = d.div(4,0);
                //程序运行的 3 组示例,分别对应此处的 3 行代码
                //int x = d.div(5,0);
                //int x = d.div(4,1);
                System.out.println("x = " + x);
        }
        catch (ArithmeticException e)    {
            System.out.println(e.toString());
        }
        catch (ArrayIndexOutOfBoundsException e)    {
            System.out.println(e.toString());
        }
        catch (Exception e) {
            //父类写在此处是为了捕捉其他没预料到的异常,只能写在子类异常的代码后面
            System.out.println(e.toString());
        }
        System.out.println("程序结束 ");
    }
}
```

当主方法代码执行"int x = d.div(4,0);"时产生如图 5.5 所示的异常，即下标越界异常，除零异常没有发生。这说明第一个异常被捕获以后就终止了 try 块内的程序运行，转入到 catch 块中执行。

```
java.lang.ArrayIndexOutOfBoundsException: 4
程序结束
```

图 5.5 数组下标越界异常

当执行"int x = d.div(5,0);"时产生除零算数异常，如图 5.6 所示。

```
0
java.lang.ArithmeticException: / by zero
程序结束
```

图 5.6 除零异常

当执行"int x = d.div(4,1);"时产生数组下标越界异常，如图 5.7 所示。这与图 5.5 显示的效果一样。

```
java.lang.ArrayIndexOutOfBoundsException: 4
程序结束
```

图 5.7 数组下标越界异常

本例中定义方法 int div(int a,int b)时，throws 关键字声明抛出了 ArithmeticException 和 ArrayIndexOutOfBoundsException 两种异常，这是一种处理异常的方法。异常的处理一般有两种方法：

- 一是使用 try-catch-finally 语句，捕获所发生的异常，并进行相应的处理。
- 二是指不在当前方法内处理，而是把异常声明抛出到调用方法中，由调用它的方法进行异常的处理。

如本例所示，定义方法时可以通过 throws 关键字声明多个异常，此时谁调用此方法，就由谁通过 try-catch-finally 语句处理 throws 声明的异常，也可以继续使用 throws 继续向上声明抛出给调用它的方法，直到最顶层的主方法。如果是所有方法都用 throws 声明抛出了异常，则最后由 JVM(Java 虚拟机)来最终捕获处理该异常，通常是输出相关的错误信息，并终止程序的运行。将例 5.5 程序修改如下：

例 5.8 在主方法定义中使用 throws 关键字。

```
class Math{
    public int div(int x,int y) throws Exception{            //方法不处理异常,谁调用谁处理
        int result = x/y;
        return result;
    }
}
public class Test{                                          //主方法不处理异常,交由 JVM 处理
    public static void main(String args[]) throws Exception{
```

```
        Math o = new Math();
        System.out.println("除法操作:" + o.div(10, 0));    //程序中断,下面的语句不执行
        System.out.println(" ***** 程序运行结束 ***** ");
    }
}
```

多个异常需要捕获时,异常类型的顺序很重要,在类型层次中,一般的异常类型放在后面,特殊的放在前面。将例5.7程序修改如下。

例 5.9 多异常处理中异常类型的顺序。

```
class Demo{
    int div(int a,int b) throws ArithmeticException,ArrayIndexOutOfBoundsException{
        //在功能上通过 throws 的关键字声明该功能可能出现除零异常或数组下标越界
         int [ ]arr = new int [a];
         System.out.println(arr[4]);        //制造的第一处异常,a 长度小于 5 则下标越界
         return a/b;                        //制造的第二处异常,除零异常
    }
}
public class ExceptionDemo{
    public static void main(String[ ] args)  {
        Demo d = new Demo();
          try  {
                  int x = d.div(4,0);
                System.out.println("x = " + x);
        }
        catch (Exception e) {
                  System.out.println(e.toString());
              }
        catch (ArithmeticException e)  {
            System.out.println(e.toString());
        }
        catch (ArrayIndexOutOfBoundsException e)   {
            System.out.println(e.toString());
        }
        System.out.println("程序结束 ");
    }
}
```

此时编译器对 catch (Exception e)正常通过,但当编译到 catch(ArithmeticException e)和 catch(ArrayIndexOutOfBoundsException e)时报错,显示该两类异常无法获取。

5.2 自定义异常类与抛出异常对象

5.2.1 声明自己的异常类

对于常见的可预见的运行错误可使用系统定义的异常,但对于某个应用所特有的运行错误,则需要程序员根据程序逻辑,在用户程序中自行创建用户自己的异常类,我们称之为自定义异常类和异常对象。这种用户自定义的异常类通常用来处理用户程序中特定的可预

见的逻辑运行错误。使得这种逻辑错误能够被系统识别并处理，而不是放置不管，任其扩散。从而使得程序更加健壮，增强了程序的容错性，使得整个系统更加健全。

创建一个用户自定义异常需要完成以下几方面的工作：

(1) 定义一个新的异常类，使之成为 Exception 类或其他已经存在的某个系统异常类或用户异常类的子类。

(2) 新的异常类中定义的属性和方法，或重载父类的属性和方法，能够体现该类所对应的错误信息。

当用户自定义异常类后，就可以和系统定义的异常类一样的使用。因此，对于一个完善的应用系统来说，定义足够多的异常类是使其稳定运行的重要基础之一。

通常计算两个整数之和的方法不应当有任何异常产生，但是，对某些特殊应用程序，可能不允许同号的整数做求和运算，比如当一个整数代表收入，一个整数代表支出时，这两个整数就不能是同号。在银行业务中，收入(入账资金)必须是正数，支出必须是负数。因此定义银行类 Bank 有一个 income(int in,int out)方法，对象调用该方法时，必须向参数 in 传递正整数、向参数 out 传递负数，并且 int＋out 必须大于等于 0，否则该方法就抛出异常 BankException。因此，Bank 类在声明 income(int in,int out)方法时，使用 throws 关键字声明要产生的异常。下面通过实现自定义异常类 BankException，掌握异常类的定义和使用。

例 5.10 自定义异常类 BankException。

```
public class BankException extends Exception{
    String mes;
    public BankException(int in, int out) {
        mes = "收入资金" + in + "是负数或支出" + out + "是正数,不符合系统要求.";
            }
    public String warnMess(){
        return mes;
            }
    }
public class Bank {
    private int money;
    public int getMoney() {
        return money;
      }
public void income(int in, int out) throws BankException{
    int newIncome = in + out;
    if (in < 0 || out > = 0 || newIncome < 0){
        throw new BankException(in, out);
     }
    System.out.println("本次收入: " + newIncome + "元");
    money = money + newIncome;
     }
public static void main(String[] args) {
    Bank b = new Bank();
    try{
    b.income(200, -100);
    b.income(400, -100);
```

```
        b.income(600, - 100);
        System.out.println("银行现有存款: " + b.getMoney() + "元");
        b.income(200, 100);                     //此处支付为正数,会产生异常
        b.income(400, - 100);
        }catch(BankException e){
        System.out.println("计算收益过程中出现问题: " + e.warnMess());
        }
        System.out.println("银行现有存款: " + b.getMoney() + "元");
        }
}
```

5.2.2 抛出异常对象

1. throw 异常对象

Java 程序在运行时,如果引发一个可识别的错误,就会产生一个与错误相对应的异常类对象,这个过程称为异常的抛出。根据异常类的不同,抛出异常的方法也不相同,一般有两种:

(1) 系统自动抛出异常对象。所有系统定义的异常都可以由系统自动抛出异常对象,当产生异常时,就会抛出指定异常对象,这个对象可以被捕获。

(2) 语句抛出异常。一般情况下,系统是无法自动抛出用户自定义异常的,必须借助 throw 语句来定义何种情况下会产生了这种异常,并抛出该异常类的新对象,其语法格式为:

```
throw 异常对象;
```

在例 5.10 中下面的语句控制抛出 BankException 对象。

```
if (in < 0 || out >= 0 || newIncome < 0){
        throw new BankException(in,out);
    }
```

当 in<0 或 out>=0 再或者 newIncome<0 时,就会抛出 BankException 对象。

一般情况下,这种抛出异常的语句应该被定义在满足一定条件时执行,就像上面的语句,把 throw 语句放在 if 语句之中,只有当满足一定条件,即用户定义的逻辑错误发生时,才执行。

2. throws 与 throw 的区别

(1) throws 关键字通常被应用在声明方法时,用来指定可能抛出的异常,多个异常可以使用逗号隔开。当调用该方法时,如果发生异常,就会抛出指定的异常对象。

例 5.11 定义方法并使用 throws 声明抛出异常。

```
public class ExceptionThrowsTest {
    static void pop() throws NegativeArraySizeException {
        //定义方法并抛出 NegativeArraySizeException 异常
        int[] arr = new int[ - 4];                      //创建数组
    }
    public static void main(String[] args) {             //主方法
```

```
        try {
            pop();                                          //调用 pop()方法
        } catch (NegativeArraySizeException e) {
            System.out.println("pop()方法抛出的异常");  //输出异常信息
        }
    }
}
```

(2) throw 关键字通常用在方法体中，并且抛出一个异常对象，此异常必须得到处理，否则产生编译错误。throw 抛出的异常通常有两种处理方式：

- 如果要捕获 throw 抛出的异常，则必须使用 try-catch-finally 语句。throw 语句用在 try 语句块中，程序在执行到 throw 语句时立即停止，即 try 语句块中 throw 语句后面的语句都不执行。
- 通过 throw 抛出异常后，如果想在上一级方法中来捕获并处理异常，则需要在抛出异常的方法中使用 throws 关键字，在方法声明中指明 throw 抛出的异常。

例 5.12 使用关键字 throw 抛出异常的处理。

```
class MyException extends Exception {                   //创建自定义异常类
    String message;                                     //定义 String 类型变量
    public MyException(String ErrorMessagr) {           //构造方法
        message = ErrorMessagr;
    }
    public String getMessage() {                        //覆盖父类的 getMessage()方法
        return message;
    }
}
public class ExceptionThrowTest {
    static int quotient(int x, int y) throws MyException {  //定义方法抛出异常
        if (y < 0) {                                    //判断参数是否小于 0
            throw new MyException("除数不能是负数");     //异常信息
        }
        return x / y;                                   //返回值
    }
    public static void main(String args[]) {            //主方法
        try {                                           //try 语句包含可能发生异常的语句
            int result = quotient(3, -1);               //调用方法 quotient()
        } catch (MyException e) {                       //处理自定义异常
            System.out.println(e.getMessage());         //输出异常信息
        } catch (ArithmeticException e) {
            //处理 ArithmeticException 异常
            System.out.println("除数不能为 0");          //输出提示信息
        } catch (Exception e) {                         //处理其他异常
            System.out.println("程序发生了其他的异常");
            //输出提示信息
        }
    }
}
```

5.3 使用 assert 断言

在程序运行过程中使用异常是为了避免程序运行时出现的不可控行为。而在程序编制过程中，还需要保证程序写得正确，也就是需要确认程序在某一时刻必须产生一个合理的结果。Java 中提供了这样一种机制，就是断言(assertion)。

编写代码时，我们总是会做出一些假设，断言就是用于在代码中捕捉这些假设。断言表示为一些布尔表达式，程序员相信在程序中的某个特定点该表达式值为真，可以在任何时候启用和禁用断言验证，在调试阶段让断言发挥作用，这样就可以发现一些致命错误。当程序正式部署运行时就可以关闭断言语句，但仍把断言语句保留在源代码中，如果以后应用程序又有需要，可以重新启动断言。

使用断言可以创建更稳定、品质更好且不易于出错的代码。若需要在一个值为 false 时中断当前操作的话，可以使用断言。单元测试必须使用断言(JUnit/JUnitX)。

Java 中使用 assert 声明断言，断言通常有两种格式：

```
assert 逻辑表达式;
assert 逻辑表达式:描述信息;
```

其中逻辑表达式是一个布尔值，描述信息是断言失败时输出的失败消息的字符串。

例如，对于如下断言语句：

```
assert money >= 100;
```

如果表达式 money>=100 的值为 true，程序继续执行，否则程序立即结束。

例 5.13 在程序中使用断言 assert。

```
public class Assertion {
    public static void main(String[] args) {
        int[] score = {99,89,102,60, -3};
        int sum = 0;
       for (int i = 0;i < score.length;i++){
          assert score[i]>= 0&&score[i]<= 100:"成绩必须大于或等于零,小于或等于一百";
          sum = sum + score[i];
       }
     System.out.println("总成绩 = " + sum);
    }
}
```

正常运行该程序运行结果为

```
总成绩 = 347
```

程序并没有出现中断，这是因为默认情况下使用 Java 解释器运行应用程序时是关闭断言语句的，在程序调试时可以使用-ea 参数来启动断言，即

```
Java -ea Assertion
```

如果在 Eclipse 中使用断言，则可以如下操作：

运行打开“运行 配置”对话框，在“自变量”选项卡的“VM 自变量”文本框中加上断言开启的标志-enableassertions 或者-ea 就可以了，如图 5.8 所示。

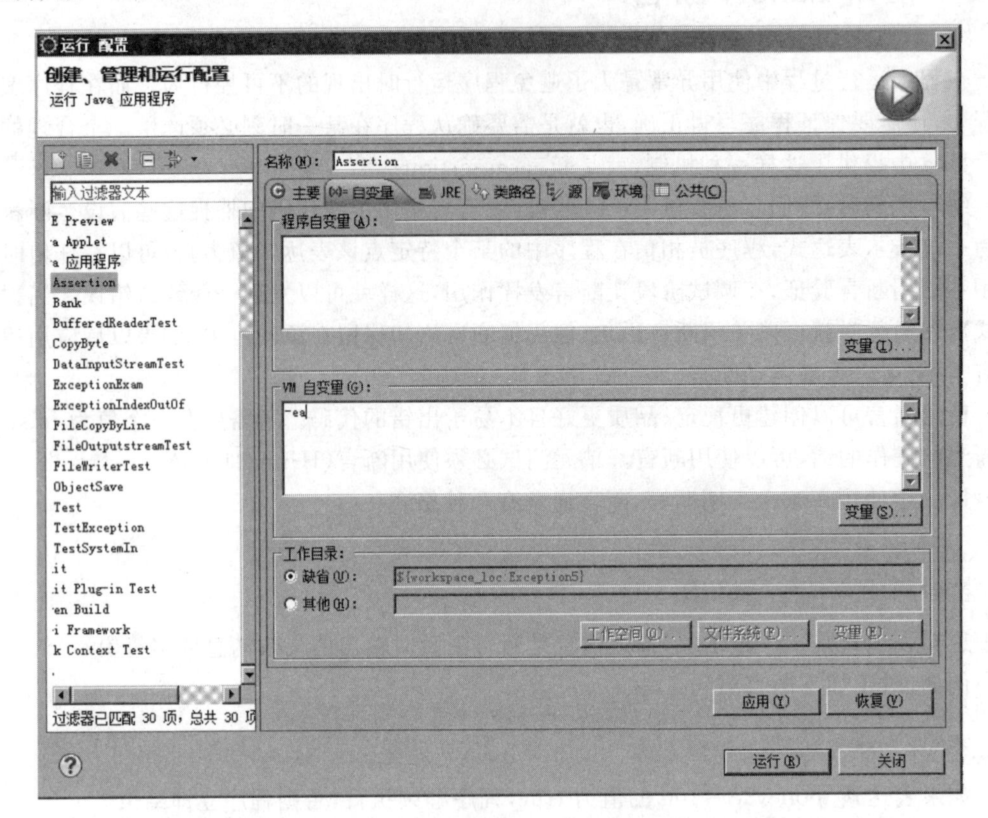

图 5.8　在 Eclipse 中启动断言运行

启动断言后，程序运行结果如图 5.9 所示，可见，启动断言后出现了错误提示。

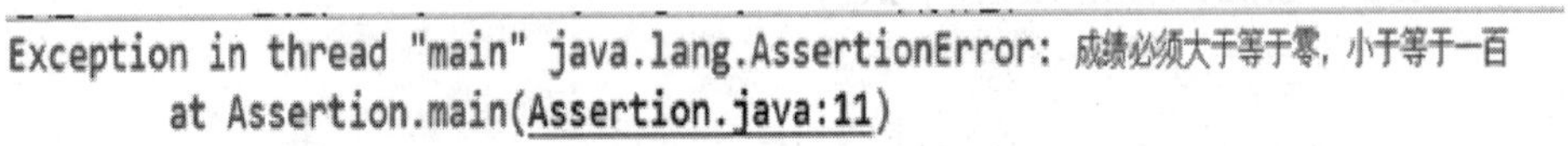

```
Exception in thread "main" java.lang.AssertionError: 成绩必须大于等于零，小于等于一百
	at Assertion.main(Assertion.java:11)
```

图 5.9　启动断言后的运行结果

5.4　本章小结

(1) 异常处理的目的。

- 当程序运行时出现了异常，能够改变程序的执行流程，给程序以正确的执行出口，让程序能够完整地运行。
- 为程序员标识出异常代码的位置(通常在异常处理中利用输出语句)。

(2) 在 Java 中还提供了大量的异常类，这些类都继承自 java. lang. Throwable 类。Throwable 有两个直接子类 Error 和 Exception，其中 Error 类也称为错误类，它表示 Java 运行时产生的系统内部错误或资源耗尽的错误，是比较严重的错误，仅靠修改程序本身是不能恢复执行的。Exception类称为异常类,它表示程序本身可以处理的错误,在开发Java程序中进行的异常处理,都是针对Exception类及其子类。

(3) 在Exception类的众多子类中有一个特殊的RuntimeException类,该类及其子类用于表示运行时异常,除了此类,Exception类下所有其他的子类都用于表示编译时异常,即系统定义的异常分为运行时异常和编译时异常(也称为非运行时异常)。

- 运行时异常:该类异常在语法上不强制程序员必须处理,即使不处理这样的异常也不会出现语法错误。Java不需要捕获这种异常,程序不处理这类异常也能通过编译,但有异常出现时程序会发生中断,程序不能完整的执行。
- 编译时异常(非运行时异常):该类异常在语法上强制程序员必须进行处理,如果不进行处理,则会出现语法错误,编译不能通过。

(4) 捕获和处理异常的方法:

- Java中捕获异常会用到try-catch-finally语句。将可能抛出异常的代码写在try语句块中,用catch方法来捕获异常及相应的处理代码。
- 在定义一个方法时可以使用throws关键字声明,使用throws声明的方法表示此方法不处理异常,而交给方法的调用处进行处理,即谁调用此方法谁处理此异常。throws使用格式如下:

```
public 返回值类型 方法名称(参数列表) throws 异常类列表{
    方法体
}
```

(5) 在多异常处理过程中,处理异常类型的顺序很重要,在类层次中,一般的异常类型要放在后面,特殊的放在前面。

(6) 创建一个用户自定义异常需要完成以下几方面的工作:

- 定义一个新的异常类,使之成为Exception类或其他已经存在的某个系统异常类或用户异常类的子类。
- 新的异常类中定义的属性和方法,或重载父类的属性和方法,能够体现该类所对应的错误信息。

(7) 根据异常类的不同,抛出异常的方法也不相同。一般有两种:

- 系统自动抛出异常对象。所有系统定义的异常都可以由系统自动抛出异常对象,当产生异常时,就会抛出指定异常对象,这个对象可以被捕获。
- 语句抛出异常。一般情况下,系统是无法自动抛出用户自定义异常的,必须借助于throw语句来定义何种情况下会产生了这种异常,并抛出该异常类的新对象,其语法格式为

```
throw 异常对象;
```

(8) Java中使用assert声明断言,断言通常有两种格式:

```
assert 逻辑表达式;
assert 逻辑表达式:描述信息;
```

其中逻辑表达式是一个布尔值,描述信息是断言失败时输出的失败消息的字符串。

第6章 常用类与工具类

本章学习目标

- 熟练掌握 Java API 的查阅方法。
- 熟练掌握 System 类、String 类、Math 类的常用方法。
- 理解基本数据类型的包装类并掌握拆箱和装箱的方法。
- 了解什么是泛型及自定义泛型的方法。
- 理解 Java 集合框架和集合的作用。
- 理解 Collection、List、Queue、Set 接口结构。
- 理解 Map 接口结构及用法。
- 熟练掌握各集合实现类的常用方法。
- 熟练掌握使用 foreach、Iterator 及 Enumeration 遍历集合的方法。
- 熟练掌握 Collection 类及 Array 类的基本用法。

本章向读者介绍 Java 语言的常用类及 API 的查阅方法，介绍了字符串类的常用方法，泛型的基本知识和自定义泛型的方法，最后介绍集合框架、集合的主要接口及其实现类，并详细介绍了如何遍历集合。

6.1 Java 语言的常用类

6.1.1 Java API

开发软件时，通常需要定义很多类，并在类中定义一些方法和成员变量。当有多人参与开发时，就需要一份说明书来说明如何使用这些类。API (Application Programming Interface，应用程序编程接口)文档是用于说明应用程序接口的文档。

Java API 可以看成是 Java 的说明书。Java 中提供了大量的基础类，Java API 文档中详细说明了每个类、每个方法的功能和用法，用于告诉开发者如何使用这些类，如图 6.1 所示。

单击类区列表中的某个类，将在右边页面看到该类的使用说明，如图 6.2 所示。

JDK 中提供的基础类库中的类和接口，存放在多个包中，每个包中都有若干个类和接口，下面列出了一些常用的包及相关的类。

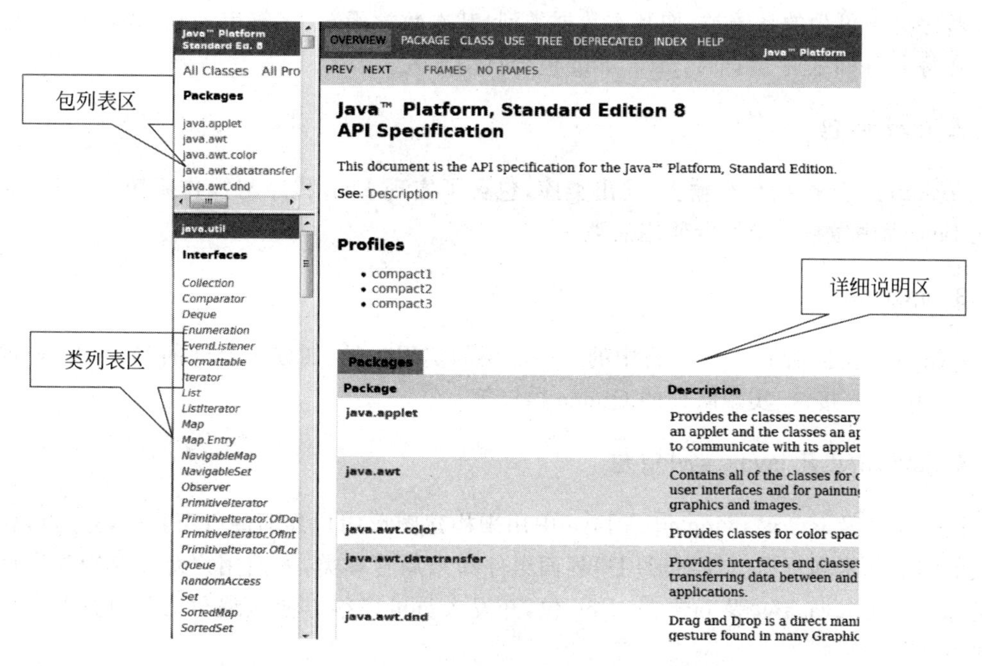

图 6.1 API 文档

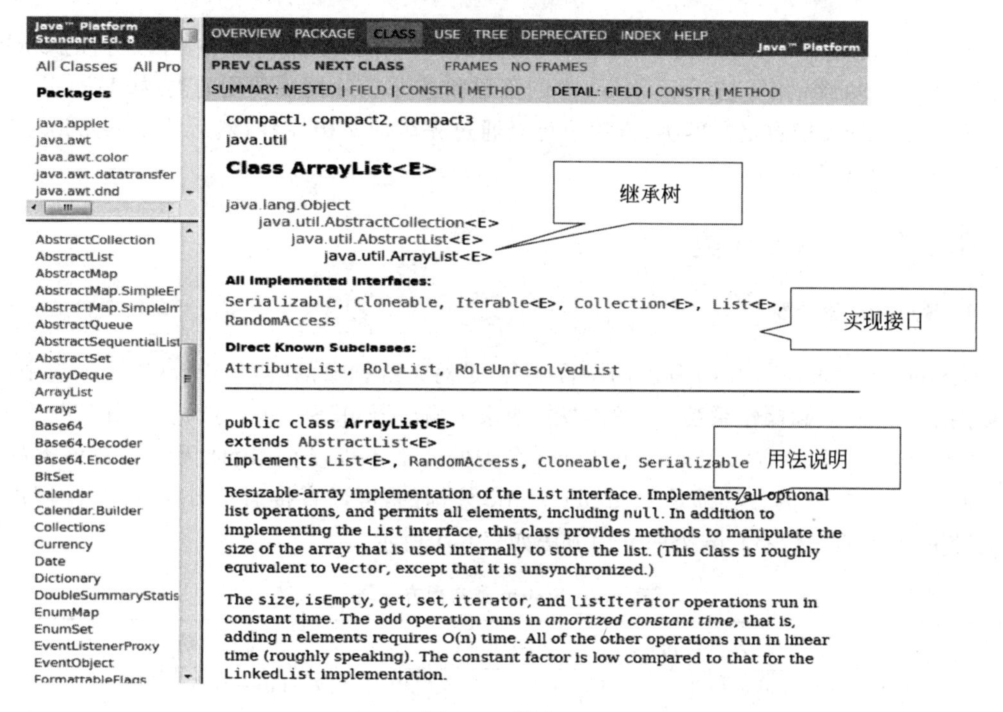

图 6.2 说明区

1. java.lang 包

java.lang 包是 Java 语言的核心类库，是 Java 程序运行时默认载入的类库，包含了运行

Java 程序必不可少的系统类，如基本数据类型、基本数学函数、字符串处理、线程、异常处理等。在每个 Java 程序运行时，java. lang 包会自动导入。

2. java.io 包

java. io 是 Java 的标准输入/输出类库，包含了实现 Java 程序与操作系统、用户界面及其他 Java 程序做数据交换所使用的类。

3. java.util 包

java. util 包包括了 Java 语言中的一些底层的实用工具，如处理时间的 Date 类、处理集合的 Collection 接口、实现队列的 Queue 接口等。

4. java.awt 及 javax.swing 包

java. awt 及 javax. swing 包是 Java 中用来构建图形用户界面的(GUI)的类库，包含了大量的图形元素和资源。如图形用户界面组件和布局管理类，界面用户交互控制和事件响应类等。利用 java. awt 及 javax. swing 包，开发人员可以很方便地编写出美观方便的应用程序界面。

5. java.net 包

java. net 包是 Java 语言用于实现网络功能的类库。其中包含实现套接通信的 Socket 类、ServerSocket 类，用于访问 Internet 上的资源和进行 CGI 网关调用的类，如 URI 等。

开发者在开发中自定义的类、方法也可以通过先添加文档注释，然后使用 javadoc 工具来生成自己的 API 文档。

6.1.2 System 类

1. System 类介绍

System 类代表当前 Java 程序的运行平台，是对系统抽象的类，位于 java. lang 包中，该类提供了很多获取和操作系统属性的方法，如系统输出语句“System. out. println()”。

System 类的构造方法用 private 修饰，在类的外部不能访问，因此无法创建该类的对象。但 System 类中的方法都是用 public static 修饰的，可以直接通过 System 类来调用这些类变量和类方法。System 类的常用方法如表 6.1 所示。

表 6.1 System 类常用方法表

序号	方法	说明
1	public static void exit(int status)	系统退出，如果 status 为非 0，则退出
2	public static long currentTimeMillis()	返回当前时间与 UTC1970 年 1 月 1 日午夜的时间差，以毫秒为单位
3	public static void arraycopy(Object src, int srcPos, Object dest, int destPos, int length)	数组复制操作
4	public static Properties getProperties()	取得当前系统的全部属性

续表

序号	方　法	说　明
5	public static String getProperty(String key)	根据键值取得属性的具体内容
6	public static void setErr(PrintStream err)	重定向标准错误输出流
7	public static void setOut(PrintStream Out)	重定向标准输出流
8	public static void setIn(PrintStream In)	重定向标准输入流

2. System 类的应用

例 6.1 取得程序运行时间。

```
public class TimeDemo{
    public static void main(String[] args)
    {
        long startTime = System.currentTimeMillis();     //记录开始时间
        int s = 0;
        for (int i = 0;i < 100000000;i++)
        {
            s = s + i;
        }
        long endTime = System.currentTimeMillis();      //记录结束时间
        System.out.println("程序运行时间: " + (endTime - startTime) + "ms");
    }
}
```

程序运行结果如下：

```
程序运行时间: 104ms
```

例 6.2 获取指定属性。

```
public class PropertyDemo{
    public static void main(String[] args)
    {
      String key[] = {"os.name","os.version","user.name","java.version"}; //声明属性名数组
      String property[] = new String[key.length];
      for (int i = 0;i < key.length;i++)
        property[i] = System.getProperty(key[i]);     //根据属性名取出属性值
        for (int i = 0;i < key.length;i++)
          System.out.println("属性" + key[i] + "的值是: " + property[i]);  //输出属性值
    }
}
```

程序运行结果如下：

```
属性 os.name 的值是: Windows 7
属性 os.version 的值是: 6.1
属性 user.name 的值是: Administrator
属性 java.version 的值是: 1.8.0_121
```

System 类的 in、out、err 分别代表系统的标准输入(通常是键盘)、标准输出(通常是显

示器)和错误输出流,并提供了 setIn()、setOut()、setErr()方法来改变系统的标准输入、标准输出和标准错误输出流。

例 6.3 获得系统属性并保存。

```
import java.io.File;
import java.io.PrintStream;
public class SystemPropertyDemo{
    public static void main(String[ ] args)
    {
        System.getProperties().list(System.out);      //输出全部属性
        File file = new File("temp.txt");
        try
        {   file.createNewFile();
            System.setOut(new PrintStream(file));     //输出重定向
            System.getProperties().list(System.out);  //输出全部属性到文件
        }
        catch (Exception e)
        {
            e.printStackTrace();
        }

    }
}
```

程序运行部分结果如下：

```
-- listing properties --
java.runtime.name = Java(TM) SE Runtime Environment
sun.boot.library.path = C:\Program Files\Java\jdk1.8.0_121\jr...
java.vm.version = 25.121 - b13
java.vm.vendor = Oracle Corporation
java.vendor.url = http://java.oracle.com/
path.separator = ;
java.vm.name = Java HotSpot(TM) Client VM
file.encoding.pkg = sun.io
user.script =
…
```

6.1.3 Math 类

Math 类位于 java.lang 包中,用于完成 Java 中的复杂数学运算,如三角函数、对数运算、指数运算等,利用类名直接调用即可。Math 是一个工具类,它的构造器被定义成 private 的,无法创建 Math 类的对象；Math 类中的所有方法都是类方法,可以直接通过类名来调用。

Math 类中除了提供大量静态方法之外,还提供了两个类变量：PI 和 E,分别表示 π 和 e。

例 6.4　Math 类的应用。

```
public class MathDemo{
    public static void main(String[ ] args)
    {
      double a = 3;
      double b = 5;
      System.out.println("π = " + Math.PI);
      System.out.println("e = " + Math.E);
      System.out.println("sin(a) = " + Math.sin(a));                    //计算正弦值
      System.out.println("cos(PI) = " + Math.cos(Math.PI));             //计算余弦值
      System.out.println("pow(a,b) = " + Math.pow(a,b));                //乘方运算
      System.out.println("Math.sqrt(100) = " + Math.sqrt(100));         //开方运算
      System.out.println("log10(100) = " + Math.log10(100));            //计算底数为 10 的对数
      System.out.println("max(a,b) = " + Math.max(a,b));                //返回最大值
      System.out.println("min(a,b) = " + Math.min(a,b));                //返回最小值
      System.out.println("Math.round(PI) = " + Math.round(Math.PI)); //四舍五入取整运算
      for (int i = 0;i<5;i++)
        System.out.println("产生第" + i + "个随机数" + Math.random());
                                                                      //返回一个 0～1.0 的随机数
    }
}
```

程序运行结果如下：

```
π = 3.141592653589793
e = 2.718281828459045
sin(a) = 0.1411200080598672
cos(PI) = -1.0
pow(a,b) = 243.0
Math.sqrt(100) = 10.0
log10(100) = 2.0
max(a,b) = 5.0
min(a,b) = 3.0
Math.round(PI) = 3
产生第 0 个随机数 0.67798610511948
产生第 1 个随机数 0.8631968943273621
产生第 2 个随机数 0.241137167312531
产生第 3 个随机数 0.24273155184231443
产生第 4 个随机数 0.20421738238485077
```

6.1.4　基本数据类型的包装类

Java 提倡一切皆对象的思想，但 Java 中的 8 种基本数据类型并不是面向对象的，在实际使用中不能像对象一样操作，存在很多不便。为了解决这一问题，Java 为每一个基本数据类型设计了一个对应的类，将 8 个基本数据类型包装成类的形式。这些类统称为包装类(Wrapper Class)。基本数据类型和包装类的对应关系如表 6.2 所示。

表 6.2 基本数据类型和包装类的对应关系

序号	基本数据类型	包装类	序号	基本数据类型	包装类
1	int	Integer	5	float	Float
2	char	Character	6	double	Double
3	short	Short	7	boolean	Boolean
4	long	Long	8	byte	Byte

从表 6.2 所列的类中可以看出，除了 Integer 和 Character 定义的名称与基本类型定义的名称相差较大外，其他的 6 种类型的名称都是很好掌握的。

包装类的继承关系：

- Integer、Byte、Float、Double、Short、Long 都属于 Number 类的子类，Number 类本身提供了返回以上 6 种基本数据类型的操作，如表 6.3 所示。

表 6.3 Number 类的方法

序号	方　法	说　明
1	public byte byteValue()	以 byte 形式返回指定的数值
2	public abstract double doubleValue()	以 double 形式返回指定的数值
3	public abstract float floatValue()	以 float 形式返回指定的数值
4	public abstract int intValue()	以 int 形式返回指定的数值
5	public abstract long longValue()	以 long 形式返回指定的数值
6	public short shortValue()	以 short 形式返回指定的数值

- Character 类和 Boolean 类都是属于 Object 的直接子类。

Number 类是一个抽象类，主要是将数字包装类中的内容变为基本数据类型，Number 类中定义的方法如表 6.3 所示。

1. 装箱与拆箱

基本数据类型与包装类之间的转换操作称为装箱和拆箱。将一个基本数据类型变为包装类的过程称为装箱，如把 int 类型变为 Integer 类型；反之，将一个包装类变为基本数据类型的过程称为拆箱，如把 Integer 类型转换为 int 类型。

如 Integer 类型的装箱与拆箱：

```
Integer 变量名 = new Integer(int 类型数据);          //装箱
int 变量 = Integer 对象.intValue();                  //拆箱
```

例 6.5 装箱与拆箱。

```
public class PackageDemo1{
    public static void main(String[] args)
    {
        int x = 30;                             //声明一个基本数据类型
        Integer i = new Integer(x);             //装箱：将基本数据类型变为包装类
        int tem = i.intValue();                 //拆箱：将一个包装类变为基本数据类型
    }
}
```

为了便于使用，JDK 1.5 以后，Java 系统提供了自动的装箱和拆箱功能，即装箱和拆箱可以由 Java 系统自动完成而不需要手工操作。

例 6.6 自动装箱和拆箱。

```
public class PackageDemo2{
    public static void main(String[ ] args){
        int x = 30;                         //声明一个基本数据类型
        Integer i = x;                      //自动装箱：将基本数据类型变为包装类
        Double aDouble = 3.14;
        double d = aDouble;                 //自动拆箱：将一个包装类变为基本数据类型
    }
}
```

自动装箱和自动拆箱功能大大简化了基本类型变量和包装类对象之间的转换过程。进行自动拆箱和自动装箱操作时须注意类型匹配，如 Integer 类型只能自动拆箱成 int 类型变量；反之，int 类型变量只能自动装箱为 Integer 类型变量（利用向上自动转型特性可赋给 Object 类型变量）。

2. 包装类的应用

借助包装类及自动装箱和自动拆箱功能，开发者可以把基本类型的变量方便的转化为对象使用；反之，包装类的对象也可近似看作是基本类型的变量使用。

包装类最常见的应用即实现基本数据类型变量和字符串之间的转换。Java 为包装类（除 Charactor 类外的所有包装类）提供了一个 parseXxx(String str)的静态方法用于将字符串转换为基本数据类型。另外，也可以使用包装类的 Xxx(String s)构造方法强制转换。

同时，String 类提供了多个重载 valueOf()方法，用于将基本数据类型转换成字符串。

例如，将一个全由数字组成的字符串变为一个 int 或 float 类型的数据。在 Integer 和 Float 类中分别提供了以下两种方法：

(1) Integer 类（字符串转 int 型）

```
public static int parseInt(String s) throws NumberFormatException
```

(2) Float 类（字符串转 float 型）

```
public static float parseFloat(String s) throws NumberFormatException
```

注意：转换的字符串必须是由数字组成的。

例 6.7 字符串转换为数值。

```
public class PackageDemo3{
    public static void main(String[ ] args){
        String s1 = "1234";
        String s2 = "12.34";                //声明字符串
        int a = Integer.parseInt(s1);       //将字符串转换为整型
        float b = new Float(s2);            //将字符串强制转换为浮点型
        System.out.println("整数的乘方：" + a + " * " + a + " = " + a * a);
        System.out.println("小数的乘方：" + b + " * " + b + " = " + b * b);
        //使用 String.valueOf 方法将基本数据类型转换为 String
        String fstr = String.valueOf(1.23f);
```

```
        String dbstr = String.valueOf(2.34);
        String blstr = String.valueOf(true);
        System.out.println(blstr.toUpperCase());
    }
}
```

程序运行结果如下：

```
整数的乘方: 1234 * 1234 = 1 522 756
小数的乘方: 12.34 * 12.34 = 152.2756
TRUE
```

6.2 字符串

字符串是多个字符的序列，是软件开发中使用非常普遍的一种数据类型。Java 中提供 String 类、StringBuffer 类及 StringBuilder 类来操作字符串。String 类是不可变的类，用 String 类创建的字符串对象在操作中不能修改字符串的内容，只能进行查找、比较、取得内容等操作；用 StringBuffer 类和 StingBuilder 类创建的字符串对象可以进行添加、插入和修改等操作。

6.2.1 String 类

在 Java 中，字符串常量是 String 对象，String 类提供了各种方法对字符串常量进行操作，例如，取子串、取得子串长度、两个字符串的比较等方法。但没有提供修改、插入和追回等方法。

1. 创建 String 对象

Java 语言采用 Unicode 字符集，字符串可以包括字母、数字、中文字符、希腊字符、日文片假名等各种字符。字符串常量必须用双引号括起。

Java 的任何字符串常量都是 String 类的匿名对象。创建 String 对象有两种方式：第一种直接给 String 对象一个字符串，第二种是通过 new 关键字来创建 String 对象，如表 6.4 所示。

表 6.4 String 类的构造方法

序　号	方　法	说　明
1	public String(char[] value)	把字符数组转变为一个字符串
2	public String(byte[] bytes)	把 byte 数组转变为字符串
3	public String(char[] value,int offset,int count)	把指定范围的字符数组变为字符串
4	public String(byte[] bytes,int offset,int length)	把指定范围的 byte 数组变为字符串

(1)直接赋值方法。

```
String 变量名 = 字符串常量;
```

例 6.8　直接赋值创建 String 对象。

```
public class StringDemo1{
    public static void main(String[] args)
    {
        String name = "Steven Jobs";
        System.out.println("姓名: " + name);
    }
}
```

程序运行结果如下：

```
姓名: Steven Jobs
```

(2) 调用 String 类的构造方法，创建实例对象。

```
String 变量名 = new String(字符串对象);
```

例 6.9　用构造方法创建 String 对象。

```
public class StringDemo2{
    public static void main(String[] args){
        String name = new String("Steven Jobs");
        char[] arrchar = {'a','b','c','d','e','f'};      //声明字符数组
        String arr1 = new String(arrchar);
        String arr2 = new String(arrchar,1,2);           //把指定范围的字符数组变为字符串
        System.out.println("姓名: " + name);
        System.out.println("字符数组: " + arr1);
        System.out.println("数组指定字符: " + arr2);
    }
}
```

程序运行结果如下：

```
姓名: Steven Jobs
字符数组: abcdef
数组指定字符: bc
```

无论采用哪种创建方法，String 对象的内存分配方式都是相同的，如图 6.3 所示。

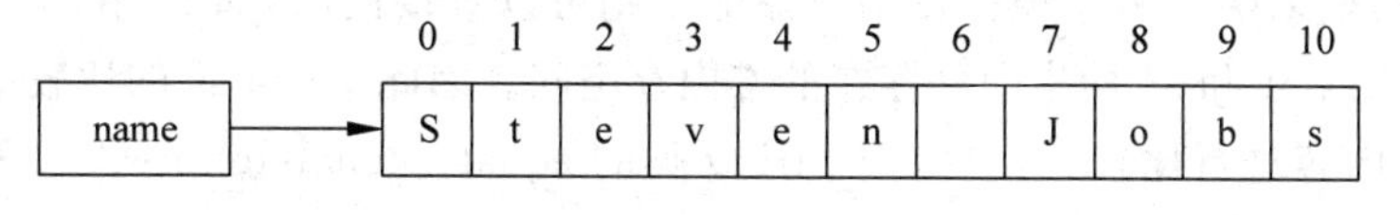

图 6.3　String 对象的内存分配方式

2. String 对象的比较

String 对象可以通过关系运算符"=="来进行比较，相等时返回 true，不相等时返回 false。

例 6.10　使用关系运算符比较字符串。

```
public class StringDemo3{
    public static void main(String[] args) {
        String s1 = "abcde";
```

```
        String s2 = "abcde";
        String s3 = new String("abcde");
        String s4 = s3;
        System.out.println("s1 == s2:" + (s1 == s2));
        System.out.println("s1 == s3:" + (s1 == s3));
        System.out.println("s3 == s4:" + (s3 == s4));

    }
}
```

程序运行结果如下：

```
s1 == s2:true
s1 == s3:false
s3 == s4:true
```

由以上程序运行结果可以看出，虽然 String 对象的内容都是一样的，但比较的结果有的相等，有的不相等。这与 Java 中 String 对象在内存中的存储方式有关，如图 6.4 所示。

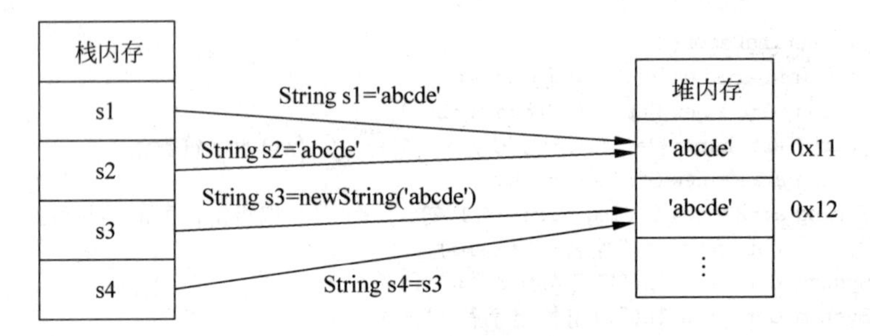

图 6.4 String 对象的声明

每个 String 对象的内容都是保存在堆内存中的，对于 s1 和 s3 来说，其内容虽然相同，但 s3 使用构造函数创建了新的对象，保存在了不同的位置，所以地址值是不同的，使用“==”比较的是引用指针所指向的地址。因此，s1 与 s3 的比较结果不相等。而 s4 的声明是将 s3 的地址赋给 s4，所以 s3 与 s4 指向同一个空间地址，因此比较结果是相等的。

Java 采用了共享设计的方式处理 String 类，即在 Java 系统中有一个字符串对象池来保存字符串对象，如果字符串已经存在于对象池中则可以直接使用，如 s1 和 s2 的字符串常量都是"abcde"，所以 s1 和 s2 均指向已存在的堆内存空间。因此，s1 与 s2 的比较结果是相等的。

对字符串内容进行比较，可以使用 String 类的 equals、equalsIgnoreCase 和 CompareTo 方法，如表 6.5 所示。

表 6.5 String 类的比较方法

序号	方　法	说　明
1	public boolean equals(String str)	区分大小写判断两个字符串是否相同
2	public boolean equalsIgnoreCase (String str)	不区分大小写判断两个字符串是否相同
3	public int compareTo(String str)	比较两字符串的大小。如果字符序列相等，则返回 0；不相等时，返回第一个不相等的字符差；如果较长字符串前面部分恰巧是较短字符串，则返回它们的长度差

例 6.11 比较 String 对象的内容是否相等。

```
public class StringDemo4{
    public static void main(String[ ] args) {
        String str1 = "Hello";
        String str2 = new String("Hello");
        String str3 = "Hello World";
        System.out.println("str1.equals(str2):" + str1.equals(str2));
        System.out.println("str1.compareTo(str2):" + str1.compareTo(str3));
    }
}
```

程序运行结果如下：

```
str1.equals(str2):true
str1.compareTo(str2): - 6
```

3. String 常用方法的应用

String 类提供了大量的字符串操作功能。表 6.6 中列出了 String 类中比较常用的方法。

表 6.6 String 类的常用方法

序号	方　法	说　明
1	public char charAt(int index)	从字符串中取出指定位置的字符
2	public boolean endsWith(String stuffix)	判断一个字符串是否是另一个字符的后缀，如果是则返回 true，否则返回 false
3	public byte[] getBytes()	把字符串转变为 byte 数组
4	public int indexOf(String str)	在字符串中从头开始查找指定的字符串位置，若没有找到返回－1，否则返回字符串的起始位置
5	public int indexOf(String str,int fromIndex)	在字符串中从指定位置开始查找指定的字符串位置，若没有返回－1，否则返回字符串的起始位置
6	public int length()	取得字符串长度，即字符个数
7	public String substring(int beginIndex)	在字符串中，从指定位置开始一直到尾，截取子字符串
8	public boolean startsWith(String prefix)	判断一个字符串是否是一个字符串的前缀，如果是前缀，则返回 true，否则返回 false
9	public String substring(int begin,int end)	在字符串中指定截取字符串的开始和结束位置
10	public String[] split(String regex)	按照指定的字符串对字符串进行拆分，并返回拆分后的字符串数组
11	public char[] toCharArray()	把字符串转变为字符数组
12	public String trim()	清除字符串左、右两端的所有空格
13	public String toUpperCase()	把字符串全部转换为大写字母
14	public String toLowerCase()	把字符串全部转换为小写字母
15	Public String concat(String str)	将 String 对象与 str 连接在一起。与 Java 中提供的连接运算符"＋"的功能相同

例 6.12 String 类的常用方法。

```
public class StringDemo5{
    public static void main(String[] args) {
        String str = "Hello World!   ";
        /* ---- 字符串转换为数组 ------ */
        System.out.println("str 字符串长度: " + str.length());    //获得字符串长度
        for (char c:str.toCharArray())                           //将字符串转换为字符数组
            {
                System.out.print(c + " ");
            }
        /* ------------ 取子串 -------- */
        System.out.println("str 的第 3 个字符是: " + str.charAt(2)); //取第 3 个字符
        System.out.println(str.substring(2,3) + str.substring(6,11));
        /* ---------- 查找字符串位置 ----------- */
        System.out.println("查找'l'出现的位置: " + str.indexOf("l"));
                                                                  //返回字符串所在位置
        System.out.println("从第 5 个字符开始查找'l'出现的位置: " + str.indexOf("l",4));
        /* -------- 去掉左右空格,大小写转换 ------- */
        System.out.println("去掉左右空格后的长度: " + str.trim().length());
        System.out.println("转换为大写: " + str.toUpperCase());
        System.out.println("转换为小写: " + str.toLowerCase());
        /* ---------- 判断前缀后缀 ------------- */
        String s = "Hello";
        System.out.println("str 是否以 s 为前缀: " + str.startsWith(s));
        System.out.println("str 是否以 s 为后缀: " + str.endsWith(s));
        /* ----------- 字符串连接 -------- */
         System.out.println("连接两个字符串: " + str.concat(s));
    }
}
```

程序运行结果如下：

```
str 字符串长度: 14
Hello  World!
str 的第 3 个字符是: l
lWorld
查找'l'出现的位置: 2
从第 5 个字符开始查找'l'出现的位置: 9
去掉左右空格后的长度: 12
转换为大写: HELLO WORLD!
转换为小写: hello world!
str 是否以 s 为前缀: true
str 是否以 s 为后缀: false
连接两个字符串: Hello World! Hello
```

6.2.2 StringBuffer 类

String 类的对象一旦声明就不可改变,只能对字符串常量进行取子串(substring)、获得某个位置的字符(charAt)或查找字符串(indexOf)等操作,而 StringBuffer 类是一个可以更改字符串内容的类，对于 StringBuffer 类的对象，不仅能进行 String 类对象一样的操作，还可以进行添加、插入、修改等操作，常用方法如表 6.7 所示。

表 6.7 StringBuffer 类的常用方法

序号	方法	类型	说明
1	public StringBuffer()	构造	创建一个空字符串缓冲区，默认初始长度为16个字符
2	public StringBuffer(int len)	构造	用 len 指定的初始长度创建一个空字符串缓冲区
3	public StringBuffer(String str)	构造	用指定字符串 str 创建一个字符串缓冲区，其长度为 str 的长度加上 16 个字符
4	public StringBuffer append(char[] str, int offset,int len)	普通	把数组中从 offset 开始的 len 个字符依次添加到当前字符串缓冲区的末尾
5	public StringBuffer append(Object obj)	普通	把 obj. toString()返回的字符串添加到当前字符串的末尾
6	public StringBuffer append(type variable)	普通	把变量值转换成字符串再添加到当前字符串的末尾
7	public char charAt(int index)	普通	返回当前字符串缓冲区中 index 位置的字符
8	public int capacity()	普通	返回当前字符串缓冲区长度
9	public StringBuffer insert(int offset, Object obj)	普通	把 obj. toString()返回的字符串插入到当前字符缓冲区的 offset 位置
10	public void setcharAt(int index,char ch)	普通	把字符串缓冲区中 index 位置的字符改为字符 ch
11	public String toString()	普通	把字符串缓冲区转化为不可变字符串
12	public void setLength(int len)	普通	修改字符串长度

StringBuffer 有两个属性：length 和 capacity，其中 length 表示 StringBuffer 对象的字符序列的长度，可以通过 length()方法来获取字符串长度。与 String 不同的是，StringBuffer 的字符串长度是可以改变的，通过 setLength(int len)方法可以修改字符串长度。capacity 属性表示 StringBuffer 的容量，capacity 通常比 length 大，程序通常无须关心 capacity 属性。

例 6.13 StringBuffer 类的常用方法。

```
public class StringBufferDemo{
    public static void main(String[] args) {
        /* -------- 创建 StringBuffer ------ */
        StringBuffer buf = new StringBuffer("hello");    //声明一个 StringBuffer 对象
        StringBuffer buf1 = new StringBuffer();
        StringBuffer buf2 = new StringBuffer(10);
        /* -------- length、capacity 属性 ------- */
        System.out.println("buf 的长度为: " + buf.length());
        System.out.println("buf 的容量为: " + buf.capacity());
        System.out.println("buf1 的容量为: " + buf1.capacity());
        System.out.println("buf2 的容量为: " + buf2.capacity());
        /* --------- 追加字符串 ---------- */
        buf.append(" World!");
```

```
            System.out.println("buf 追加字符串: " + buf);
            /* --------- 在任意位置插入字符串 -------- */
            buf.insert(6,"new ");
            System.out.println("插入字符串: " + buf);
            /* --------- 替换指定位置字符串 -------- */
            buf.replace(6,9,"java");
            System.out.println("替换字符串: " + buf);
            buf.setCharAt(5,'x');
            System.out.println("替换字符: " + buf);
            /* --------- 删除指定字符串 ----------- */
            buf.delete(10,16);
            System.out.println("删除指定位置字符: " + buf);
            /* ------------ 字符串反转 ------------------ */
            buf.reverse();
            System.out.println("字符串返转: " + buf);
            /* ------------ 设置字符串长度 ------------------ */
            buf.setLength(5);                        //改变 buf 长度,只保留前面部分
            System.out.println("设置字符串长度: " + buf);
            /* ---------- 转换为不可变字符 ---------- */
            System.out.println("转换为 String:" + buf.toString());
        }
    }
```

程序运行结果如下：

```
buf 的长度为: 5
buf 的容量为: 21
buf1 的容量为: 16
buf2 的容量为: 10
buf 追加字符串: hello World!
插入字符串: hello new World!
替换字符串: hello java World!
替换字符: helloxjava World!
删除指定位置字符: helloxjava!
字符串返转: !avajxolleh
设置字符串长度: !avaj
转换为 String:!avaj
```

6.2.3 StringBuilder 类

StringBuilder 类是 JDK 1.5 新增的字符串类。其用法与 StringBuffer 相似，两个类的构造器和方法基本相同。不同的是，StringBuffer 是线程安全的，而 StringBuilder 则没有实现线程安全功能，所以性能略高。在通常情况下，如果需要创建一个内容可变的字符串对象，应优先考虑使用 StringBuilder 类。

6.3 泛型

泛型是指在对象建立时不指定类中属性的具体数据类型，而由外部在声明及实例化对象时指定类型。

6.3.1 泛型简单使用

在实际应用中，有时需要用不同的数据类型来描述对象的参数，例如，要表示商品的价格和折扣时既可以使用数值表示，也可以使用字符表示：

浮点型表示：price=100.00f,discount=0.5f

字符串表示：price="壹佰元" discount="五折"

price和discount中保存的数据类型会有float和String两种数据类型，只能使用Object类来接收数据。

没有泛型的情况下，设计通过对类型Object的引用来实现参数的"任意化"，而"任意化"带来的缺点是要做显式的强制类型转换。

设计商品类，如下所示：

```
class ProductPrice{
    private Object price;
    private Object discount;
    public void setPrice(Object price){
            this.price = price;
    }
public void setDiscount(Object discount){
        this.discount = discount;
    }

    public String getPrice{
        return price;
    }
    public Object getDiscount(){
        return discount;
    }
}
```

将ProcductPrice类的price和discount参数设计为Object类，可以接收任何类型的数据，接收时两种数据类型会自动向上转换。整数自动装箱为Integer类，浮点型自动装箱为Float类，均向上转换为Object类。字符串向上转换为Object类。

例6.14 使用不同数据类型表示商品价格和折扣。

```
public class PriceDemo{
    public static void main(String[ ] args) {
        ProductPrice p1 = new ProductPrice();
        ProductPrice p2 = new ProductPrice();
        p1.setPrice(100.00f);
        p1.setDiscount(0.5f);
        p2.setPrice("壹佰元");
        p2.setDiscount("五折");
        float price1 = (Float)p1.getPrice();
        float discount1 = (Float)p1.getDiscount();
        String price2 = (String)p2.getPrice();
        String discount2 = (String)p2.getDiscount();
```

```
            System.out.println("p1 的价格是:" + price1 + ",折扣是" + discount1);
            System.out.println("p1 的价格是:" + price2 + ",折扣是" + discount2);
    }
}
```

程序运行结果如下：

```
p1 的价格是:100,折扣是 0.5
p1 的价格是:壹佰元,折扣是五折
```

以上程序分别使用整型和字符串作为内容，接收到的数据类型自动向 Object 类转换。但在实际应用中，Object 类可以接收任意的类型对象，用户在输入价格参数时，可能会误将 price 的值设置为数字，将 discount 的值设置为字符串，代码如下：

```
public class PointDemo{
    public static void main(String[] args) {
        ProductPrice p1 = new ProductPrice();
        p1.setPrice(100.00f);
        p1.setDiscount("五折");
        float price1 = (Float)p1.getPrice();
        float discount1 = (Float)p1.getDiscount();
        System.out.println("p1 的价格是:" + price1 + ",折扣是" + discount1);
    }
}
```

由于程序语法没有问题，所以程序可以正常通过编译，但在运行时会发生错误：

```
Exception in thread "main" java.lang.ClassCastException: java.lang.String cannot be cast to
java.lang.Integer
at PointDemo.main(PointDemo.java:7)
```

String 类型无法向 Float 类型转换，其原因是 ProductPrice 类中的属性使用 Object 类进行接收，造成了类型安全问题。

由此可见，这种转换是要求开发者对实际参数类型可以预知的情况下进行的。对于强制类型转换错误的情况，编译器可能不提示错误，在运行的时候才出现异常，从而产生安全隐患。

JDK 1.5 以后引入了“参数化类型”的概念，即泛型。泛型通过在类定义时用一个标识符表示类中数据成员的类型或成员方法的返回值，从而解决数据类型的安全问题。在类声明时通过一个标识表示类中某个属性的类型，或者是某个方法的返回值的参数类型。这样在类声明是或实例化时只要指定好需要的具体类型即可。

例 6.15 使用泛型修改代码。

```
public class ProductPrice<T> {                    //用 T 代替具体的数据类型
    private T price;
    private T discount;
    public void setPrice(T price){
        this.price = price;
    }
    public void setDiscount(T discount){
```

```
            this.discount = discount;
        }
        public T getPrice(){
            return price;
        }
        public T getDiscount(){
            return discount;
        }
    }
    public class PriceDemo2{
        public static void main(String[] args) {
          ProductPrice<Float> p1 = new ProductPrice<Float>();      //在定义对象时指明数据类型
          p1.setPrice(100.00f);
          p1.setDiscount("五折");          //传入与泛型指定类型不同的数据时,编译时会指示错误
          float price1 = (Float)p1.getPrice();
          float discount1 = (Float)p1.getDiscount();
          System.out.println("p1 的价格是:" + price1 + ",折扣是" + discount1);
        }
    }
```

当传入参数数据类型不符时,编译时会出现警告信息:

```
The method setDiscount(Float) in the type ProductPrice<Float> is not applicable for the
arguments (String)
```

在 ProductPrice 类的定义时,成员变量类型被定义为 T,<T>的含义是可以看成是为该类定义的一个类型形参,在类中可以把它当作类型名一样使用。在创建 ProductPrice 类对象时将<T>具体表示的类型传递过来。

使用泛型的程序在编译时检查类型安全,而避免在运行时才出错。另外,所有的强制转换都是自动和隐式的,可以提高代码的重用率。

需要注意的是,泛型在指定时是无法指定基本数据类型的,必须设置为一个类,如在设置数字时必须使用包装类。

在 Java 7 之前,如果使用带泛型的接口、类定义变量,则调用构造器创建对象时,构造器后面也必须带泛型,如下:

```
List<String> sList = new ArrayList<String>();
Map<String, Integer> m = new HashMap<String, Integer>();
```

在上面的代码中,在定义对象类型时已经指定了泛型的类型,在创建对象时的泛型信息完全是多余的。从 Java 7 开始,允许构造器后不需要带完整的泛型信息,只要给出一对尖括号(<>)即可,Java 可以由定义对象的类型推断出泛型信息:

```
List<String> sList = new ArrayList<>();
Map<String, Integer> m = new HashMap<>();
```

6.3.2 自定义泛型

自定义泛型最常见的有两种方式:一是泛型类,二是泛型方法。

1. 定义泛型类和对象

1) 定义泛型类格式

```
class 类名<泛型类型标识符 1,泛型类型标识符 2,…,泛型类型标识符 n>
    泛型类型标识 数据成员名;
    泛型类型标识 成员方法名称(){}
    返回值类型 成员方法名称(泛型类型标识参数名){}
```

定义类时,可以在类名后使用<>包围若干个类型参数。类型参数可以应用在类体中,表示成员变量的类型、局部变量的类型、方法的返回类型及方法形式参数的类型。

2) 定义泛型对象格式

```
类名称<具体类型>对象名称 = new 类名称<具体类>();
```

例 6.16 泛型的定义。

```
class A<T>{
    private T x;
    public void setX(T x){
        this.x = x;
    }
    public T getX(){
        return x;
    }
}
public class GenericDemo{
    public static void main(String[ ] args){
        A<Integer> p1 = new A<Integer>();
        A<String> p2 = new A<String>();
        p1.setX(100);
        p2.setX("abc");
        System.out.println(p1.getX() + p2.getX());
    }
}
```

程序运行结果如下:

```
100abc
```

2. 泛型中的构造方法

构造方法可以为类中的属性初始化,泛型也可以应用在构造方法上,即类中的属性可以通过泛型指定。具体格式如下:

```
[访问权限] 构造方法 ([泛型类型参数名称]){}
```

例 6.17 泛型构造方法。

```
class Price<T>{
        private T var;
```

```
        public Price(T var){                            //泛型构造方法
            this.var = var;
        }
        public void setPrice(T var){
            this.var = var;
        }
        public T getPrice(){
            return var;
        }
    }
public class GenericDemo2{

    public static void main(String[] args) {
        Price<String> p1 = new Price<>("壹佰");
        System.out.println("构造方法参数为 String 类型: " + p1.getPrice());
        Price<Integer> p2 = new Price<>(100);
        System.out.println("构造方法参数为 Integer 类型:" + p2.getPrice());
    }
}
```

程序运行结果如下：

```
构造方法参数为 String 类型: 壹佰
构造方法参数为 Integer 类型:100
```

例 6.18 定义类应用。

```
class Student{                                          //定义学生类
    private String sId;                                 //学号
    private String sName;                               //姓名
    public Student(String sId,String sName){
        this.sId = sId;
        this.sName = sName;
    }
    public String toString(){                           //返回学生信息
        return "学号: " + sId + "\t" + "姓名: " + sName;
    }
}
class Teacher{                                          //定义教师类
    private String tId;                                 //工号
    private String tName;                               //姓名
    private int salary;                                 //工资
    public Teacher(String tId,String tName,int salary){
        this.tId = tId;
        this.tName = tName;
        this.salary = salary;
    }
    public String toString(){                           //返回教师信息
        return "工号: " + tId + "\t" + "姓名: " + tName + "\t" + "工资为: " + salary;
    }
}
class Person<T>{                                        //定义泛型类
```

```
    private T var;                                  //数据成员为泛型
    public T getVar(){                              //成员方法为泛型
        return var;
    }
    public void setVar(T var){
        this.var = var;
    }
    public void printinfo(){                        //输出成员信息
        System.out.println(var.toString());
    }
}
public class GenericDemo3{
    public static void main(String[] args) {
        Student s = new Student("1001","张三");            //创建 Student 对象
        Person<Student> p1 = new Person<>();              //使用 Student 泛型创建 p1 对象
        p1.setVar(s);                                     //将 Student 对象作为参数传入
        p1.printinfo();
        Teacher t = new Teacher("0077","李四",3000);      //创建 Teacher 对象
        Person<Teacher> p2 = new Person<>();              //使用 Teacher 泛型创建 p2 对象
        p2.setVar(t);                                     //将 Teacher 对象作为参数传入
        p2.printinfo();
        Person<String> p3 = new Person<>();               //泛型类型为 String
        p3.setVar("Robot");
        p3.printinfo();
    }
}
```

程序运行结果如下：

```
学号: 1001    姓名: 张三
工号: 0077    姓名: 李四    工资为: 3000
Robot
```

如果一个类中有多个数据成员，并且数据成员需要使用不同的泛型类型，则需要在定义类时指定多个泛型。

例 6.19 指定多个泛型。

```
class A<T,V>{                                       //定义 A 类,有两个泛型类型
    private T a;
    private V b;
    public A(T a,V b){                              //定义构造方法
        this.a = a;
        this.b = b;
    }
    public T getA(){
        return a;
    }
    public V getB(){
        return b;
    }
}
```

```
public class GenericDemo4{

    public static void main(String[] args) {
        A<String,Integer> a1 = new A<>("abc",123);    //实例化多个泛型对象
        A<Double,Double> a2 = new A<>(12.34,56.7);
        System.out.println("a1 的 A 值为: " + a1.getA() + ",B 值为: " + a1.getB());
        System.out.println(a2.getA() * a2.getB());
    }
}
```

程序运行结果如下：

```
a1 的 A 值为: abc,B 值为: 123
699.678
```

3. 定义泛型接口

在 JDK 1.5 之后，不仅在定义类时可以使用泛型，而且可以在定义接口时也可以使用泛型，格式如下：

```
interface 接口名称<泛型类型标识 1,泛型类型标识 2,…,泛型类型标识 n>{
}
```

泛型接口的实现可以两种方式：第一种是实现接口的子类中声明泛型，第二种是在实现接口的子类中明确给出泛型类型。

1）在实现接口的子类中声明泛型

```
class 类名<泛型类型标识> implements 泛型类型名<泛型类型标识>{}
```

例 6.20 实现类中声明泛型。

```
interface info<T>{                                  //定义泛型接口
    public T getInfo();
}
class MyInfo<T> implements info<T>{                 //实现 info 接口
    private T info;                                 //成员变量定义为泛型
    public MyInfo(T info){
        this.info = info;
    }
    public T getInfo(){
        return info;
    }
}
public class GenericDemo5{
    public static void main(String[] args) {
        MyInfo<String> myinfo1 = new MyInfo<>("abc");
                                    //实例化泛型对象,泛型指定为 String
        System.out.println("myinfo1:" + myinfo1.getInfo());
        MyInfo<Integer> myinfo2 = new MyInfo<>(100);
                                    //实例化泛型对象,泛型指定为 Integer
        System.out.println("myinfo2:" + myinfo2.getInfo());
```

```
    }
}
```

程序运行结果如下：

```
myinfo1:abc
myinfo2:100
```

2）在定义子类时在泛型接口中指定具体类型

```
class 类名 implements 泛型类型名<泛型具体类型>{}
```

例 6.21 子类中指定泛型类型。

```
interface info<T>{                            //定义泛型接口
    public T getInfo();
}
class StrInfo implements info<String>{     //在实现子类中,指定泛型类型为 String 类型
    private String info;
    public StrInfo(String info){
        this.info = info;
    }
    public String getInfo(){
        return info;
    }
}
public class GenericDemo5{
    public static void main(String[] args) {
        StrInfo s = new StrInfo("abc");
        System.out.println(s.getInfo());
    }
}
```

程序运行结果如下：

```
abc
```

4. 定义泛型方法

```
[方法修饰符] <Type1[,Type2,…]>返回类型 方法名(形式参数表){
    方法体
}
```

- 定义泛型方法时,<>要位于方法修饰符和返回类型之间。<>里面可以使用多个类型参数。
- 类型参数可以用作本方法的返回类型、形参的类型以及方法中局部变量的类型,不能在同类其他方法中使用该参数。
- 在泛型类和普通类中都可以定义泛型方法。
- 对象方法、类方法和构造方法均可以定义为泛型方法。
- 调用泛型方法时需要在方法名前使用<具体类型>,将具体类型传递给类型参数,也

可以像调用普通方法一样调用泛型方法，此时编译器会自动进行类型推断。

- 使用泛型方法可提高代码的可重用性。

例 6.22 使用泛型方法。

```
class A{
    public <T> T get(T[ ]t,int i){
        T result;
        result = t[i];
        return result;
    }
}
public class GenericDemo2{
    public static void main(String[ ] args)
    {
        A a = new A();
        Integer[ ] i = {1,2,3,4,5};
        String[ ] s = {"a","b","c"};
        System.out.println(a.<Integer>get(i,0));
        System.out.println(a.<String>get(s,1));
        System.out.println(a.get(i,1));
        System.out.println(a.get(s,2));
    }
}
```

程序运行结果如下：

```
1
b
2
c
```

6.3.3 Java 8 改进的类型推断

Java 8 改进了泛型方法的类型推断能力，主要体现在以下两个方面：

- 通过调用方法的上下文来推断类型参数的目标类型。
- 在方法调用链中，将推断得到的类型参数传递到最后一个方法。

例 6.23 泛型方法的推断。

```
class A<T>{
    public static <E>  A<E>  nil(){
        return null;
    }
    public static <E>  A<E>  cons(E head,A<E> tail){
        return null;
    }
    T head(){
        return null;
    }
}
```

```
public class GenericDemo {
    public static void main(String[ ] args) {
        A<String> a = A.nil();
            //等同于 A<String> a = A.<String>nil();
        A.cons(12,A.nil());
            //等同于 A.cons(12, A.<Integer>nil());

    }
}
```

程序中主函数第1行代码，在调用A的nil()方法时，可以不需显式指定其类型参数为String。因为定义a时已将类型指定为A<String>，此时系统可以自动推断出此处的类型为String。

第3行代码无须显式指定nil()方法的类型参数为Integer，因为程序将nil()方法的返回值作为了A类的cons()方法的第二个参数，而由系统可以根据cons()方法的第一个参数12推断出此处的类型参数为Integer类型。

6.4 集合类

在软件开发过程中，经常要对一组对象进行操作，如管理一个班级的学生成绩，则每个学生是一个对象，一个班级就是一组学生对象。虽然数组可以用来保存多个对象，但数组长度不可变化，一旦在初始化数组时指定了数组长度，这个数组长度就是不可变的，如果需要保存数量变化的数据，数组就无能为力了；同时数组无法保存具有映射关系的数据，如学生成绩表：张三——70，李四——80。

为了保存数量不确定的数据，以及保存具有映射关系的数据，Java提供了集合类。集合类主要负责保存和处理其他数据，因此集合类也被称为容器类。

6.4.1 集合与Collection接口

在Java语言中，集合就是一个动态对象数组，所有与集合相关的接口和类在Java.util包中定义。当使用集合时，需要导入Java.util包中相应的类。根据操作功能不同，集合分3种类型，分别是Set集合、List列表和Map映射。

相对于数组，集合具有如下特征：

- 集合的长度是可变的。
- 集合中可以存储不同的数据类型。
- 集合中只能存储对象。

1. 集合框架

Java中的集合类主要由两个接口派生：Collection和Map，这两个接口是Java集合框架的根接口，它们又分别派生了一些子接口或实现类。集合常用接口的继承关系如图6.5和图6.6所示。

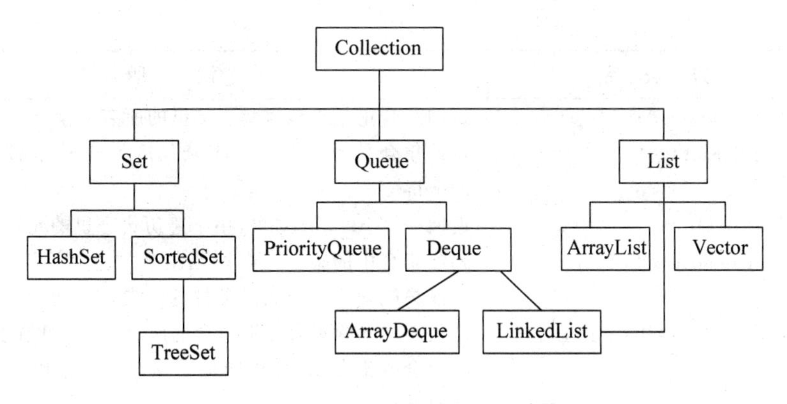

图 6.5 Collection 接口继承树

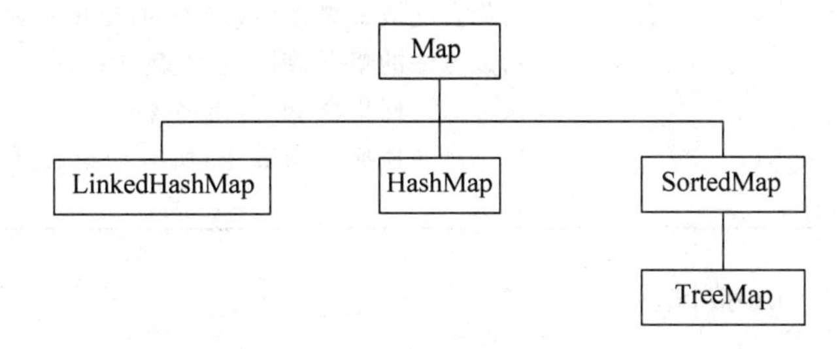

图 6.6 Map 接口继承树

2. Collection 接口

Collection 接口是 List、Set、Queue 的父接口，其中 List 和 Set 接口分别代表有序集合和无序集合，Queue 接口用于队列的实现。

1) Collection 接口的定义

```
public interface Collection<E> extends Iterable<E>{}
```

Collection 接口采用了泛型定义，这样可以保证集合操作的安全性，避免 ClassCastException 异常。

2) Collection 接口的方法

Collection 接口中定义的方法均可用于操作 Set、List 和 Queue 集合。Collection 接口里定义的操作集合的方法如表 6.8 所示。

表 6.8 Collection 接口的常用方法

序号	方 法 名	说 明
1	boolean add(E e)	向集合里添加一个元素。如果集合对象被添加操作改变了，则返回 true
2	boolean addAll<Collection c>	把集合 c 里的所有元素添加到指定集合里。如果添加成功，则返回 true
3	void clear()	清除集合里的所有元素，将集合长度变为 0
4	boolean contains(Object o)	返回集合里是否包含指定元素

续表

序号	方 法 名	说 明
5	boolean containsAll(Collection c)	返回集合里是否包含集合 c 里的所有元素
6	boolean isEmpty()	返回集合是否为空。当集合长度为 0 时返回 true,否则返回 false
7	Iterator iterator()	返回一个 iterator 对象,用于遍历集合里的元素
8	boolean remove(Object o)	删除集合中的指定元素 o,当集合中包含了多个元素 o 时,该方法只删除第一个满足条件的元素,该方法返回 true
9	boolean removeAll(Collection c)	从集合中删除集合 c 里包含的所有元素(相当于调用该方法的集合减集合 c),如果删除了一个或一个以上的元素,则返回 true
10	boolean retainAll(Collction c)	从集合中删除集合 c 里不包含的元素(相当于把调用该方法的集合变成该集合和集合 c 的交集),如果该操作改变了调用该方法的集合,则该方法返回 true
11	int size()	该方法返回集合里元素的个数
12	Object[] toArray()	把集合转换成一个数组,所有的集合元素变成对应的数组元素

例 6.24 Collection 接口。

```
import java.util.ArrayList;
import java.util.Collection;
import java.util.HashSet;
public class CollectionDemo{
    public static void main(String[] args) {
        Collection c = new ArrayList();
        c.add("Java");
        c.add("C#");
        c.add(100);
        System.out.println("c 中包含" + c.size() + "个元素");
        Collection s = new HashSet();
        s.add("javascript");
        s.add("Java");
        System.out.println("c 中是否完全包含 s 集合中的元素: " + c.containsAll(s));
        s.removeAll(c);                    //s 集合中减掉 c 集合的元素
        System.out.println("s 集合中的元素: " + s);
```

程序运行结果如下:

```
c 中包含 3 个元素
c 中是否完全包含 s 集合中的元素: false
s 集合中的元素: [Javascript]
```

6.4.2 List 接口及 ArrayList 类、Vector 类

List 接口的主要特征是把加入集合的对象以线性方式存储,即按照对象加入集合的顺序存放,并且允许存放重复的对象。ArrayList 和 Vector 是 List 接口的两个实现类。

1. List 接口

List 集合中的元素可以通过索引来访问指定位置的集合元素。List 集合默认按元素的添加顺序设置元素的索引，第一个添加的元素索引为 0。

List 接口定义：

- public interface List < E > extends Collections < E >{}

该接口除了继承 Collection 接口的方法外，还扩展了很多新的方法，如表 6.9 所示。

表 6.9　List 接口常用方法

序号	方　　法	说　　明
1	public void add(int index,E element)	在指定位置增加元素
2	public boolean addAll(int index,Collection <? extends E > c)	在指定位置增加一组元素
3	E get(int index)	返回指定位置的元素
4	public int indexOf(Object o)	查找指定元素的位置
5	public int lastIndexOf(Object o)	从后向前查找指定元素的位置
6	public ListIterator < E > listIterator()	为 ListIterator 接口实例化
7	public E remove(int index)	按指定位置删除元素
8	public List < E > subList(int fromIndex,int toIndex)	取出集合中的子集合
9	public E set(int index,E element)	替换指定位置的元素

List 接口比 Collection 接口扩充了更多的方法，而且这些方法操作起来很方便，但如果要使用此接口，则需要通过其子类进行实例化。其中，ArrayList 和 Vector 是 List 类的两个典型的实现类，完全支持 List 接口的全部功能。

2. ArrayList

ArrayList 是 List 的实现类，可以实现 List 接口实例化。其定义如下：

```
public class ArrayList < E > extends AbstractList < E > implements List < E >, RandomAccess,
Cloneable, Serializable
```

从定义中可以发现，ArrayList 继承于 AbstractList，实现了 List、RandomAccess、Cloneable、java.io.Serializable 等接口。ArrayList 类的构造方法如表 6.10 所示。

表 6.10　ArrayList 类的构造方法

序号	方　　法	类型	说　　明
1	public ArrayList()	构造	创建一个初始容量为 10 的空列表
2	public ArrayList(int capacity)	构造	创建一个指定初始容量的空列表
3	public ArrayList(Collection <? extends E > c)	构造	创建一个具有指定元素的列表

例 6.25　ArrayList 的常用方法。

```
import java.util.ArrayList;
public class ArrayListDemo{
    public static void main(String[ ] args) {
        //创建一个 ArrayList,并指定元素类型为 String 类型
```

```
        ArrayList<String> alist = new ArrayList<String>();
        /* -------- 添加元素 --------- */
        alist.add("ABC");                    //向 alist 中添加元素
        ArrayList<String> alist2 = new ArrayList<String>();
        alist2.add("Hello");
        alist2.add("World");
        //将 alist2 中的元素添加到 alist 中的指定位置
        alist.addAll(0,alist2);
        System.out.println(alist);           //alist = [Hello, World, ABC]
        /* ----------- 删除元素 --------- */
        alist.remove(2);                     //删除 alist 中指定位置的元素
        alist.remove("ABC");                 //删除 alist 中指定内容的元素
        /* ---------- 将集合变为对象数组 ---------- */
        String str[] = alist.toArray(new String[]{});
        System.out.println("数组类型: ");
        for (int i = 0;i < str.length;i++){
            System.out.println(str[i]);
        }
    }
```

程序运行结果如下：

```
[Hello, World, ABC]
数组类型:
Hello
World
```

3. Vector 类

Vector 类是 List 接口中的另一个子类，Vector 类是 Java 中的一个元老级的类，在 JDK 1.0 时就已经存在。到了 JDK 1.2 之后重点强调集合框架的概念，定义了新的接口(如 List 等)，但考虑到一大部分用户已经习惯了使用 Vector 类，所以 Java 的设计者让 Vector 类多实现了一个 List 接口，将其保留下来。Vector 类的定义如下：

```
public class Vector<E> extends AbstractList<E> implements List<E>, RandomAccess, Cloneable, Serializable
```

从 Vector 类的定义可以发现，其与 ArrayList 类一样继承自 AbstractList 类。Vector 类的用法与 ArrayList 几乎完全相同，但因为 Vector 类出现更早，所以也定义了许多在 List 接口中没有定义的方法，这些方法的功能与 List 类似。如 Vector 类中的 addElement(E o) 方法，用于实现向集合中增加元素，而这个方法与 List 接口中的 add(E o)方法没有区别。Vector 和 ArrayList 的区别如表 6.11 所示。

例 6.26 Vector 类。

```
import java.util.List;
import java.util.Vector;
public class VectorDemo {
    public static void main(String[] args) {
        List<String> v = new Vector<String>();
```

```
        v.add("hello");
        v.add(0,"world");
        v.add("java");
        System.out.println(v);
    }
}
```

程序运行结果如下：

```
[world,hello,java]
```

表 6.11 ArrayList 与 Vector 的区别

序号	比较点	ArrayList	Vector
1	JDK 版本	JDK 1.2 之后推出	JDK 1.0 时推出
2	线程安全性	线程不安全，当多个线程访问同一个 ArrayList 时，如果有一个线程修改了集合，则程序必须手动保证该集合的同步性	线程安全，无须程序保证集合的同步性
3	性能	采用异步处理方式，性能更高	采用同步处理方式，性能较低
4	输出	使用 Iterator、foreach 输出	Iterator、foreach、Enumeration

6.4.3 Set 接口及 HashSet、TreeSet 类

Set 接口是 Collection 的另一子接口，主要有 HashSet 和 TreeSet 两个类。

1. Set 接口

Set 集合的用法与 Collection 基本相同，只是 Set 集合不允许包含重复元素。Set 接口的定义如下：

```
public interface Set<E> extends Collection<E>{}
```

Set 接口的主要方法与 Collection 接口的方法是一致的，只是比 Collection 接口的要求更加严格，不能增加重复元素。

2. HashSet 类

HashSet 是 Set 接口的一个实现类，其主要特点是：按 Hash 算法来存储集合中的元素，不能存放重复元素，因此具有很好的存取和查找性能。

例 6.27 HashSet 类。

```
import java.util.HashSet;
import java.util.Set;
public class HashSetDemo{
    public static void main(String[] args)
    {
        Set<String> s = new HashSet<String>();
        s.add("A");
        s.add("b");
```

```
            s.add("b");
            s.add("b");
            System.out.println(s);
        }
    }
```

程序运行结果如下：

```
[A,b]
```

HashSet 类在利用 add 方法向集合添加元素时，会调用该对象的 hashCode()方法来得到该对象的 hashCode()值，然后根据该 hashCode 值决定该对象在 HashSet 中的存储位置。

3. TreeSet 类

TreeSet 是 SortedSet 接口的实现类，TreeSet 集合能够对集合中的对象按照指定的比较规则排序。其定义如下：

```
public class TreeSet < E > extends AbstractSet < E > implements SortedSet < E >, Cloneable,
Serializable
```

与 HashSet 相比，TreeSet 另外提供的方法如表 6.12 所示。

表 6.12 TreeSet 类方法

序号	方　法	说　明
1	Comparator comparator()	如果 TreeSet 采用了定制排序，则该方法返回定制排序所使用的 Comparator；如果 TreeSet 采用自然排序，则返回 null
2	Object first()	返回集合中的第一个元素
3	Object last()	返回集合中的最后一个元素
4	Object lower(Object e)	返回集合中位于指定元素之前的元素
5	Object higher(Object e)	返回集合中位于指定元素之后的元素
6	SortedSet subset(Object fromElement, Object toElement)	返回 Set 的子集，范围从 fromElement 到 toElement
7	SortSet headset(Object toElement)	返回 Set 的子集，由小于 toElement 的元素组成
8	SortSet tailSet(Object fromElement)	返回 Set 的子集，由大于或等于 fromElement 的元素组成

例 6.28 TreeSet 类的常用方法。

```
import java.util.TreeSet;
public class TreeSetDemo {
    public static void main(String[ ] args) {
    TreeSet < String > tree = new TreeSet < String >();
    tree.add("E");                          //增加元素
    tree.add("B");
    tree.add("D");
    tree.add("C");
    tree.add("A");
    System.out.println("输出整个集合: " + tree);
    System.out.println("headSet 元素: " + tree.headSet("C"));//输出小于"C"的 Set 子集
```

```
        System.out.println("tailSet 元素: " + tree.tailSet("C"));//输出大于或等于"C"的 Set 子集
    }
}
```

程序运行结果如下：

```
输出整个集合: [A, B, C, D, E]
headSet 元素: [A, B]
tailSet 元素: [C, D, E]
```

6.4.4　栈与队列

栈是一种后进先出(LIFO)的数据结构，即最后进入的元素，最先被出栈。队列的操作与栈相反，通常是指“先进先出”(FIFO)的容器。

1. 栈

Java 集合中的 Stack 类用于模拟“栈”的数据结构。栈中的元素“后进先出”。最后push(压)进栈的元素，最先被 pop(弹)出栈。

Stack 类是继承自 Vector 的子类，进栈出栈的元素都是 Object，因此从栈中取出元素后必须进行类型转换。Stack 类提供的主要方法如表 6.13 所示。

表 6.13　Stack 类中定义的常用方法

序号	方　法	说　明
1	public E peek()	返回第一个元素，但不将该元素 pop 出栈
2	public E pop()	返回第一个元素并将该元素 pop 出栈
3	public void push(Object item)	将一个元素 push 进栈，最后一个进栈的元素总位于栈顶
4	public int search(Object c)	在堆栈中检索对象，并返回位置

例 6.29　Stack 的操作。

```
import java.util.Stack;
public class StackDemo{
  public static void main(String args[]){
    Stack<String> s = new Stack<String>();
    s.push("Hello");
    s.push("World");
    s.push("Java");
    System.out.println(s.pop());
    System.out.println(s.pop());
    System.out.println(s.pop());
}
```

程序运行结果如下：

```
Java
World
Hello
```

2. 队列

队列的头部保存在队列中存放时间最长的元素,队列的尾部保存在队列中存放时间最短的元素。新元素插入到队列的尾部,访问元素操作会返回队列头部的元素。通常,队列不允许随机访问队列中的元素。Java 集合中的 Queue 接口用于模拟队列数据结构。Queue 接口中定义的方法如表 6.14 所示。

表 6.14 Queue 接口的常用方法

序号	方 法	说 明
1	public void add(Object e)	将指定元素加入此队列的尾部
2	public Object element()	获取队列头部的元素,但是不删除该元素
3	public Boolean offer(Object e)	将指定元素加入此队列的尾部。此方法更适用于有容量限制的队列
4	public Object peek()	获取队列头部的元素,但不删除该元素。如果此队列为空,则返回 null
5	public Object poll()	获取队列头部的元素,并删除该元素,如此队列为空,则返回 null
6	public Object remove()	获取队列头部的元素,并删除该元素

1) PriorityQueue 类

Queue 接口有一个 PriorityQueue 实现类,但 PriorityQueue 并不是一个标准的队列实现,其保存队列元素的顺序并不是按加入队列的顺序,而是按队列元素的大小进行重新排序。因此当使用 peek()方法或者 poll()方法取出队列元素时,并不是取出最先进入队列的元素,而是取出队列中最小的元素。

例 6.30 PriorityQueue 类的常用操作。

```
import java.util.PriorityQueue;
public class PriorityQueueDemo{
    public static void main(String[] args) {
        PriorityQueue q = new PriorityQueue();
        q.offer(100);
        q.offer(5);
        q.offer(10);
        System.out.println(q);
        System.out.println(q.poll());
        System.out.println(q);
    }
}
```

程序运行结果如下:

```
[5, 100, 10]
5
[10, 100]
```

由以上程序可以看出,多次调用 PriorityQueue 的 poll()方法,可以队列中元素按从大

到小的顺序移出队列。

2) Deque 接口

Deque 接口是 Queue 的子接口,该接口是一个双端队列结构,它在 Queue 接口的基础上定义了一些双端队列的方法,如表 6.15 所示。

表 6.15 Deque 接口常用方法

序号	方 法	说 明
1	public void addFirst(Object o)	将指定元素插入队列的开头
2	public void addLast(Object o)	将指定元素插入队列的末尾
3	public Iterator descendingIterator()	返回该队列迭代器,以逆向顺序来迭代队列中的元素
4	public Object getFirst()	获取第一个元素
5	public Object getLast()	获取最后一个元素
6	public boolean offerFirst(Object o)	将指定元素插入队列开头
7	public boolean offerLast(Object o)	将指定元素插入队列尾
8	public Object peekFirst()	检索但不删除第一个元素,如果队列为空,则返回 null
9	public Object peekLast()	检索但不删除队列的最后一个元素,如果队列为空,则返回 null
10	public Object pollFirst()	获取并删除队列的第一个元素,如果队列为空,则返回 null
11	public Object pollLast()	获取并删除队列的最后一个元素,如果队列为空,则返回 null
12	public Object removeFirst()	获取并删除队列的第一个元素
13	public Object removeLast()	获取并删除队列的最后一个元素
14	public Object peekFirst()	检索但不删除第一个元素,如果队列为空,则返回 null
15	public Object peekLast()	检索但不删除队列的最后一个元素,如果队列为空,则返回 null
16	public Object pollFirst()	获取并删除队列的第一个元素,如果队列为空,则返回 null
17	public Object pollLast()	获取并删除队列的最后一个元素,如果队列为空,则返回 null

ArrayDeque 是 Deque 接口的一个实现类,其实现机制与 ArrayList 类似,是一个基于数组实现的双端队列。

例 6.31 双端队列基本用法。

```
import java.util.ArrayDeque;
public class ArrayQueueDemo{
    public static void main(String[] args) {
        ArrayDeque<String> aq = new ArrayDeque<>();
        aq.offer("Hello");
        aq.offer("World");
        aq.offerFirst("Abc");                          //在队列头加入元素
        System.out.println("队列元素: " + aq);
        aq.removeFirst();                              //删除队列的第一个元素
        System.out.println("移除第一个元素: " + aq);
    }
}
```

程序运行结果如下：

```
队列元素：[Abc, Hello, World]
移除第一个元素：[Hello, World]
```

使用双端队列 ArrayDeque 类也可以实现“栈”的操作，主要方法如表 6.16 所示。

表 6.16 Deque 接口的栈操作方法

序号	方 法	说 明
1	public Object pop()	pop 出该队列所表示的栈的栈顶元素，其功能相当于 removeFrist()
2	public void push(Object o)	将一个元素 push 进队列所表示的栈的栈顶元素，其功能相当于 addFirst()

例 6.32 使用 ArrayDeque 实现栈操作。

```java
import java.util.ArrayDeque;
public class ArrayDequeStack{
    public static void main(String[] args) {
        ArrayDeque<String> stack = new ArrayDeque<>();
        stack.offer("A");
        stack.offer("B");
        stack.offer("C");
        System.out.println("ArrayDeque 队列: " + stack);
        stack.push("D");            //将新元素 push 进"栈"
        System.out.println("将新元素 push 进栈: " + stack);
        System.out.println("将第一个元素 pop 输出: " + stack.pop());
                                    //将第一个元素 pop 出栈并输出
    }
}
```

程序运行结果如下：

```
ArrayDeque 队列: [A, B, C]
将新元素 push 进"栈": [D, A, B, C]
将第一个元素 pop 输出: D
```

3. LinkedList 类

LinkedList 类采用链表存储结构，该类实现了 List 接口和 Queue 接口，因此除了实现 Link 接口的方法之外，还提供了其他方法来支持栈、队列和双向队列的操作。其定义如下：

```java
public class LinkedList<E> extends AbstractSequentialList<E> implements List<E>, Queue<E>,
Cloneable, Serializable{}
```

除了实现 List 接口和 Queue 接口的方法外，LinkedList 类还提供了操作链表的方法，主要方法如表 6.17 所示。

表 6.17 LinkedList 操作链表的主要方法

序号	方 法	说 明
1	public void addFirst(E o)	在链表开头增加元素
2	public void addLast(E o)	在链表结尾增加元素
3	public E removeFirst()	删除链表的第一个元素
4	public E removeLast()	删除链表的最后一个元素

例 6.33 使用 LinkedList 进行队列操作。

```
import java.util.LinkedList;
public class LinkedListDemo{
    public static void main(String[] args) {
        LinkedList<String> qu = new LinkedList<String>();
        qu.add("A");                        //增加元素
        qu.add("B");
        qu.add("C");
        System.out.println(qu);
        qu.addFirst("X");                   //在链表头加入元素
        qu.addLast("Y");                    //在链表尾加入元素
        System.out.println(qu);             //输出队列元素
        for (int i = 1;i<6;i++){
            System.out.print("第" + i + "个元素是: ");
        System.out.println(qu.poll());
        }
    }
}
```

程序运行结果如下：

```
[A, B, C]
[X, A, B, C, Y]
第 1 个元素是: X
第 2 个元素是: A
第 3 个元素是: B
第 4 个元素是: C
第 5 个元素是: Y
```

6.4.5 Map 接口

Map(映射)是一种把键对象和值对象进行映射的集合，它的每一个元素都包含一对键对象和值对象，向 Map 集合中加入元素时，必须提供一对键对象和值对象。

Map 接口的定义为

```
public interface Map<K,V>
```

Map 接口采用泛型，其中 K 泛型表示键对象(Key)，V 泛型表示值对象(Value)，当向 Map 集合加入元素时，必须指定 K 和 V，Map 接口提供的方法如表 6.18 所示。

表 6.18 Map 接口的常用方法

序号	方 法	说 明
1	public void clear()	清空 Map 集合
2	public boolean containsKey(Object key)	判断 key 是否存在
3	public boolean containValue(Object value)	判断 value 是否存在
4	public Set< Map,Entry < K,V >> entrySet()	将 Map 对象转换为 Set 集合
5	public boolean equals(Object o)	对象的比较
6	public V get(Object key)	根据 key 取得 value 值
7	public int hashCode()	返回散列码
8	public boolean isEmpty()	判断集合是否为空
9	public Set < K > keyset()	取得所有的 key,返回 Set 集合
10	public V put(K key,V value)	向集合中加入元素
11	public void putAll(Map <? extends K,? extends V > t)	将一个 Map 集合中的内容加入到另一个 Map 集合
12	public V remove(Object key)	根据 key 删除一个元素
13	public int size()	返回集合的长度
14	public Collection < V > values()	取出全部的 value 值

HashMap 是 Map 的常用子类,通过计算键对象的散列值(hashCode())来保存键对象,该集合没有进行排序,并且 key 值不能重复。

例 6.34 Map 类的应用。

```
import java.util.HashMap;
import java.util.Map;
import java.util.Set;
public class MapDemo{
    public static void main(String[ ] args) {
        Map < String, Integer > hm = new HashMap < String, Integer >();
        hm.put("1001", 100);                //增加元素
        hm.put("1002", 90);
        hm.put("1003",98);
        System.out.println(hm);             //输出 HashMap 集合
        System.out.println("hm 中共有" + hm.size() + "个元素");
        Set < String > set = hm.keySet();   //将 Map 中的所有 key 变为一个 set 集合
        System.out.println("key 集合: " + set);
        System.out.println("key 值为 1001 的 value 值是: " + hm.get("1001"));
                                            //根据 key 值取出 value 值
    }
}
```

程序运行结果如下:

```
{1003 = 98, 1002 = 90, 1001 = 100}
hm 中共有 3 个元素
key 集合: [1003, 1002, 1001]
key 值为 1001 的 value 值是: 100
```

6.4.6　集合与增强的 for 语句

foreach 循环是 JDK 1.5 之后提供的增强的 for 循环结构，可以用于循环遍历数组和集合。使用 foreach 循环遍历数组集合时，无须获得数组和集合长度，无须根据索引访问数组元素和集合元素，foreach 自动遍历数组和集合的元素。其使用格式如下：

```
for (数据类型 变量名: 集合|数组){
  //自动迭代访问每个元素
}
```

上述格式中，数据类型指集合或数组中元素的数据类型，foreach 循环自动将数组或集合中的元素依次赋给变量。

例 6.35　增强的 for 语句用法。

```
import java.util.ArrayList;
import java.util.List;
public class ForeachDemo{
    public static void main(String[ ] args)
    {
        List<String> arr = new ArrayList<String>();
        arr.add("hello");
        arr.add("world");
        arr.add("你好");
        for (String str:arr){
            System.out.print(str + ";");
        }
    }
}
```

程序运行结果如下：

```
hello;world;你好;
```

程序中使用 foreach 循环访问 List 集合中的元素，依次将 arr 集合中的元素赋给临时变量 str，从而实现集合元素的遍历。

6.4.7　利用 Iterator 及 Enumeration 集合遍历

Java 中的 Collection 接口、Set 接口和 List 接口提供了对集合的各种操作，如果要遍历 Collection、Set 集合中的内容，可以将其转换为对象数组输出，List 集合可以直接通过 get() 方法输出，但这些方法操作完成遍历比较复杂，都不是集合的标准的输出方式。

除了可以使用 foreach 外，Java 还提供了专门用来对集合进行遍历的接口，包含 Iterator、Enumeration 和 ListIterator。

1. Iterator 接口

Iterator 迭代接口是专门用来进行迭代输出的接口，是在集合输出中最常用的接口。所谓迭代输出，是指逐一判断集合中元素是否有内容，如果有内容，则把内容取出，其定义如下：

```
public interface Iterator<E>{}
```

Iterator 接口在使用时需要指定泛型，所指定泛型最好与集合中的泛型类型一致。其常用方法如表 6.19 所示。

表 6.19 Iterator 接口的常用方法

序　号	方　法	说　明
1	public boolean hasNext()	判断是否有下一个值
2	public E next()	取出当前元素
3	public void remove()	删除当前元素

Iterator 接口本身没有子类，因此要取得该类接口的实例，需要采用 Collection 接口中的 iterator()方法来实例化。Iterator 接口的实例化格式如下：

```
Iterator<E>对象名 = Collection 接口对象名.iterator();
```

例 6.36 利用 Iterator 遍历集合。

```
import java.util.ArrayList;
import java.util.Iterator;
import java.util.List;
public class IteratorDemo{
    public static void main(String[] args) {
        List<String> list = new ArrayList<String>();
        list.add("A");
        list.add("B");
        list.add("C");
        list.add("D");
        list.add("E");
        Iterator<String> iter = list.iterator();   //Iterator 实例化
        while(iter.hasNext()){                     //遍历 list 集合
            System.out.print(iter.next() + " ");
        }
    }
}
```

程序运行结果如下：

```
A B C D E
```

程序中调用 Iterator 接口的 hasNext()方法判断集合中是否有元素，next()方法取出当前元素。

例 6.37 使用 Iterator 删除元素。

```
import java.util.ArrayList;
import java.util.Iterator;
public class IteratorRemoveDemo{
    public static void main(String[] args) {
        ArrayList<String> list = new ArrayList<String>();
```

```
        list.add("a");
        list.add("b");
        list.add("c");
        list.add("d");
        Iterator<String> iter = list.iterator();
        while (iter.hasNext()){
            String s = iter.next();
            if(s == "b"){
                iter.remove();                      //删除元素
            }
        }
        System.out.println(list);
    }
}
```

程序运行结果如下：

```
[a,c,d]
```

2. Enumeration

Enumeration 接口是 JDK 1.0 时推出的，是最早的迭代输出接口，最早使用 Vector 时就是使用 Enumeration 接口进行输出的，在 JDK 1.5 之后进行了扩充，增加了泛型的操作。其定义如下：

```
public interface Enumeration<E>
```

Enumeration 的方法与 Iterator 类似，只是此接口不存在删除操作，其常用方法如表 6.20 所示。

表 6.20 Enumeration 接口的常用方法

序　号	方　法	说　明
1	public boolean hasMoreElements()	判断是否有下一个值
2	public E nextElement()	取出当前元素

使用 Enumeration 接口可以通过 Vector 类的 elements()方法实例化。

例 6.38 使用 Enumeration 遍历集合。

```
import java.util.Enumeration;
import java.util.Vector;
public class EnumerationDemo{
    public static void main(String[ ] args) {
        Vector<String> v = new Vector<String>();
        v.add("A");
        v.add("B");
        v.add("C");
        Enumeration<String> en = v.elements();      //Enumeration 实例化
        while(en.hasMoreElements()){                //遍历 Vector 集合
            System.out.print(en.nextElement() + " ");
```

```
        }
    }
}
```

程序运行结果如下：

```
A B C
```

6.4.8 使用 Arrays 类

Arrays 类是 java. util 包中的类，主要功能是实现数组的查找、排序和填充功能。常用方法如表 6.21 所示。

表 6.21 Arrays 类的常用方法

序号	方 法	描 述
1	public static Boolean equals(type[] a,type[] a2	判断两个数组是否相等，此方法被重载多次，可以判断各种数据类型的数组
2	public static void fill(type[] a,int val)	判断指定内容填充到数组之中，此方法被重载多次，可以填充各种数据类型的数组
3	public static void sort(type[] a)	数组排序，此方法被重载多次，可以对各种类型的数组进行排序
4	public static int binarySearch(type[] a,int key)	对排序后的数组进行检索，此方法被重载多次，可以对各种类型的数组进行搜索
5	public static String toString(type[] a)	输出数组信息，此方法被重载多次，可以输出各种数据类型的数组
6	public static copyOf(type[] original, int length)	将 original 数组复制成一个新数组，其中 length 是新数组的长度。如果 length 小于 original 数组的长度，则新数组就是原数组的前面 length 个元素；如果 length 大于 original 数组的长度，则后面补充 0(数值类型)、false(布尔类型)或者 null(引用类型)
7	public static copyOfRange(type[] original,int from,int to)	复制 original 数组的从 from 索引到 to 索引的元素

例 6.39 Arrays 类的常用方法。

```
import java.util.Arrays;
public class ArraysDemo{
    public static void main(String[] args) {
        int[] a = new int[]{1,3,4};
        int[] b = new int[]{3,1,4};
        System.out.println("数组 a 和数组 b 是否相等: " + Arrays.equals(a, b));
                //两数组元素依次比较,相等则返回 true,否则返回 false
        Arrays.sort(b);                          //数组排序并保存
        System.out.println("遍历排序后的数组 b:");
        System.out.println(Arrays.toString(b));     //输出 b 数组中的元素
        System.out.println("1 在数组 b 中的位置: " + Arrays.binarySearch(b,1));
                //返回指定元素在数组中的位置
    }
}
```

程序运行结果如下：

```
数组 a 和数组 b 是否相等: false
遍历排序后的数组 b:
[1, 3, 4]
1 在数组 b 中的位置: 0
```

6.4.9　使用 Collections 类

Collections 是 Java 提供的操作 Set、List 和 Map 等集合的一个工具类。该工具类中提供了大量方法对集合元素进行排序、查询和修改等操作，还提供了将集合对象设置为不可变、对集合对象实现同步控制等方法，如表 6.22 所示。

表 6.22　Collections 类的常用方法

序号	方　法	类型	说　明
1	public static final List EMPTY_LIST	常量	返回一个空的 List 集合
2	public static final Set EMPTY_SET	常量	返回空的 Set 集合
3	public static final Map EMPTY_MAP	常量	返回空的 Map 集合
4	public static <T> Boolean addAll(Collection<? super T> c,T…elements)	普通	为集合添加内容
5	public static<T extends Object & Comparable<? Super T>> T max(Collection<? extends T> coll)	普通	找到集合中的最大内容，按比较器排序
6	public static<T extends Object & Comparable<? super T>> T min(Collection<? extends T> coll)	普通	找到集合中的最小内容，按比较器排序
7	public static <t> Boolean replaceAll(List<T> list,T oldVal,T newVal)	普通	用新的内容替换集合的指定内容
8	public static void reverse(List<?> list)	普通	集合反转
9	public static <T> int binarySearch(List<? extends Comparable<? super T>> list,T key)	普通	查找集合中的指定内容
10	public static final<T> List<T> emptyList()	普通	返回一个空的 List 集合
11	public static final<K,V> Map<K,V> emptyMap()	普通	返回一个空的 Map 集合
12	public static final<T> Set<T> emptySet()	普通	返回一个空的 Set 集合
13	public static <T extends Comparable<? super T>> void sort(List<T> list)	普通	集合排序，根据 Comparable 接口排序
14	public static void swap(List<?> list,int i,int j)	普通	交换指定位置的元素

例 6.40　Collection 类的常用方法。

```
import java.util.ArrayList;
import java.util.Collections;
import java.util.Iterator;
import java.util.List;
public class CollectionDemo1{
    public static void main(String[] args) {
        List<String> all = new ArrayList<String>();   //初始化 ArrayList
        /* ----- 增加元素 -------- */
```

```
        Collections.addAll(all,"Hello","World","Java");
        //addall()方法可以接收可变参数,因此可以添加任意多个参数作为集合内容
        Iterator<String> iter = all.iterator();        //使用 Iterator 迭代取出集合中元素
        while (iter.hasNext()){
            System.out.print(iter.next() + " ");
        }
        /* ------ 反转集合中的元素 ------ */
        Collections.reverse(all);                      //将集合中元素反转并保存
        System.out.println(all);                       //all = [Java, World, Hello]
        /* --------- 检索内容 ----------- */
        int position = Collections.binarySearch(all, "Java");
                                  //返回指定元素在集合中的位置
        System.out.println("元素'Java'出现在集合中的位置: " + position);
        //运行结果: 元素'Java'出现在集合中的位置: 0
        /* ------- 替换元素 -------- */
        Collections.replaceAll(all, "Java", "ABC");    //将集合中的"java"替换为"ABC"
        System.out.println(all);                       //all = [ABC, World, Hello]
        /* ------- 排序 ------- */
        Collections.sort(all);                         //使用 sort()对集合进行排序操作并保存
        System.out.println(all);                       //all = [ABC, Hello, World]
        /* ---------- 交换元素位置 ---------- */
        Collections.swap(all, 0, 2);                   //将第 0 个元素和第 2 个元素交换位置
        System.out.println(all);                       //all = [World, Hello, ABC]
        }
}
```

程序运行结果如下：

```
Hello World Java [Java, World, Hello]
元素'Java'出现在集合中的位置: 0
[ABC, World, Hello]
[ABC, Hello, World]
[World, Hello, ABC]
```

6.5 本章小结

(1) Java 语言的常用类。System 类代表当前 Java 程序的运行平台,是对系统抽象的类,位于 Java.lang 包中,该类提供了很多获取和操作系统属性的方法,如系统输出语句“System.out.println()”。Math 类位于 Java.lang 包中,用于完成 Java 中的复杂数学运算,如三角函数、对数运算、指数运算等。Math 类中的所有方法都是类方法,可以直接通过类名来调用。

(2) Java 提倡一切皆对象的思想,但 Java 中的 8 种基本数据类型并不是面向对象的,在实际使用中不能像对象一样操作,存在很多不便。为了解决这一问题,Java 为每一个基本数据类型设计了一个对应的类,将 8 个基本数据类型包装成类的形式。这些类统称为包装类(Wrapper Class)。

(3) 字符串是多个字符的序列,是软件开发中使用非常普遍的一种数据类型。Java 中

提供 String 类、StringBuffer 类及 StringBuilder 类来操作字符串。String 类是不可变的类，用 String 类创建的字符串对象在操作中不能修改字符串的内容，只能进行查找、比较、取得内容等操作；用 StringBuffer 类和 StingBuilder 类创建的字符串对象可以进行添加、插入和修改等操作。

(4) 泛型是指在对象建立时不指定类中属性的具体数据类型，而由外部在声明及实例化对象时指定类型。自定义泛型最常见的有两种方式：一是泛型类，一是泛型方法。Java 8 改进了泛型方法的类型推断能力，主要体现在以下两个方面：

- 通过调用方法的上下文来推断类型参数的目标类型。
- 在方法调用链中，将推断得到的类型参数传递到最后一个方法。

(5) 在 Java 语言中，集合就是一个动态对象数组，所有与集合相关的接口和类在 Java. util 包中定义。当使用集合时，需要导入 Java. util 包中相应的类。根据操作功能不同，集合分 3 种类型，分别是 Set、List 和 Map。

- 集合的长度是可变的。
- 集合中可以存储不同的数据类型。
- 集合中只能存储对象。

第7章 Java多线程程序

本章学习目标

- 了解Java中的线程。
- 熟练掌握Java线程中接口的使用。
- 熟练掌握Java线程池的使用。

迄今为止,我们开发的Java程序大多是单线程的,即一个程序只有一条从头至尾的执行线索,当程序执行过程中因为等待某个I/O操作而受阻时,其他部分的程序同样无法执行。然而现实世界中很多过程都具有多条线索同时工作,例如生物的进化,就是多方面多种因素共同作用的结果,再如服务器可能需要同时处理多个客户机的请求等,这就需要我们编写的程序也要支持多线程的工作。

多线程是指同时存在几个执行体,按几条不同的执行线索共同工作的情况。Java语言的一个重要功能特点就是内置对多线程的支持,它使得编程人员可以很方便地开发出具有多线程功能、能同时处理多个任务的功能强大的应用程序。在Java语言中,不仅语言本身有多线程的支持,可以方便地生成多线程的程序,而且运行环境也利用多线程的应用程序并发提供多种服务。

7.1 Java中的线程

7.1.1 线程的基本概念

程序是一段静态的代码,它是应用软件执行的蓝本。进程是程序的一次动态执行过程,它对应了从代码加载、执行到执行完毕的一个完整过程,这个过程也是进程从产生、发展到消亡的过程。作为执行蓝本的同一段程序,可以被多次加载到系统的不同内存区域分别执行,形成不同的进程。

线程是比进程更小的执行单位。一个进程在其执行过程中,可以产生多个线程,形成多条执行线索。每条线索,即每个线程也有它自身的产生、存在和消亡的过程,是一个动态的概念。我们知道,每个进程都有一段专用的内存区域,并以PCB作为它存在的标志,与此不同的是,线程间可以共享相同的内存单元(包括代码与数据),并利用这些共享单位来实现数据交换、实时通信与必要的同步操作。

多线程的程序能更好地表述和解决现实世界的具体问题,是计算机应用开发和程序设计的一个必然发展趋势。

Java 提供的多线程功能使得在一个程序中可同时执行多个小任务,CPU 在线程间的切换非常迅速,使人们感觉到所有线程好像是同时进行似的。多线程带来的更大的好处是更好的交互性能和实时控制性能,当然,实时控制性能还取决于操作系统本身。

7.1.2 线程的状态和生命周期

每个 Java 程序都有一个默认的主线程,对于 Application,主线程是 main()方法执行的线索;对于 Applet,主线程指挥浏览器加载并执行 Java 小程序。要想实现多线程,必须在主线程中创建新的线程对象。Java 语言使用 Thread 类及其子类对象来表示线程,新建设的线程在它的一个完整的生命周期中通常要经历如下的 5 种状态。

1. 新建

当一个 Thread 类或其子类的对象被声明并创建时,新生的线程对象处于新建状态。此时它已经有了相应的内存空间和其他资源,并已被初始化。

2. 就绪

处于新建状态的线程被启动后,将进入线程队列排队等待 CPU 时间片,此时它已经具备了运行的条件,一旦轮到它来享用 CPU 资源时,就可以脱离创建它的主线程独立开始自己的生命周期了。另外,原来处于阻塞状态的线程被解除阻塞后也将进入就绪状态。

3. 运行

当就绪状态的线程被调度并获得处理器资源时,便进入运行状态。每一个 Thread 类及其子类的对象都有一个重要的 run()方法,当线程对象被调度执行时,它将自动调用本对象的 run()方法,从第一句开始顺序执行。run()方法定义了这一类线程的操作和功能。

4. 阻塞

一个正在执行的线程如果在某些特殊情况下,如被人为挂起或需要执行费时的输入输出操作时,将让出 CPU 并暂时中止自己的执行,进入阻塞状态。阻塞时它不能进入排队队列,只有当引起阻塞的原因被消除时,线程才可以转入就绪状态,重新进到线程队列中排队等待 CPU 资源,以便从原来终止处开始继续执行。

5. 死亡

处于死亡状态的线程不具有继续运行的能力。线程死亡的原因有两个:一个是正常运行的线程完成了它的全部工作,即执行完了 run()方法的最后一个语句并退出;另一个是线程被提前强制性的终止,如通过执行 stop()方法或 destroy()终止线程。

由于线程与进程一样是一个动态的概念,所以它也像进程一样有一个从产生到消亡的生命周期,如图 7.1 所示。

线程在各个状态之间的转化及线程生命周期的演进是由系统运行的状况、同时存在的其他线程和线程本身的算法所共同决定的。在创建和使用线程时应注意利用线程的方法宏

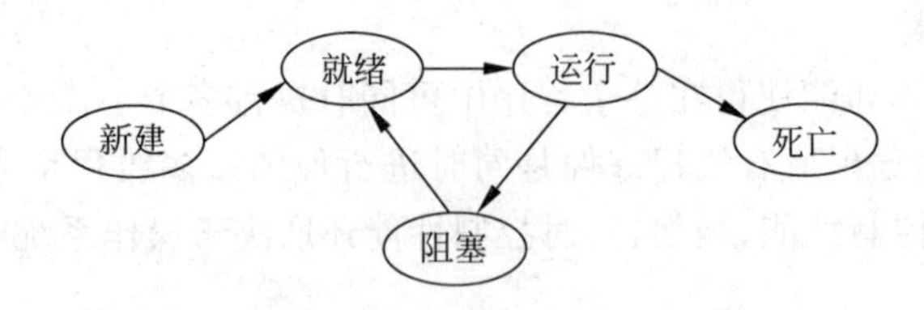

图 7.1 线程状态的改变

观地控制这个过程。

7.1.3 线程调度与优先级

处于就绪状态的线程首先进入就绪队列排队等候处理器资源,同一时刻在就绪队列中的线程可能有多个,它们各自任务的轻重缓急程度不同。例如,用于屏幕显示的线程需要尽快地被执行,而用来收集内存碎片的垃圾回收线程则不那么紧急,可以等到处理器较空闲时再执行。为了体现上述差别,使工作得更加合理,多线程系统会给每个线程自动分配一个线程的优先级,任务较紧急重要的线程,其优先级就较高;相反则较低。在线程排队时,优先级高的线程可以排在较前的位置,能优先享用到处理器资源;而优先级较低的线程则只能等到排在它前面的高优先级线程执行完毕之后才能获得处理器资源。对于优先极相同的线程,则遵循队列的“先进先出”的原则,即先进入就绪状态排队的线程被优先分配到处理器资源,随后才为后进入队列的线程服务。

当一个在就绪队列中排队的线程被分配到处理器资源而进入运行状态之后,这个线程就称为是被“调度”或线程调度管理器选中了。线程调度管理器负责线程排队和处理器在线程间的分配,一般都有一个精心设计的线程调度算法。在 Java 系统中,线程调度采用优先级基础上的“先到先服务”原则。

7.1.4 线程组

线程组是一个 Java 特有的概念,在 Java 中,线程组是类 ThreadGroup 的对象,每个线程都隶属于唯一一个线程组,这个线程组在线程创建时指定并在线程的整个生命期内都不能更改。用户可以通过调用包含 ThreadGroup 类型参数的 Thread 类构造函数来指定线程所属的线程组。

Java 语言规定,只能在创建线程时设置线程所属的线程组。可以在创建线程时显式地制定线程组,此时需要采用下述 3 种构造方法之一:

- Thread(ThreadGroup,Runnable)
- Thread(ThreadGroup,String)
- Thread(ThreadGroup,Runnable,String)

若没有指定,则线程默认地隶属于名为 system 的系统线程组。在 Java 中,除了预建的系统线程组外,所有线程组都必须显式创建。例如,下面的语句创建了一个名为 myThreadGroup 的线程组:

```
ThreadGroup myThreadGroup = new ThreadGroup("my Group of Threads")
```

在Java中,除系统线程组外的每个线程组又隶属于另一个线程组,用户可以在创建线程组时指定其所隶属的线程组,若没有指定,则默认地隶属于系统线程组。这样,所有线程组组成了一棵以系统线程组为根的树。

Java允许对一个线程组中的所有线程同时进行操作,比如可以通过调用线程组的相应方法来设置其中所有线程的优先级,也可以启动或阻塞其中的所有线程。

Java的线程组机制的另一个重要作用是线程安全。线程组机制允许通过分组来区分有不同安全特性的线程,对不同组的线程进行不同的处理,还可以通过线程组的分层结构来支持不对等安全措施的采用。Java的ThreadGroup类提供了大量的方法来方便对线程组树中的每一个线程组以及线程组中的每一个线程进行操作。

7.2　Java的Thread类和Runnable接口

Java中编程实现多线程应用有两种途径:一种是创建用户自己的线程子类,另一种是在用户自己的类中实现Runnable接口。

7.2.1　Thread类

Thread类是一个具体的类,该类封装了线程的属性和行为。

1. 构造函数

Thread类的构造函数有多个,比较常用的有如下几个:

- public Thread();

这个方法创建了一个默认的线程类的对象。

- public Thread(Runnable target);

这个方法在上一个构造函数的基础上,利用一个实现了Runnable接口参数对象Target中所定义的run()方法,以便初始化或覆盖新创建的线程对象的run()方法。

- public Thread(String name);

这个方法在第一个构造函数创建一个线程的基础上,利用一个String类的对象name为所创建的线程对象指定了一个字符串名称供以后使用。

- public Thread(ThreadGroup group,Runnable target);

这个方法在第二个构造函数创建一个初始化了run()方法的线程基础上,利用给出的ThreadGroup类的对象为所创建的线程指定了所属的线程组。

- public Thread(ThreadGroup group,String name);

这个方法在第三个构造函数创建了一个指定了一个字符串名称的线程对象的基础上,利用给出的ThreadGroup类的对象为所创建的线程指定了所属的线程组。

- public Thread(ThreadGroup group,Runnable target,String name);

这个方法综合了上面提到的几种情况,创建了一个属于group的线程组,用target对象中的run()方法初始化了本线程中的run()方法,同时还为线程指定了一个字符串名。

利用构造函数创建新线程对象之后,这个对象中的有关数据即被初始化,从而进入线程生命周期的第一个阶段一新建阶段。

2. 线程优先级

Thread 类有 3 个有关线程优先级的静态常量：

```
public static final int MAX_PRIORITY
public static final int MIN_PRIORITY
public static final int NORM_PRIORITY
```

其中 MAX_PRIORITY 代表最高优先级，通常是 10；NORM_PRIORITY 代表普通优先级，通常是 5；MIN_PRIORITY 代表最低优先级，通常是 1。

对应一个新建线程，系统会根据如下的原则为其定义的优先级：

(1) 新建线程将继承创建它的父线程的优先级。父线程是指执行创建新线程对象语句的线程，它可能是程序的主线程，也可能是某一个用户自定义的线程。

(2) 一般情况下，主线程具有普通优先级。

另外，用户可以通过调用 Thread 类的方法 setPriority()来修改系统自动设定的线程优先级，使之符合程序的特定需要：

```
public final void setPriority(int newPriority)
```

3. 其他主要方法

(1) 启动线程的 start()方法：

```
public void start()
```

start()方法将启动线程对象，使之从新建状态转入到就绪状态并进入就绪队列排队。

(2) 定义线程操作的 run()方法：

```
public void run()
```

Thread 类的 run()方法是用来定义线程对象被调用之后所执行的操作，都是系统自动调用而用户程序不得引用的方法。系统的 Thread 类中，run()方法没有具体内容，所以用户程序需要创建自己的 Thread 类的子类，并定义新的 run()方法来覆盖原来的 run()方法。

run()方法将运行线程，使之从就绪队列状态转入到运行状态。

(3) 使线程暂时休眠的 sleep()方法：

```
public static void sleep(long millis) throws InterruptedException
//millis 是以毫秒为单位的休眠时间
```

线程的调度执行是按照其优先级的高低顺序进行的，当高级线程未完成，即未死亡时，低级线程没有机会获得处理器。有时，优先级高的线程需要优先级低的线程做一些工作来配合它，或者优先级高的线程需要完成一些费时的操作，此时优先级高的线程应该让出处理器，使优先级低的线程有机会执行。为达到这个目的，优先级高的线程可以在它的 run()方法中调用 sleep()方法来使自己放弃处理器资源，休眠一段时间。休眠时间的长短由 sleep()方法的参数决定。进入休眠的线程仍处于活动状态，但不被调度运行，直到休眠期满。它可

以被另一个线程用中断唤醒。如果被另一个线程唤醒，则会抛出 InterruptedException 异常。

(4) 中止线程的 stop()方法：

```
public final void stop()
public final void stop(Throwable obj)
```

程序中需要强制终止某线程的生命周期时可以使用 stop()方法。stop()方法可以由线程在自己的 run()方法中调用，也可以由其他线程在其执行过程中调用。

stop()方法将会使线程由其他状态进入死亡状态。

(5) 向其他线程退让运行权的 yield()方法：

```
public static native void yield()
```

此方法使当前运行线程将运行权让给其他可运行的线程，这将导致一个可运行线程开始运行。如果未找到其他可以运行的线程，则当前线程将继续运行。

有些平台上，进入持续循环的线程会占据处理器，使其他线程长期等待。为了避免这种情况，这样的线程应调用 yield()方法把处理器交给其他线程。

(6) 判断线程是否未消亡的 isAlive()方法：

```
public final native Boolean isAlive()
```

在调用 stop()方法终止一个线程之前，最好先用 isAlive()方法检查一下该线程是否仍然存活，杀死不存在的线程可能会造成系统错误。

7.2.2 Runnable 接口

Runnable 接口只有一个方法 run()，所有实现 Runnable 接口的用户类都必须具体实现这个 run()方法，为它书写方法体并定义具体操作。Runnable 接口中的这个 run()方法是一个较特殊的方法，它可以被运行系统自动识别和执行；具体地说，当线程被调度并转入运行状态时，它所执行的就是 run()方法中规定的操作。所以，一个实现 Runnable 接口的类实际上定义了一个主线程之外新线程的操作，而定义新线程的操作和执行流程，是实现多线程应用的最主要和最基本的工作之一。

7.3 Java 多线程并发程序

如前所述，在程序中实现多线程并发程序有两个途径：一个是创建 Thread 类的子类；另一个是实现 Runnable 接口。无论采用哪种方式，程序员可以控制的关键性操作有两个：

(1) 定义用户线程的操作，即定义用户线程中的 run()方法。

(2) 在适当的时候建立用户线程并用 start()方法启动线程，如果需要，还要在适当的时候休眠或挂起线程。

下面通过具体的例子来解释如何设计 Java 多线程程序。

7.3.1 使用 Thread 类的子类

在这种方式中,创建一个线程,程序员必须创建一个从 Thread 类导出的新类。程序员必须覆盖 Thread 的 run()函数来完成所需要的工作。用户并不直接调用此函数,而是必须调用 Thread 的 start()函数,该函数再调用 run()。

例 7.1 用于显示时间的多线程程序 TimePrinter.java。

```
import java.util.*;
class TimePrinter extends Thread {             //定义了 Thread 类的子类 TimePrinter 类
    int pauseTime;
    String name;
    public TimePrinter(int x, String n) {    //构造函数
        pauseTime = x;
        name = n;
    }
    public void run() {                        //用户重载了 run()方法,定义了线程的任务
        while (true) {
            try {
                System.out.println(name + ":" + new
                Date(System.currentTimeMillis()));
                Thread.sleep(pauseTime);
            } catch (Exception e) {            //有可能抛出线程休眠被中断异常
                System.out.println(e);
            }
        }
    }
    public static void main(String args[]) {
        TimePrinter tp1 = new TimePrinter(1000, "Fast Guy");     //线程的创建
        tp1.start();                                             //线程的启动
        TimePrinter tp2 = new TimePrinter(3000, "Slow Guy");
        tp2.start();
    }
}
```

这个程序是 Java Application,其中定义了一个 Thread 类的子类 TimePrinter 类。在 TimePrinter 类中重载了 Thread 类中的 run()方法,用来显示当前时间,并休眠一段时间;为了防止在休眠的时候被打断,则用了一个 try-catch 块进行了异常处理。在 TimePrinter 类中的 main()方法根据不同的参数创建了两个新的线程 Fast Guy 和 Slow Guy 并分别启动它们,则这两个线程将轮流运行,当 Fast Guy 休眠时 Slow Guy 运行,当 Slow Guy 休眠时 Fast Guy 再运行。而 Fast Guy 休眠 1s,Slow Guy 休眠 3s,因此 Fast Guy 运行 3 次,Slow Guy 才运行 1 次,程序运行效果如图 7.2 所示。

```
Problems  Javadoc  Declaration  Console
<terminated> TimePrinter [Java Application] D:\java\jdk1.5.0\bin\javaw.exe (Dec 25, 2006 10:18:19 PM)
Fast Guy:Mon Dec 25 22:18:20 CST 2006
Slow Guy:Mon Dec 25 22:18:20 CST 2006
Fast Guy:Mon Dec 25 22:18:21 CST 2006
Fast Guy:Mon Dec 25 22:18:22 CST 2006
Fast Guy:Mon Dec 25 22:18:23 CST 2006
Slow Guy:Mon Dec 25 22:18:23 CST 2006
Fast Guy:Mon Dec 25 22:18:24 CST 2006
Fast Guy:Mon Dec 25 22:18:25 CST 2006
```

图 7.2 例 7.1 的运行效果

例 7.2　利用用户创建的子类实现多线程的示例程序 ThreadTest.java。

```
public class ThreadTest{                              //应用程序主类
    public static void main(String args[ ]){
        if (args.length<1){
            //要求用户输入一个用户行,否则运行不下去
            System.out.println("请输入一个命令行参数");
            System.exit(0);
        }
        //创建一个用户线程 myprime,使它处于新建状态
        primeThread myprime = new primeThread(Integer.parseInt(args[0]));
        myprime.start();                              //启动用户线程,处于就绪状态
        while (myprime.isAlive()&&myprime.ReadyToGoOn()){
            try{ //使当前的主线程休眠 0.5s,以便使用户线程可以取得运行控制权
                Thread.sleep(500);
            }
            catch (Exception e){                      //sleep()方法可能会抛出的异常
                return;
            }
            System.out.println("Counting the prime number...\n");
        }
       myprime.stop();
    }
}
class primeThread extends Thread{                     //用户定义的子线程类
    boolean m_continue = true;                        //标志本线程是否继续
    int m_circlenum;                                  //循环的上限
    primeThread(int num){
        m_circlenum = num;
    }
    boolean ReadyToGoOn(){
        return (m_continue);
    }
    //用户重载了 Thread 类中的 run()方法,在线程获得运行控制权时启动
public void run(){
        int number = 3;
        boolean flag = true;
        while (true){
            for (int i = 2;i<number;i++)  //检查 number 是否是素数
                if (number % i == 0)
                    flag = false;
            if (flag)
                System.out.println(number + "是素数");
            else
                System.out.println(number + "不是素数");
            number++;
            if (number>m_circlenum)                   //到了循环的上限
                m_continue = false;                   //准备结束本次线程
            flag = true;
            try{
                sleep(600);                           //子线程休眠,把控制权还给主线程
```

```
                }
                catch (Exception e){
                    return;
                }
            }
        }
    }
```

这个程序是一个 Java 应用程序,其中定义了两个类:一个是程序的主类 ThreadTest,另一个是用户自定义的 Thread 类的子类 primeThread。程序的主线程,即 ThreadTest 主类的 main()方法首先根据用户输入的命令行参数创建一个 primeThread 类的对象,并调用 start()方法启动这个子线程对象,使之进入就绪状态。主线程首先输出一行信息表示自己在活动,然后调用 sleep()方法使自己休眠一段时间以便子线程获得处理器(因为由主线程创建的子线程的优先级和主线程本身是一样的,如果主线程不让出处理器,则子线程无法获得运行控制权,只有等到主线程完全运行结束了才能得到处理器),进入运行状态的子线程将检查一个数值是否是素数并显示出来,然后休眠一段时间,以便父线程得到处理器,获得处理器的父线程将显示一行信息表示自己在活动,然后再休眠让子线程活动……每次子线程启动都检查一个新的增大一的数值是否为素数并打印,直至该数大于其规定的上限,此时主线程将杀死子线程,然后主线程也结束。程序的运行效果如图 7.3 和图 7.4 所示。

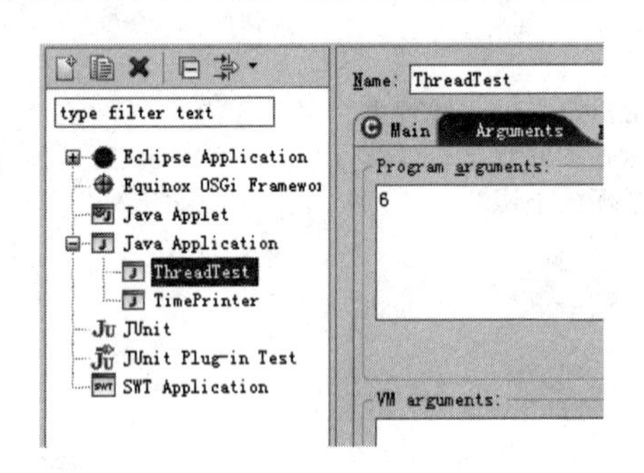

图 7.3 例 7.2 设置的运行参数

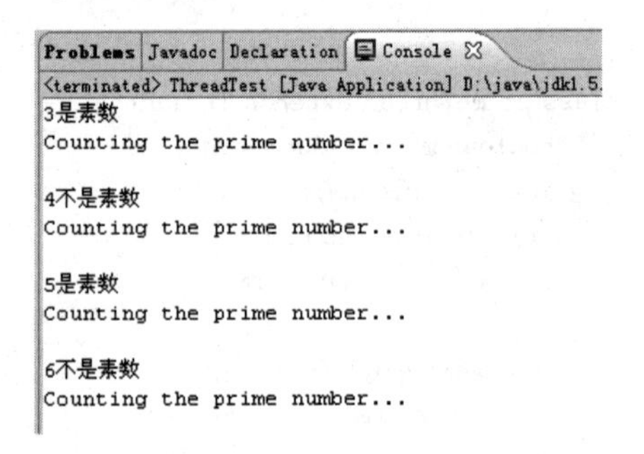

图 7.4 例 7.2 的运行效果

例 7.3 演示 yield()方法的效果。

```
import java.io. * ;
public class MainClass{                           //主类
        public static void main(String args[ ]){
            for (int i = 0;i < 10;i++){
                (new Worker(i)).start();  //创建 10 个线程并分别启动它们
            }
        }
}
class Worker extends Thread{                      //用户定义的子线程类
        int id;                                   //当前线程的 id
        static int lastRunningWorker;             //由所有线程共享的数据变量
        Worker(int id){
            this.id = id;
    }
```

```
        public void run(){
            while (true){
                synchronized(this){
                    if (id!= lastRunningWorker){
                        System.out.print(id);
                        System.out.print(" * ");
                        if (++printcount % 20 == 0)
                            System.out.println();
                        lastRunningWorker = id;
                        Thread.yield();   //当前线程向其他线程退让运行权
                    }
                }
            }
        }
}
```

这个程序表明 yield()方法的运行效果，它创建了若干密集计算的线程。为了表示一个工作者开始运行，工作者不停地检查一个静态域以判断它是否是上一个运行的线程；若不是，它将打印其标志号以表明它现在正在运行。每个工作者都做一定量的工作，并在调用 yield()之前打印一个星号。程序运行效果如图 7.5 所示。

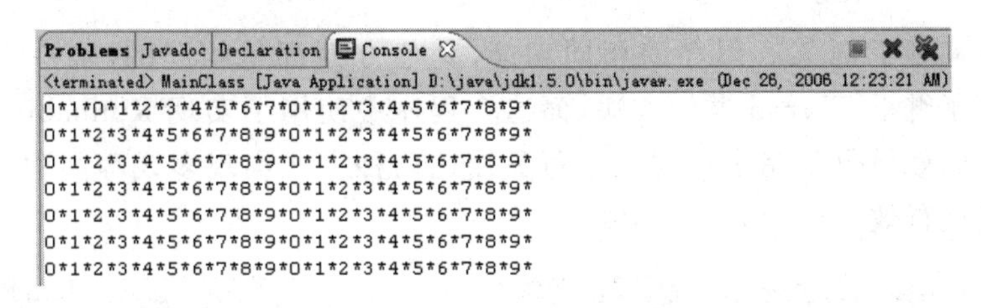

图 7.5 例 7.3 的运行效果

创建用户自定义的 Thread 子类的途径虽然简单易用，但是要求必须有一个以 Thread 为父类的用户子类，假设用户子类需要有另一个父类，例如 Applet 类，则根据 Java 单重继承的原则，上述途径就不行了。这时可以考虑用 Runnable 接口这种方法。

7.3.2 实现 Runnable 接口

在这种方式中，可以通过实现 Runnable 接口的方法来定义用户线程的操作。Runnable 接口只有一个方法 run()，要实现这个接口，就必须定义 run()方法的具体内容，用户新建线程的操作也由这个方法来决定。定义了 run()方法后，这个类就可以视为多个线程来工作。

例 7.4 采用实现 Runnable 接口的方法，实现显示时间的多线程程序。

```
import java.util. * ;
class TimePrinter implements Runnable{
        //定义实现了 Runnable 接口的子类 TimePrinter 类
    int pauseTime;
    String name;
    public TimePrinter(int x, String n) {   //构造函数
        pauseTime = x;
```

```
        name = n;
    }
    public void run() {                    //用户重载了 run()方法,定义了线程的任务
        while (true) {
            try {
                System.out.println(name + ":" + new
                Date(System.currentTimeMillis()));
                Thread.sleep(pauseTime);
            } catch (Exception e) {        //有可能抛出线程休眠被中断异常
                System.out.println(e);
            }
        }
    }
    static public void main(String args[ ]) {
        Thread t1 = new Thread(new TimePrinter(1000, "Fast Guy"));
        t1.start();
        Thread t2 = new Thread(new TimePrinter(3000, "Slow Guy"));
        t2.start();
    }
}
```

这个程序实现了例 7.1 程序的相同功能,其他方面都是相同的,唯一不同的地方是例 7.1 中使用了继承 Thread 类的方法,而这个程序中使用了实现 Runnable 接口的方式,它们最后运行的效果也是完全一样的。可见用这两种方式实现多线程的程序效果是相同的。例 7.4 的运行效果如图 7.6 所示。

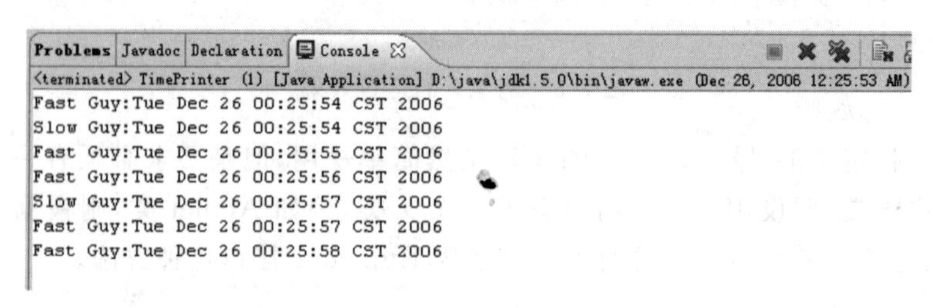

图 7.6 例 7.4 的运行效果

还有一种 Runnable 接口使用得更加广泛的情况是已经有了一个父类的用户类,由于 Java 是单继承的,如果要实现多线程,则只有用 Runnable 接口来实现;然后在实现了 Runnable 接口的用户类中定义用户自己的 run()方法。单用户程序需要建立新线程,只要以这个实现了 run()方法的类为参数创建系统类 Thread 的对象,就可以把用户实现的 run()方法继承过来。

例 7.5 通过一个比较复杂的例子来说明这种方法在设计 Java Applet 中的应用。在下面的程序中设计一个 Java Applet,用来模拟时钟的走时,同时显示时间的变化;通过定义用户的子类 Clock 来设计这个程序。因为这是一个 Applet,所以 Clock 必须是 Applet 类的子类,而要模拟时钟的走时,又要用到用户的线程,所以只有采用实现 Runnable 接口的方法。程序结构如图 7.7 所示,运行效果如图 7.8 所示。

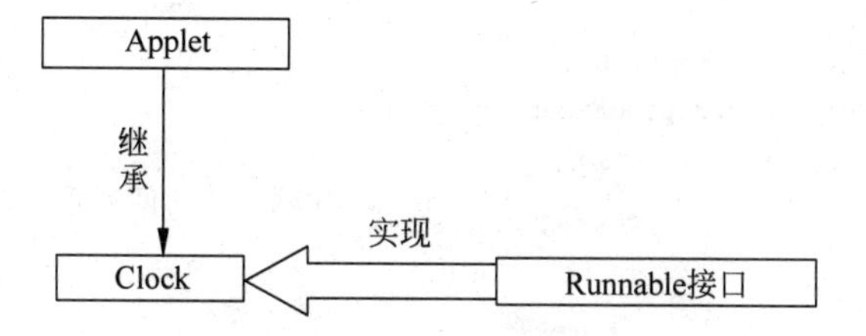

图 7.7 例 7.5 类结构图

图 7.8 例 7.5 的运行效果

例 7.5 模拟时钟的 Java Applet 程序 Clock.java。

```
import java.util.*;
import java.awt.*;
import java.applet.*;
import java.text.*;
public class Clock extends Applet implements Runnable {
    private volatile Thread timer;              //用来显示时间的子线程
    private SimpleDateFormat formatter;         //用于格式化显示的时间
    private String lastdate;                    //用于显示时间的字符串
    private Date currentDate;                   //时间对象
    public void init() {                        //用户 Applet 的初始化
        formatter = new SimpleDateFormat("EEE MMM dd hh:mm:ss yyyy",
        Locale.getDefault());
        currentDate = new Date();
        lastdate = formatter.format(currentDate);
        currentDate = null;
        resize(300,50);                         //设置窗体的大小
    }
    public void paint(Graphics g) {             //重绘窗体的 paint 方法
        currentDate = new Date();
        formatter.applyPattern("EEE MMM dd HH:mm:ss yyyy");
        lastdate = formatter.format(currentDate);
    g.drawString(lastdate, 5, 30);
        currentDate = null;
     }
    public void start() {                       //时钟线程的启动
        timer = new Thread(this);               //用当前对象为参数创建线程
        timer.start();
    }
    public void stop() {                        //时钟线程的灭亡
        timer = null;
    }
    public void run() {                         //时钟线程的操作
        Thread me = Thread.currentThread();
        while (timer == me) {
```

```
                try {
                    Thread.sleep(100);
                } catch (InterruptedException e) {
                }
                repaint();                          //休眠一段时间后重绘窗体
            }
        }
    }
```

这个程序定义了一个 Applet 的子类 Clock，这个 Clock 类实现了 Runnable 接口用来实现多线程：

```
public class Clock extends Applet implements Runnable
```

在程序中定义了用户的子线程 timer，用于模拟时间，这个子线程的创建用了实现了 Runnable 接口的子类 Clock 的当前对象为参数，这是 Java 多态的一种：

```
timer = new Thread(this);
```

程序中设计了子线程的 run()函数，用来完成时间的模拟。在 run()方法中，线程每休眠 0.1s 就用 repaint()方法重绘 Applet 的窗体：

```
Thread.currentThread().sleep(100);
```

而 Clock 类中的 paint()方法用来完成获取当前时间，绘制新时间值，每隔一段时间由用户线程 timer 来重做这些事情，这样就可以看到不断走动的时钟。

7.4 线程池

在实际的开发中，Java 的应用程序或者应用服务器都往往要处理大量短小的任务，构建服务器应用程序的一个简单的模型就可以是：每当一个请求到达就创建一个新线程，然后在新线程中完成请求的任务。实际上，这个方法有很明显的不足。每个请求对应一个线程方法的不足是：为每个请求创建一个新线程的开销很大，为每个请求创建新线程的服务器在创建和销毁线程上花费的时间和消耗的系统资源要比花在处理实际的用户请求的时间和资源更多；除了创建和销毁线程的开销之外，活动的线程也消耗系统资源，在一个 Java 虚拟机里创建太多的线程可能会导致系统由于过度消耗内存而运行效率降低。

线程池为线程生命周期开销问题和资源不足问题提供了解决方案。通过对多个任务重用线程，线程创建的开销被分摊到了多个任务上。其好处是，因为在请求到达时线程已经存在，所以无意中也消除了线程创建所带来的延迟。这样，就可以立即为请求服务，使应用程序响应更快。而且，通过适当地调整线程池中的线程数目，也就是当请求的数目超过某个阈值时，就强制其他任何新到的请求一直等待，直到获得一个线程来处理为止，从而可以防止资源不足。

通过 Java 5 中新引进的 Java.util.concurrent 包中定义的 Executor 接口可以方便地实现线程池。Executor 接口提供了一个类似于线程池的管理工具。用于只需要向 Executor 中提交实现了 Runnable 接口的对象，剩下的启动线程等工作，都会有对应的实现类来完成。

在程序中只要创建一个 Executor，然后调用 Executor 的 execute()方法就可以启动线程，结束线程调用 Executor 的 shutdown()方法。常用的创建线程池的方法如下两个：

- Executors. newSingleThreadExecutor()；

这个方法为 Executors 类中的静态方法，创建一个支持单个线程的线程池。

- Executors. newFixedThreadPool(int size)；

这个方法为 Executors 类中的静态方法，创建一个具有固定线程个数的线程池，其中参数 size 确定线程的个数。

例 7.6 是一个使用 Executor 接口的子接口 ExecutorService 创建线程池的例子，ExecutorService 接口不仅可以创建线程池，还可以追踪线程池中线程的执行状态，本例中创建了 2 个线程的线程池，测试程序中共启动了 4 个线程，当前 2 个线程运行时候，其他线程只能等待，只有线程池中的线程结束运行后，其他的线程才能被线程池启动。

例 7.6 线程池测试程序 ETest. java。

```
import java.util.concurrent. * ;
class ETask implements Runnable{
        private int id = 0;
        public ETask(int id){
            this.id = id;
        }
        public void run(){                          //单个线程的任务
            try{
                System.out.println(id + " Start");
                Thread.sleep(1000);
                System.out.println(id + " Do");
                Thread.sleep(1000);
                System.out.println(id + " Exit");
            }catch (Exception e){
                 e.printStackTrace();
            }
        }
}
    public class ETest{
        public static void main(String[ ] args){
            ExecutorService executor = Executors.newFixedThreadPool(2);
        //通过定义 Executor 的子接口 ExecutorService 来创建两个线程的线程池
              for (int i = 1;i <= 4;i++){
                  Runnable r = new ETask(i);
                  executor.execute(r);  //利用线程池启动线程
                  try{
                      Thread.sleep(500);
                  }catch (Exception e){
                      e.printStackTrace();
                  }
              }
              executor.shutdown();
        }
}
```

程序的运行效果如图 7.9 所示。

```
Problems Javadoc Declaration Console
<terminated> ETest [Java Application] D:\java\jdk1.5.0\bin\javaw.exe (Dec 26, 2006 12:32:36 AM)
1 Start
2 Start
1 Do
2 Do
1 Exit
3 Start
2 Exit
4 Start
3 Do
4 Do
3 Exit
4 Exit
```

图 7.9 线程池模拟程序运行效果

7.5 线程的同步

7.5.1 多线程的不同步

在多线程的程序中，当多个线程并发执行时，虽然各个线程中的语句(或指令)的执行顺序是确定的，但线程的相对执行顺序是不确定的。如有 A、B 两个线程，A 线程先执行 A1、后执行 A2，B 线程先执行 B1、后执行 B2，当这两个线程并发执行时，可能会出现如下执行顺序之一：

A1-A2-B1-B2，

A1-B1-A2-B2，

A1-B1-B2-A2，

B1-A1-A2-B2，

B1-A1-B2-A2，

B1-B2-A1-A2。

当多个并发线程需要共享程序的代码区域和数据区域时，由于各线程的执行顺序是不确定的，因此执行的结果就带有不确定性。

例 7.7 用多用户程序模拟存款过程 DepositTest.java。

```
public class DepositTest{
public static void main(String args[]){
        DepositThread first,second;                          //两个存款线程
        Account myAccount = new Account(3000);
        first = new DepositThread("this first thread",myAccount,2000);
        second = new DepositThread("the second thread",myAccount,1500);
        System.out.println("the account now is" + myAccount.get());
        first.start();
        second.start();                                      //两个存款线程分别启动
        try{
          first.join();                                      //等候此线程中止运行
          second.join();
```

```
        }
        catch (Exception e){
          System.out.println(e.toString());
        }
        System.out.println("the account after two thrad is " + myAccount.get());
     }
}
class Account{                                              //用户的账户类
int currentaccount;
public Account(int currentaccount){
        this.currentaccount = currentaccount;
    }
public int get(){
       return this.currentaccount;
    }
public int get(String threadName){                          //取存款余额等待时间是 5s
        System.out.println(threadName + "try to get...");
        try{
          Thread.sleep(5000);
        }
        catch (Exception e){}
        System.out.println(threadName + "get the account" + currentaccount);
        return currentaccount;
    }
    public void set(String threadName, int newaccount){     //设置新的存款余额,时间也是 5s
        System.out.println(threadName + "try to set...");
        try{
          Thread.sleep(5000);
        }
        catch (Exception e){}
        currentaccount = newaccount;
        System.out.println(threadName + "set the account" + currentaccount);
    }
public void deposit(String threadName, int amount){         //完成一次存款操作
        System.out.println(threadName + "begin to deposit" + amount);
        set(threadName, get(threadName) + amount);
    }
}
class DepositThread extends Thread{                         //用户的线程类
    String name;
    Account myAccount;
    int amount;
    public DepositThread(String name, Account myAccount, int amount){
      this.name = name;
      this.myAccount = myAccount;
      this.amount = amount;
}
public void run(){
      myAccount.deposit(name, amount);
}
}
```

程序的运行结果如图 7.10 所示。

```
Problems Javadoc Declaration Console
<terminated> DepositTest [Java Application] D:\java\jdk1.5.0\bin\javaw.exe (Dec 26, 2006 12:34:43 AM)
the account now is3000
this first threadbegin to deposit2000
this first threadtry to get...
the second threadbegin to deposit1500
the second threadtry to get...
this first threadget the account3000
this first threadtry to set...
the second threadget the account3000
the second threadtry to set...
this first threadset the account5000
the second threadset the account4500
the account after two thrad is 4500
```

图 7.10　例 7.7 的运行效果

很显然，这个结果是不正确的。错误的原因是：在实际的存款业务中，对同一账户的两笔存款是互斥的，即只有当一笔存款结束以后，才能在其基础上进行另一笔存款；而上面的程序中两笔存款是交替进行的，它们所取得的存款余额都是最初的 3000，并分别对该余额进行操作，所以得到了结果是 4500 元的情况，显然是错误的。

这是由于多线程的程序线程不同步造成的问题，因此，对上面的程序必须做这样的处理：当一个线程正在进行存款时，其他线程不能进行取余额和设置新余额的操作；而只有当该线程的存款工作结束后，其他线程才能在其基础上进行操作，这就是临界区和线程的同步问题。

7.5.2　临界区和线程的同步

为了解决这种问题（错误），Java 为用户提供了“锁”的机制来实现线程的同步。锁的机制要求每个线程在进入共享代码之前都要取得锁，否则不能进入；而退出共享代码之前则释放该锁，这样就防止了几个或多个线程竞争共享代码的情况，从而解决了线程不同步的问题。即在运行共享代码时最多只有一个线程进入，也就是所谓的垄断。在多线程程序设计中，我们将程序中那些不能被多个线程并发执行的代码段称为临界区。当某个线程已处于临界区时，其他的线程就不允许再进入临界区。锁机制的实现方法，则是在共享代码之前加入 synchronized 段，把共享代码包含在 synchronized 段中，格式如下：

```
synchronized[(objectname)]  statement
```

其中，objectname 用于指出该临界区的监控对象，是可选项；statement 为临界区，它既可以是一个方法，称为同步方法，也可以是一段程序代码，称为同步语句块。例如，下列语句定义了一个同步方法 method1()：

```
synchronized int method1(){
…
}
```

在一个对象中，可以定义多个同步方法或同步语句块，它们共同组成该对象的临界区。对于每一个对象，系统都为其设定了一个监控器。这个监控器类似于一把锁，该锁只有一把钥匙，当有一个线程进入临界区时，系统将给临界区上锁，并将钥匙交给该线程，这样其他线程将不能进入临界区,直至进入临界区的线程退出或以其他方式放弃临界区后,其他线程才有可能被调度进入临界区。

在定义同步语句块时,应该显式地指出监控该同步语句块的对象,例如:

```
int method1(){
    synchronized(this){
…
}
}
```

可见,在方法 method1()中定义了一个同步语句块,并设定该语句块的监控对象为当前对象。当然,监控对象也可以设为其他对象,这时就可以实现不同类或对象之间的同步。

由于过多的 synchronized 段将会影响程序的运行效率,因此往往通过引入同步方法的方法来解决线程同步的问题。

关于线程同步,需注意以下两个问题:

(1) 无同步问题,即由于两个或多个线程在进入共享代码前,得到了不同的锁而都进入共享代码而造成。

(2) 死锁问题,即由于两个或多个线程都无法得到相应的锁而造成的两个线程都等待的现象。这种现象主要是因为相互嵌套的 synchronized 代码段而造成,因此,在程序中尽可能少用嵌套的 synchronized 代码段是防止线程死锁的好方法。

有了临界区和同步的概念,就可以改写上述的银行存款程序。只需将 Account 类的 deposit()方法说明为同步方法就可以了:

```
public synchronized void deposit(String threadName, int amount){
…
}
```

其他地方不变,则运行结果如图 7.11 所示。从运行结果中可以看出,引入了同步方法之后,这两个线程是轮流独占临界区资源,它们是轮流工作;当第一个线程在做存款工作时,第二个线程只能等待,直到第一个线程完成工作,第二个线程才开始工作。这样最后得到的结果也不会错误了,从图中也可以看出最后得到了 6500 元的正确结果。由此可见线程同步在多线程程序设计中的重要性。

```
Problems | Javadoc | Declaration | Console
<terminated> DepositTestRight [Java Application] D:\java\jdk1.5.0\bin\javaw.exe (Dec 26, 2006 12:40:01 AM)
the account now is3000
this first threadbegin to deposit2000
this first threadtry to get...
this first threadget the account3000
this first threadtry to set...
this first threadset the account5000
the second threadbegin to deposit1500
the second threadtry to get...
the second threadget the account5000
the second threadtry to set...
the second threadset the account6500
the account after two thrad is 6500
```

图 7.11　引入了同步方法的例 7.7 运行结果

7.5.3 wait()方法和 notify()方法

有时，当某一个线程进入同步方法后，共享变量并不满足它所需要的状态，该线程需要等待其他线程将共享变量改为它所需要的状态后才能往下执行。由于此时其他线程无法进入临界区，所以就需要该线程放弃监控器，并返回到排队状态等待其他线程交回监控器。下面讲到的“生产者-消费者”问题就是一类典型的问题。为此，Java 语言中引入了 wait()方法和 notify()方法。

1. wait()方法

wait()方法用于使当前线程放弃临界区而处于睡眠状态，直到有另一线程调用 notify()方法将它唤醒或睡眠时间已到为止，其格式如下：

```
wait();
wait(millis);
```

其中 millis 是睡眠时间。

2. notify()方法

notify()方法用于将处于睡眠状态的某个等待当前对象监控器的线程唤醒。如果有多个这样的线程，则按照先进先出的原则唤醒第一个线程。Object 类中还提供了另一个方法 notifyAll()，用于唤醒所有因调用 wait()方法而睡眠的线程。

7.5.4 生产者-消费者问题

通常，把系统中使用某类资源的线程称为“消费者”，产生或释放同类资源的线程称为“生产者”。下面举一个线程同步的典型例子：“生产者-消费者”问题。

在“生产者-消费者”问题中，“生产者”不断生产产品并将其放在产品队列中，而“消费者”则不断从产品队列中取出产品。这里用两个线程模拟“生产者”和“消费者”，用一个数据对象模拟产品。生产者在一个循环中不断生产了从 A～Z 的共享数据，而消费者则不断地消费生产者生产的 A～Z 的共享数据。前面已经说过，在这一对关系中，必须先有生产者生产，才能有消费者消费。但如果运行上面这个程序，结果却出现了在生产者没有生产之前，消费都就已经开始消费了或者是生产者生产了却未能被消费者消费这种反常现象。为了解决这一问题，引入了等待通知(wait/notify)机制：

- 在生产者没有生产之前，通知消费者等待；在生产者生产之后，马上通知消费者消费。
- 在消费者消费了之后，通知生产者已经消费完，需要生产。

例 7.8 加入了 wait/notify 机制的“生产者-消费者”问题 Test.java。

```
public class Test{
    public static void main(String argv[ ]){
        ShareData s = new ShareData();
        new Consumer(s).start();
```

```
        new Producer(s).start();
    }
}
class ShareData{
    private char c;
    private boolean writeable = true;        //通知变量
    public synchronized void setShareChar(char c){
        if (!writeable){
            try{                             //未消费等待
                wait();
            }catch (InterruptedException e){}
        }
        this.c = c;                          //标记已经生产
        writeable = false;
        notify();                            //通知消费者已经生产,可以消费
    }
    public synchronized char getShareChar(){
        if (writeable){
            try{                             //未生产等待
                wait();
            }catch (InterruptedException e){}
        }
        writeable = true;                    //标记已经消费
        notify();                            //通知需要生产
        return this.c;
    }
}
class Producer extends Thread{               //生产者线程
    private ShareData s;
    Producer(ShareData s){
        this.s = s;
    }
    public void run(){
        for (char ch = 'A'; ch <= 'Z'; ch++){
            try{
            Thread.sleep((int)Math.random() * 400);
            }catch (InterruptedException e){}
            s.setShareChar(ch);
            System.out.println(ch + " producer by producer.");
        }
    }
}
class Consumer extends Thread{               //消费者线程
    private ShareData s;
    Consumer(ShareData s){
        this.s = s;
    }
    public void run(){
        char ch;
        do{
            try{
```

```
            Thread.sleep((int)Math.random() * 400);
            }catch (InterruptedException e){}
            ch = s.getShareChar();
            System.out.println(ch + " consumer by consumer. ** ");
        }while (ch != 'Z');
    }
}
```

运行结果如图 7.12 所示。

```
Problems Javadoc Declaration Console
<terminated> Test [Java Application] D:\java\jdk1.5.0\bin\javaw.exe (Dec 26, 2006 12:41:15 AM)
A consumer by consumer.**
A producer by producer.
B consumer by consumer.**
B producer by producer.
C consumer by consumer.**
C producer by producer.
D consumer by consumer.**
D producer by producer.
E consumer by consumer.**
E producer by producer.
```

图 7.12 例 7.8 的运行结果

在以上程序中,设置了一个通知变量,每次在生产者生产和消费者消费之前,都测试通知变量,检查是否可以生产或消费。最开始设置通知变量为 true,表示还未生产,在这时候,消费者需要消费,于是修改了通知变量,调用 notify()发出通知。这时由于生产者得到通知,生产出第一个产品,修改通知变量,向消费者发出通知。这时如果生产者想要继续生产,但因为检测到通知变量为 false,得知消费者还没有消费,所以调用 wait()进入等待状态。因此,最后的结果,是生产者每生产一个,就通知消费者消费一个;消费者每消费一个,就通知生产者生产一个,所以不会出现未生产就消费或生产过剩的情况。

7.5.5 死锁

死锁是指两个或多个线程无休止地互相等待对方释放所占据资源的过程。错误的同步往往会引起死锁。为了防止死锁,在进行多线程程序设计时必须遵循如下原则:

- 在指定的任务真正需要并发时,才采用多线程来进行程序设计。
- 在对象的同步方法中需要调用其他同步方法时必须小心。
- 在临界区中的时间应尽可能短,需要长时间运行的任务尽量不要放在临界区中。

7.6 本章小结

(1) 进程是程序的一次动态执行过程,这个过程也是进程从产生、发展到消亡的过程。线程是比进程更小的执行单位。一个进程在其执行过程中,可以产生多个线程,形成多条执行线索。每条线索,即每个线程也有它自身的产生、存在和消亡的过程,是一个动态的概念。

(2) Java 语言使用 Thread 类及其子类对象来表示线程,新建设的线程在它的一个完整的生命周期中通常要经历如下的 5 种状态:新建、就绪、运行、阻塞及死亡。

(3) 线程调度与优先级:多线程系统会给每个线程自动分配一个线程的优先级,任务较紧急重要的线程,其优先级就较高；相反则较低。在线程排队时,优先级高的线程可以排在较前的位置,能优先享用到处理器资源；而优先级较低的线程则只能等到排在它前面的高优先级线程执行完毕之后才能获得处理器资源。对于优先级相同的线程,则遵循队列的“先进先出”的原则。

当一个在就绪队列中排队的线程被分配到处理器资源而进入运行状态之后,这个线程就称为是被“调度”或线程调度管理器选中了。线程调度管理器负责线程排队和处理器在线程间的分配,一般都有一个精心设计的线程调度算法。在Java系统中,线程调度采用优先级基础上的“先到先服务”原则。

(4) Java中编程实现多线程应用有两种途径：一种是创建用户自己的线程子类,另一种是在用户自己的类中实现Runnable接口。

(5) 在程序中实现多线程并发程序有两个途径：一是创建Thread类的子类；另一个是实现Runnable接口。无论采用哪种方式,程序员可以控制的关键性操作有两个：

- 定义用户线程的操作,即定义用户线程中的run()方法。
- 在适当的时候建立用户线程并用start()方法启动线程,如果需要,还要在适当的时候休眠或挂起线程。

(6) 线程池为线程生命周期开销问题和资源不足问题提供了解决方案。通过Java 5中新引进的Java.util.concurrent包中定义的Executor接口可以方便地实现线程池。在程序中只要创建一个Executor然后调用Executor的execute()方法就可以启动线程,结束线程调用Executor的shutdown()方法。常用的创建线程池的方法有如下两个：

- Executors.newSingleThreadExecutor();

这个方法为Executors类中的静态方法,创建一个支持单个线程的线程池。

- Executors.newFixedThreadPool(int size);

这个方法为Executors类中的静态方法,创建一个可重用固定线程数的线程池,以共享的无界队列方式来运行这些线程。在任意点,在大多数size线程处于处理任务的活动状态时,如果提交附加任务,则在有可用线程之前,附加任务将在队列中等待。如果在关闭前后执行期间由于失败而导致任何线程终止,那么一个新线程将代替它执行后续的任务(如果需要)。在某个线程被显式地关闭之前,池中的线程将一直存在。

(7) Java为用户提供了“锁”的机制来实现线程的同步。锁的机制要求每个线程在进入共享代码之前都要取得锁,否则不能进入；而退出共享代码之前则释放该锁,这样就防止了几个或多个线程竞争共享代码的情况,从而解决了线程不同步的问题。锁机制的实现方法,则是在共享代码之前加入synchronized段,把共享代码包含在synchronized段中,格式如下：

```
synchronized[(objectname)]  statement
```

关于线程同步,需注意以下两个问题：

- 无同步问题,即由于两个或多个线程在进入共享代码前,得到了不同的锁而都进入共享代码而造成。
- 死锁问题,即由于两个或多个线程都无法得到相应的锁而造成的两个线程都等待的现象。这种现象主要是因为相互嵌套的synchronized代码段而造成,因此,在程序中尽可能少用嵌套的synchronized代码段是防止线程死锁的好方法。

第8章 输入输出与文件的读写

本章学习目标

- 了解输入输出流的概念。
- 熟练掌握文件的读写。
- 熟练掌握 File 类及其方法的使用。
- 了解对象序列化。

本章首先向读者介绍了输入输出流的基本概念,然后介绍各种流的使用,以文件流为例介绍如何读写文件,最后介绍对象序列化相关知识及使用方法。

8.1 输入输出流

8.1.1 I/O 流的基本概念

Java 语言中数据在计算机各部件之间的移动称为流,一个流就是一个从源流向目的地的数据序列。按流的流动方向,可分为输入流和输出流,输入是指数据流入程序,输出是指数据从程序流出。输入流将数据从外部设备或者外存(如键盘、鼠标、文件等)传递到程序中,输出流将程序产生的数据输出到外部设备或外存(如显示器、打印机、文件、网络等)。

从数据源获取信息,程序打开一个输入流,这个输入流在数据源与程序之间建立连接,程序可以从输入流读取信息,如图 8.1 所示。

图 8.1　输入流

当程序需要向目标位置写信息时,需要打开一个输出流,这个输出流使得程序与输出目标之间建立连接,程序通过输出流向这个目标位置写信息,如图 8.2 所示。

图 8.2　输出流

Java 语言中的所有输入和输出操作都是通过 I/O 包中的一些流类的方法来实现的。数据流入程序通常称为读数据，数据流出程序通常称为写数据。无论数据从哪里来，到哪去，也无论数据的类型是什么，读写数据的方法大体都是一样的，具体如表 8.1 所示。

表 8.1 顺序读写数据的方法

读 数 据	写 数 据
打开一个流	打开一个流
读信息	读信息
关闭流	关闭流

I/O 流类一旦被创建就会自动打开，之后根据程序的具体需要完成数据的读写，读写完成之后通过调用 close 方法，可以显式关闭任何一个流，如果流对象不再被引用，Java 的垃圾回收机制也会隐式地关闭它。

8.1.2 常见的 I/O 流类

为了方便流的处理，Java 语言的流类都封装在 java.io 包中，要使用这些流类，必须导入 java.io 包。包中的每一个类都代表了一种特定的输入或输出流。这些流完成了各种不同的功能，用户通过输入流和输出流类，将各种数据包括文字、图像、声音、视频等均视为流来处理，这使得 Java 程序对于数据的读写更为一致。

从不同的应用角度来看，输入输出流可以按以下几个方面进行分类：

- 从流的方向来划分，

(1) 输入流。

(2) 输出流。

- 从流的分工来划分，

(1) 节点流。

(2) 处理流。

- 从流的内容来划分，

(1) 字符流。

(2) 字节流。

一个流既可以是面向字符的输入流，同时又属于处理流。不仅如此，不同流之间连接在一起的方法也很多，因此 Java 程序中的 I/O 流操作是比较复杂的，需要读者仔细明辨。本节将对其中的一些概念做简单的分辨，本章后序内容将按若干个操作专题来介绍常用的输入输出方法。

1. java.io 包的等级层次结构

按照流的内容来划分，Java 中的流分为字符流和字节流。java.io 包中顶层类包含这两种类型，具体如图 8.3 所示。

从图 8.3 可以看出，java.io 包中的类首先被划分为字节流和字符流。字符流是专门用于字符数据的，最常见的就是处理文本文档。字节流可面对一般目的的输入输出，比如图片声音等二进制信息。当然从根本上说，所有的数据都是由 8 位二进制字节组成，所有的流都可以被称为“字节流”，都可以当作字节流来处理。

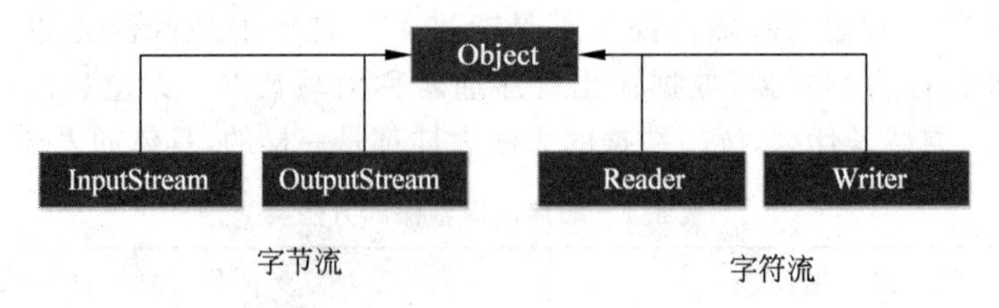

图 8.3　java.io 包的顶层层次结构图

2. 字符流

Unicode(统一码、万国码、单一码)是计算机科学领域的一项业界标准,是国际组织制定的可以容纳世界上所有文字和符号的字符编码方案。Java 中的字符使用的是 16 位的 Unicode 编码,这种编码每个字符占两个字节,即 16 位。Java 语言通过 Unicode 编码保证了其跨平台的特性。

字符流是通过字符的特点进行优化的,提供一些面向字符的有用特性,字符流可以实现 Java 内部文件格式和文本文件、显示输出、键盘输入等外部文件之间的格式转换。字符流的数据源和目标通常都是文本文件。

如图 8.3 所示,java.io 包中包含两个顶级字符流抽象基类：Reader 和 Writer。Reader 提供了输入字符的 API 以及其部分实现,Writer 提供了输出字符的 API 及其部分实现。它们的子类又可以分为两个大类：一部分用来从数据源读取数据或往目的地输出数据的,我们称之为节点流；另一类是对数据执行某种处理的,我们称之为处理流。图 8.4 为字符流类的结构图,其中有阴影的为节点流,无阴影的为处理流。

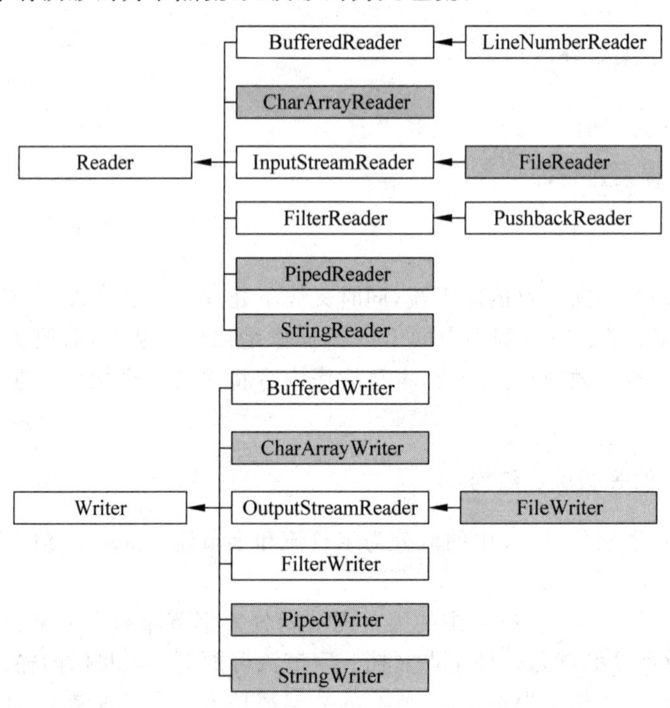

图 8.4　字符流类的结构图

Reader 和 Writer 常用方法如表 8.2 和表 8.3 所示。

表 8.2 Reader 类的常用方法

方法名称	功能
public abstract void close()	关闭输入流
public int read()	读单个字符
public int read(char[] cbuf)	将内容读到字符数组中,返回读入的长度

表 8.3 Writer 类的常用方法

方法名称	功能
public abstract void close()	关闭输出流
public void write(String str)	将字符串输出
public void write(char[] cbuf)	将字符数组输出
public abstract void flush()	强制清空缓存

Reader 和 Writer 是抽象类,因此绝大多数程序使用这两个类的一系列子类来读写文本信息,例如最常用的文件读写使用的是 FileReader 和 FileWriter 这两个子类。下面通过两个例子完成字符流的读写。例 8.1 向文件中写数据,例 8.2 将例 8.1 写入的数据从文件中读出,并显示在屏幕上。

例 8.1 向文件中写数据。

```
import java.io.*;
public class WriterExample{
    public static void main(String[] args) throws IOException{
            Writer out = new FileWriter("c:\\test.txt");
//定义一个输出对象 out 关联文件为 c:\test.txt,这里使用子类 FileWriter 实例化父类 Writer 对象
        String str = "This is the test of Writer and Reader!";
        out.write(str);
        out.close();
    }
}
```

运行例 8.1,查看 c:\test.txt 文件,发现字符串"This is the test of Writer and Reader!"已被写入到文件中。接下来通过例 8.2 将这个文件内容读出。

例 8.2 从文件中读数据。

```
import java.io.*;
public class ReaderExample{
    public static void main(String[] args) throws IOException{
        //TODO Auto-generated method stub
        Reader in = new FileReader("c:\\test.txt");
        //定义一个输入对象 in,关联文件为 c:\test.txt,这里使用子类 FileReader 实例化父类
        //Reader 对象
        char c[] = new char[1024];
        int len = in.read(c);
        in.close();
        System.out.println("内容为: " + new String(c, 0, len));
```

```
            //把 char 数组转换为 len 长度的字符串输出
        }
    }
```

运行例 8.2,可以看到已经读取了 c:\test.txt 文件,并将其显示到屏幕上了。其中,“new String(c,0,len);”是将字符数组 c 转换为一个长度为 len 的字符串对象。

3. 字节流

计算机中的数据只有少部分是文本数据,世界上的文本文件大约只占所有数据文件中的 2%。大多数情况下,流中的数据源和目的地中的数据是非字符型数据,比如图片、声音、图像、Java 的字节码文件等,并且这些数据大多是被存储为二进制文件的,这些二进制信息不能被解释器解释成字符,必须用字节流来处理输入和输出。二进制文件的数据输入输出速度要远远高于其转换字符后的输出,而且通常情况下,二进制文件要比含有相同数据量的文本文件小得多,因此字节流通常要比字符流更加高效,更加通用。

如图 8.3 所示,java.io 包中包含两个顶级字节流抽象基类 InputStream 和 OutputStream,程序中使用这两个类的子类来读写 8 位的字节信息。类似于字符流,字节流 InputStream 和 OutputStream 的子类也可以分为两个部分:节点流和处理流,图 8.5 为字节流类的结构图,其中有阴影的为节点流,无阴影的为处理流。

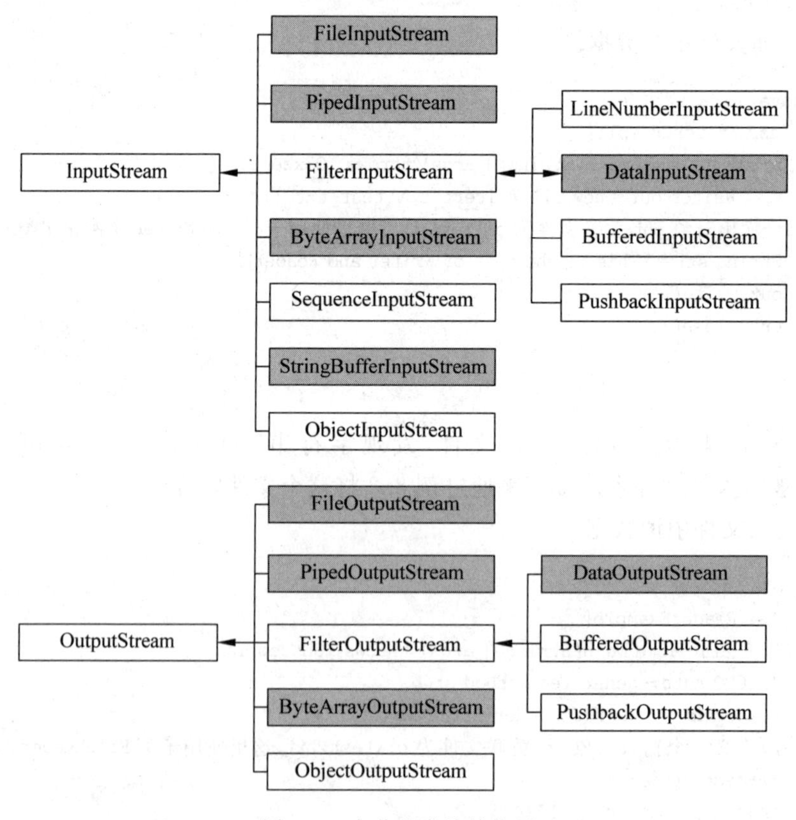

图 8.5 字节流类的结构图

InputStream 和 OutputStream 中的主要操作方法如表 8.4 和表 8.5 所示。

表 8.4 InputStream 类的常用方法

方法名称	功能
public abstract void close()	关闭输入流
public abstract int read()	读取内容,以数字的方式读入
public int read(byte[] b)	将内容读到 byte 数组中,返回读入的个数
public int available()	取得输入文件的大小

表 8.5 OutputStream 类的常用方法

方法名称	功能
public abstract void close()	关闭输出流
public void write(int b)	将一个字节数据写入输出流
public void write(byte[] b)	将 byte 数组写入输出流
public void write(byte[] b int off,int len)	将指定范围内的 byte 数组写入输出流
public abstract void flush()	强制清空缓存

InputStream 和 OutputStream 是两个抽象类,使用这两个类需要通过其子类来实例化对象,对于文件操作我们使用 FileInputStream 和 FileOutputStream,向上转型后为 InputStream 和 OutputStream 实例化,例 8.3 向文件中写字节数据,例 8.4 将例 8.3 写入的数据从文件中读出,并显示在屏幕上。

例 8.3 向文件中写字节流数据。

```
import java.io.*;
public class OutputStreamExample{
    public static void main(String[] args) throws IOException{
    OutputStream out = new FileOutputStream("c:\\test.txt");
    //定义一个输出对象 out,关联文件为 c:\test.txt,这里使用子类 FileOutputStream 实例化父
类 OutputStream 对象
    String str = "This is the Example of OutputStream and InputStream!!";
    byte b[] = str.getBytes();    //将字符串转换为字节数组
    out.write(b);
    out.close();
    }
}
```

例 8.4 从文件中读出字节流数据显示在屏幕上。

```
import java.io.*;
public class InputStreamExample{
    public static void main(String[] args) throws IOException{
        InputStream in = new FileInputStream("c:\\test.txt");
//输入对象 in,关联文件为 c:\test.txt,这里使用子类 FileInputStream 实例化父类 InputStream
        byte b[] = new byte[1024];  //定义一个字节数组
        in.read(b);
        in.close();
        System.out.println("内容为: " + new String(b));
    }
}
```

4. 标准的输入输出

当Java程序与外部设备进行数据交换时，需要创建一个输入或输出流对象，完成与外部设备的连接。例如Java程序读写文件时，需要创建文件输入或者文件输出类的对象，完成外部设备的连接，如下面代码创建了文件输出对象。

```
OutputStream out = new FileOutputStream("c:\\test.txt");
```

但当程序对应的是标准设备输入输出操作时，则不需要再创建对象，直接使用这些内置的标准输入输出流对象即可。Java中提供了3个标准输入输出流对象，它们都是System类的静态成员变量，具体如下：

- 标准的输入System.in。
- 标准的输出System.out。
- 标准的错误输出System.err。

1）System.in

System.in是InputStream类型的，代表标准输入流，这个流是已经打开了的，默认状态对应于键盘输入。当程序中需要从键盘输入数据的时候，只需要调用System.in的read()方法即可。执行System.in.read()方法将从键盘缓冲区读取一个字节的数据，但该方法返回的是一个32位的整型变量。例如，下面的语句段等待用户输入一个数据后，才继续往下执行，达到暂时保留屏幕内容的目的。

```
System.out.println("按任意键继续……");
        try{
            char test = (char)System.in.read();
        }catch (IOException e){
            //处理异常代码
    }
```

但为了方便System.in的使用，通常需要通过包装处理流进行封装处理，这样就可以调用一些处理流的方法。如：

```
BufferedReader in = new BufferedReader(new InputStreamReader(System.in));
in.readLine();
```

readline()为读取一行数据，这是缓冲流BufferedReader类的方法。

2）System.out

System.out是PrintStream类型的，代表标准输出流，默认状态对应于屏幕输出。PrintStream是过滤输出流类FilterOutputStream的一个子类，其中定义了向屏幕输送不同类型数据的方法print()和println()，print()方法的作用是向屏幕输出其参数指定的变量或对象，println()方法输出后对象后附带一个回车。print()与println()有多种重载形式，以println()为例，概括起来可以表示为

```
public void println(不同类型变量或对象)
```

不同的类型变量和对象包括boolean、double、float、int、long类型变量以及Object类的对象。由于Java中规定子类对象可以作为实际参数与父类对象的形式参数匹配，而Object

类又是所有 Java 类的父类，所以 println()实际上可以通过重载实现所有类对象的屏幕输出。例 8.5 实现了通过标准的输入设备 System.in 进行输入，通过标准的输出设备 System.out 进行输出。

例 8.5 从键盘上读入信息，并在显示器上显示。

```
import java.io.*;
public class TestSystemIn{
    public static void main(String[] args) {
        try {
            BufferedReader in =
new BufferedReader(new InputStreamReader(System.in));
            String s;
            while ((s = in.readLine()).length() != 0)
                System.out.println(s);
        } catch (IOException e) {
            System.out.println("IO 错误……");
        }
    }
}
```

程序运行输入"Hello World!!"，按回车键，程序退出，输出结果如图 8.6 所示。

```
Hello World!!
Hello World!!
```

图 8.6 标准输出结果

3) System.err

System.err 是 PrintStream 类型的，代表标准错误信息输出流，默认状态对应于屏幕输出。将信息输出到 err 流并显示在屏幕上，以方便用户使用和调试程序。

4) 重定向标准流

可以通过 System 类的重导向函数进行重新指定：

- setIn(InputStream)指定新的标准输入流。
- setOut(PrintStream)指定新的标准输出流。
- setErr(PrintStream)指定新的标准错误输出流。

例 8.6 System.out 输出重定向。

```
import java.io.*;
public class SetOutExample{
    public static void main(String[] args) throws IOException{
        FileOutputStream f = new FileOutputStream("c:\\Info.txt");
        PrintStream pf = new PrintStream(f);
        System.setOut(pf);   //重定向输出流到对象 pf 中
        System.out.println("这是输出信息.");
        System.out.println("经过重定向后,输出信息输出到文件中.");
    }
}
```

经过重定向后，读者会发现输出信息输出到文件中 Info.txt 中，而不是在屏幕显示，这说明默认的标准输出流已经被改变，不再是屏幕，而是 Info.txt 这个文件。

5. 节点流与处理流

按照流是否与数据源和目的地直接连接，可将流分为节点流和处理流。图 8.4 和图 8.5 中有阴影的为节点流，无阴影的为处理流。节点流可以从或向一个特定的外设或内存读写数据，而处理流是对一个已存在的流的连接和封装，通过对所封装的流的功能调用，实现数据读写功能，处理流又称为过滤流。

如例 8.5 中所看到的 InputStreamReader 和 BufferedReader 都属于"处理流"。处理流不直接与数据源目的地链接，而是与另外的流进行配合，对数据进行某种处理，例如 BufferedReader 对另外一个流的数据进行缓冲。

我们对数据流的每次操作都是以字节为单位的，可以向输入流写入一个字节，或者从输出流读取一个字节，如 read()方法。显然这样数据传输效率很低，为了提高数据传输效率，通常使用缓冲流为每一个流配一个缓冲区(Buffer)，这个缓冲区就是专门用于传送数据的一块内存。当通过一个缓冲流读取数据时，系统实际是从缓冲区中读取数据，可以使用较高级的方法，如 readLine()整行读取。当缓冲区空时，系统就会从相关外部设备自动读取数据，并读取尽可能多的数据填满缓冲区。缓冲区因此提高了内存与外部设备之间的数据传输效率。图 8.7 展示了处理流 BufferedReader 与节点流 FileReader 的关系。

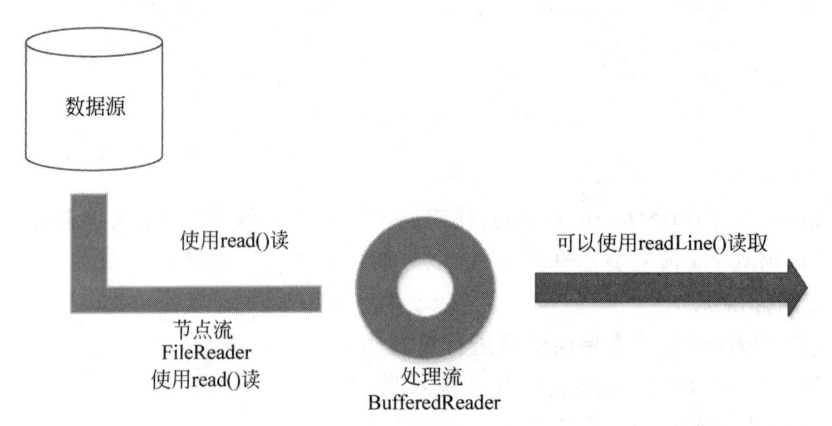

图 8.7 处理流 BufferedReader 与节点流 FileReader 的关系

处理流的构造方法总是要带一个其他的流对象作为参数，例如，下面定义了两个缓冲流 in 和 in2，它们的构造方法都是以其他流作为参数的，这个流可以是节点流也可以是其他的处理流。

```
BufferedReader in = new BufferedReader(new FileReader(filename));
BufferedReader in2 = new BufferedReader(
                        new(InputStreamReader(
                            new FileInputStream(file)));
```

一个流经过其他的流多次包装，称为流的链接。

在例 8.5 中 System.in 代表标准输入，InputStreamReader 是抽象类 Reader 派生出来的子类，这里它就是一个处理流，将字节流转换为字符流，同时 BufferedReader 这个处理流的功能是对另外一个流数据进行了缓冲。因此该例可以理解为，经过两层包装(处理)，将字节流转换为字符流，并进行了缓冲，形成了新的 BufferedReader 对象 in，该象具有缓冲功能的字符流实例，可以调用 readLine()方法，完成整行输入。

8.2　文件及目录

在 Java 的输入输出流应用中，最基本、最常用的就是对磁盘文件的读写操作了。本节主要介绍如何读写文本文件以及二进制文件，以及 File 类的使用。

8.2.1　写文本文件

在磁盘上创建一个文本文件，并向其中写入字符数据需要使用 FileWriter 类。FileWriter 类是 OutputStreamWriter 的子类，其常用的构造方法如下所示：

- FileWriter(String filename)；
- FileWriter(File filename)；
- FileWriter(String filename，boolean append)；
- FileWriter(File filename，boolean append)；

FileWriter 中的参数可以是表示文件存储路径的字符串，也可以是 File 类的对象。其中 File 类是 io 包中唯一表示磁盘文件信息的对象，它定义了一些与平台无关的方法来操作对象，在 8.2.5 节对该类进行了详细介绍。第二个参数 append 如果为 true，则可以实现在已有文件内容之后追加，否则将进行替换。下面通过例 8.7 演示如何写文件。

例 8.7　在 C 盘根目录创建文本文件，并写入若干行文本。

```
import java.io.*;
public class FileWriterTest{
  public static void main(String[] args) throws IOException{
                                   //main 方法中声明抛出 I/O 异常
     String fileName = "C:\\Hello.txt"; //'\'是转义字符,需要使用'/'或'\\'
     FileWriter writer = new FileWriter(fileName);
                                 //打开一个写文件流对象 writer
     writer.write("Hello!\n");        //向流中写字符串
     writer.write("This is a text file,\n");
     writer.write("This is anther line.\n");
     writer.write("也可输入中文\n");
     writer.close();                  //关闭流
  }
}
```

程序运行后，可发现 C 盘出现 Hello.txt 文件，打开文件可以看到写入的内容，如图 8.8 所示。每次重复运行该程序都会删除原有的 C:\Hello.txt 文件，并创建一个新的同名文件，通过 write 方法写入内容。

Hello.txt 文件是一个普通的 ASCII 码文本文件，每个英文字符占一个字节，每个中文字符占两个字节，通过 FileWriter 类的流可以将内存中的数据存储为磁盘文件。

关闭流使用了 close()方法，该方法清空流中的内容，并关闭它。初学者应养成管理文

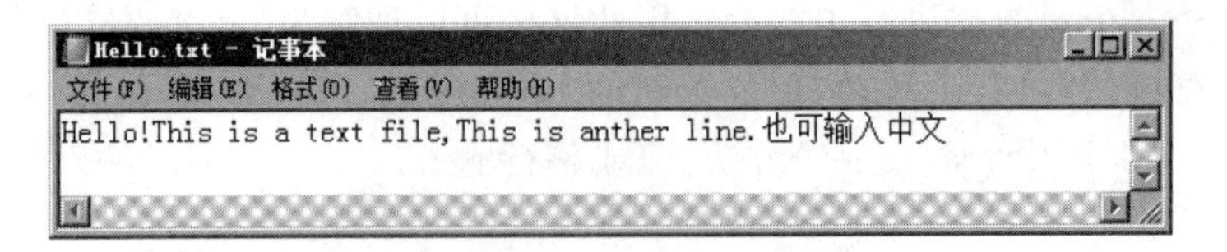

图 8.8 写文本文件的运行结果

件的好习惯，当一个涉及文件操作的程序结束时，都应该执行 close()方法来关闭文件。如果不调用这个方法，可能程序还没有完成所有数据的写操作，程序就结束了，导致流中的一些数据没有写入文件，这取决于系统的繁忙程度，因此会产生时好时坏的后果，流关闭以后，就不会发生这种问题了。

I/O 操作都需要对异常进行处理，例 8.7 采用在 main 方法开头就抛出了异常。也可以将 I/O 操作放在 try 块内，然后在 catch 捕获并处理异常，见例 8.8。

例 8.8 采用 try-catch 方法处理 I/O 异常。

```
import java.io.*;
public class FileWriterTest{
  public static void main(String[] args) {
   String fileName = "C:\\Hello.txt";      //'\'是转义字符,需要使用'/'或'\\'
     try{  //将 I/O 操作放在 try、catch 块中
     FileWriter writer = new FileWriter(fileName,true);
   //打开一个写文件流对象 writer,这里多了一个参数,表示追加方式打开文件
     writer.write("Hello!\n");                  //往流里写字符串
     writer.write("This is a text file,\n");
     writer.write("This is anther line.\n");
     writer.write("也可输入中文\n");
     writer.close();                            //关闭流
  }catch (IOException e){
      System.out.println("I/O 操作异常!!");
  }
  }
}
```

运行此程序，会在源文件内容后追加重复内容，这就是构造函数第二个参数 append 设置为 true 的效果。如果将文件 Hello.txt 设置为只读属性，再运行本程序，就会出现 I/O 异常，程序转入 catch 块中，输出“I/O 操作异常!!”。

以上的例子，由于写入的文本很少，因此使用 FileWriter 类就可以了。但在实际项目中，往往需要往文件写入大量的数据，如果需要写入的内容很多，就应该使用更高效的缓冲器流类 BufferedWriter。BufferedWriter 与 FileWriter 一样也是 Writer 的子类，用于输出字符流，方法也基本相同，但 BufferedWriter 多提供了一个 newLine()方法用于换行。在例 8.7 和例 8.8 的换行方法是在每行末尾加上换行符“\n”，但由于不同的厂家生产的计算机对文字的换行可能不同，所以上述程序未必能在各种计算机上产生同样的效果，而 newLine()方法可以输出在当前计算机上正确的换行符。例 8.9 利用 BufferedWriter 完成对例 8.7 的修改如下：

例 8.9 使用 BufferedWriter 实现文本文件的写入。

```
import java.io.*;
```

```
public class BufferedWriterTest{
  public static void main(String[ ] args) throws IOException{
      String fileName = "C:\\Hello.txt";
    FileWriter fwriter = new FileWriter(fileName);
             //构造一个 FileWriter 对象,它是节点流
    BufferedWriter writer = new BufferedWriter(fwriter);
             //构造一个 BufferedWriter 对象,它是处理流
    writer.write("Hello!");          //往流里写字符串
    writer.newLine();                //输出换行
    writer.write("This is a text file,");
    writer.newLine();
    writer.write("This is anther line.\n");
    writer.newLine();
    writer.write("也可输入中文");
    writer.newLine();
    writer.close();                  //关闭流
  }
}
```

运行结果如图 8.9 所示,出现了换行效果。

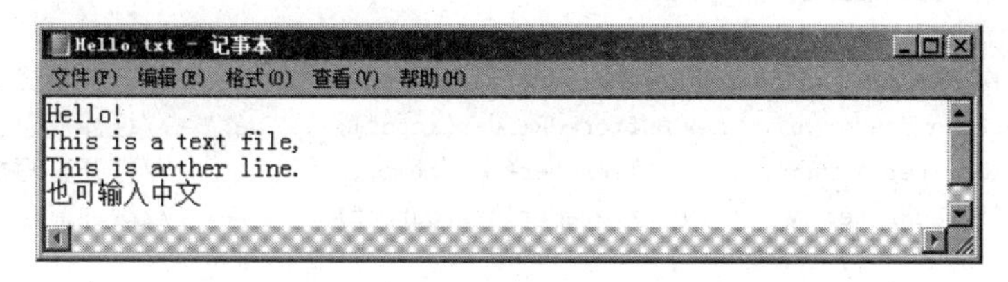

图 8.9 使用 newLine()以后可以见到换行

8.2.2 读文本文件

从文本文件中读取字符需要使用 FileReader 类,FileReader 类继承于抽象类 InputStreamReader。对应写文本文件的缓冲器,读文本文件也有缓冲器类 BufferedReader,具有 readLine()函数,该函数可以识别换行符,按行读取流中的内容。例 8.10 将在 8.2.1 节的 Hello.txt 文件中读取文本,并显示在屏幕中。

例 8.10 在 Hello.txt 文件中读取文本。

```
public static void main(String[ ] args) throws IOException{
    String fileName = "C:\\Hello.txt";
    String line = null;
    FileReader fr = new FileReader(fileName);
             //构造读字符 FileReader 流对象,节点流
    BufferedReader in = new BufferedReader(fr);
             //构造一个 BufferedReader 对象,它是处理流
    line = in.readLine();            //读取一行内容
    while (line != null) {
        System.out.println(line);
        line = in.readLine();
      }
```

```
        in.close();
        }
}
```

程序输出结果如图 8.10 所示。

```
Hello!
This is a text file,
This is anther line.

也可输入中文
```

图 8.10 在 Hello.txt 文件中读取文本

BufferedReader 对象中 readLine()方法从字符流输入流 FileReader 中读取一行文本,放入 line 变量中,如果字符流中不再有数据,它就返回 null。接下来程序读取每一行并将其通过 System.out.println 输出到屏幕,当检测到文件尾时,程序退出。

在已经学习了如何读写文本文件后,就可以编写一个综合例子,完成复制一个源文件到另一个目的地的程序了。在文件复制的过程中既使用到了输入流,又使用到了输出流,输入流将数据源读入程序,输出流将程序中的数据写入目的地,由此完成文件的复制。

例 8.11 按行将文本文件复制。

```
import java.io.*;
public class FileCopyByLine{
public static void main(String[] args) {
    try {
        FileReader input = new FileReader("c:/hello.txt");          //打开要读的文件
        BufferedReader br = new BufferedReader(input);              //缓冲流包装
        FileWriter output = new FileWriter("c:/temp.txt");          //打开要写的文件
        BufferedWriter bw = new BufferedWriter(output);             //缓冲流包装
        String s = br.readLine();
        while (s!= null) {
            bw.write(s);                                            //写一行
            bw.newLine();                                           //写换行
            System.out.println(s);                                  //写入的内容输出到屏幕
            s = br.readLine();                                      //读下一行
            }
        br.close();
        bw.close();
        } catch (IOException e) {
            e.printStackTrace();
        }
}
}
```

该程序执行后将文本文件 c:/hello.txt 复制一份,存为 c:/temp.txt。该程序源文件与目的地已经固定了,请读者想一想,如果源文件与目的地的名称由 main()方法的参数传递过来,程序应该怎么做?

8.2.3 写二进制文件

原则上讲,所有文件都是由 8 位二进制的字节组成的,如果文件字节中的内容被解释为字符,则文件被称为文本文件,如果被解释为其他含义,则文件被称为二进制文件。例如,字处理软件 Word 产生的 doc 文件中,数据要被解释为字体、格式、图形和其他非字符信息。

因此,这样的文件就是二进制文件。二进制文件不能用字符流类 Reader 和 Writer 正确读写。需要使用更通用的字节流 InputStream 和 OutputStream 类以及其子类来读写。

抽象类 OutputStream 及其子类专门用于写二进制文件的,这些类也位于 java.io 包中。用于写二进制文件的派生类是 FileOutputStream 及其子类。由于所有平台的 Java 基本数据类型都有相同的数据格式,因此,FileOutputStream 写的二进制文件数据可以被运行在任意平台上的 Java 程序中,这也是 Java 跨平台的体现。FileOutputStream 是节点流,负责打开二进制文件,例 8.12 打开的文件是 mydata.dat,如果文件不存在,则创建一个新文件;如果文件已存在,则覆盖该文件。常用的构造方法有以下 4 个。

- FileOutputStream(String filename);
- FileOutputStream(File filename);
- FileOutputStream(String filename,boolean append);
- FileOutputStream(File filename,boolean append)。

为了便于各种基本数据类型的数据处理,还会用到 DataOutputStream 类,它是 OutputStream 的另一个子类,可以连接到一个 FileOutputStream 类上,用于方便地处理基本数据类型。DataOutputStream 类是一个处理流,它具有写各种基本数据类型的方法,表 8.6 列举了 DataOutputStream 类常用的方法。

表 8.6 DataOutputStream 类的常用方法

方法名称	功能
public DataOutputStream(OutputStream out)	构造方法,创建一个将数据写入指定输出流 out 的数据流
public void write(byte[] b,int off,int len)	将 byte 数组 off 角标开始的 len 个字节写到 OutputStream 输出流对象中
public void write(int b)	将指定字节的最低 8 位写入基础输出流
public void writeBoolean(boolean b)	将一个 boolean 值写入基本输出流
public void writeByte(int v)	将一个 byte 值写入到基本输出流中
public void writeBytes(String s)	将字符串按字节顺序写入到基本输出流中
public void writeChar(int v)	将一个 char 值写入到基本输出流中
public void writeInt(int v)	将一个 int 值写入到输出流中
public void writeUTF(String str)	以机器无关的方式用 UTF-8 将一个字符串写到基本输出流
public int size()	返回 written 的当前值

例 8.12 利用 DataOutputStream 将整型数据写入数据文件 mydata.dat 中。

```
import java.io.*;
public class FileOutputstreamTest{
    public static void main(String[] args) {
        String fileName = "c:/mydata.dat";
        int a0 = 0, a1 = -1, a2 = 1,a3 = 255;
        try {
         //将 dataOutputStream 与 FileOutputStream 连接,可以控制输出的数据类型
            DataOutputStream out =
new DataOutputStream(new FileOutputStream(fileName));
```

```
                out.writeInt(a0);
                out.writeInt(a1);
                out.writeInt(a2);
                out.writeInt(a3);
                out.close();
            }
            catch (IOException iox) {
                System.out.println("文件处理异常" + fileName);
            }
        }
    }
```

用记事本查看 C 盘的 mydata.dat，可看到文件内容为空，没有任何显示；如果用 EditPlus 等可查看二进制的编辑器查看，可看到文件的内容为 00 00 00 00 FF FF FF FF 00 00 00 01 00 00 00 FF，如图 8.11 所示，这正是这 4 个整数的十六进制表示形式。并且每个 int 都占 4 个字节，是 32 位的二进制数。

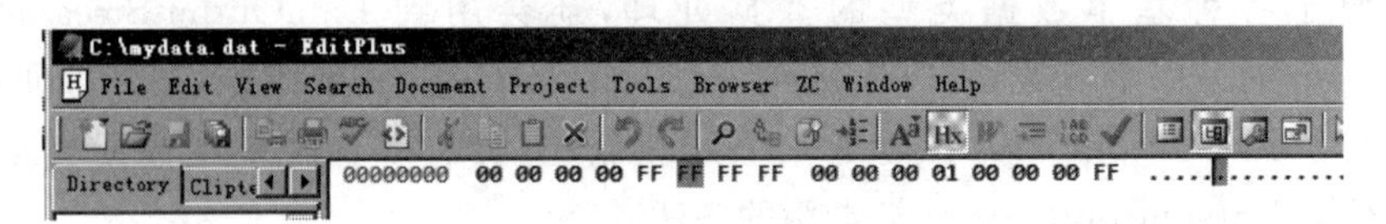

图 8.11 在 EditPlus 中打开 C 盘的 mydata.dat 后显示的结果

8.2.4 读二进制文件

读二进制文件，比较常用的类有 FileInputStream、DataInputStream、BufferedInputStream。DataInputStream 与 DataOutputStream 相类似，提供了多方法，用于读取整型、长整型、单精度、双精度、布尔型等数据类型。表 8.7 列举了 DataInputStream 类常用的方法。

表 8.7 DataInputStream 类的常用方法

方法名称	功能
public DataInputStream(InputStream in)	构造方法，使用指定的底层 InputStream 创建一个 DataInputStream
public int read(byte[] b)	从输入流中读取一定的字节，存放到缓冲数组 b 中，返回缓冲区中的总字节数
public int read(byte[] buf,int off,int len)	从输入流中一次读入 len 个字节存放在字节数组中的偏移 off 个字节及后面位置
public String readUTF()	读入一个已使用 UTF-8 格式编码的字符串
public String readLine()	读一行
public boolean readBoolean	读布尔型值
public int readInt()	读一个整数
public byte readByte()	读一个字节
public char readChar()	读一个字符

例 8.13 读取例 8.12 存储的 4 个整型数据，并输出它们的累加和。

```
import java.io.*;
```

```
public class DataInputStreamTest{
    public static void main(String[ ] args) {
        String fileName = "c:\\mydata.dat";
        int sum = 0;
        try {
            DataInputStream in = new DataInputStream(
                    new BufferedInputStream(new FileInputStream(fileName)));
            sum += in.readInt();
            sum += in.readInt();
            sum += in.readInt();
            sum += in.readInt();
            System.out.println("所求的和是: " + sum);
            in.close();
        }
        catch (IOException iox) {
            System.out.println("出现 I/O 异常 " + fileName);
        }
    }
}
```

在例 8.13 中下面这条语句经过了两次连接。首先,节点流 FileInputStream 建立连接通道,然后处理流 BufferedInputStream 进行缓冲区缓冲,处理流 DataInputStream 对读入的数据类型进行了控制。

```
DataInputStream in = new DataInputStream(
                    new BufferedInputStream(new FileInputStream(fileName)));
```

下例使用缓冲区对一个普通的二进制文件进行了复制,该例既使用到了字节流的输入流,又使用到了输出流。

例 8.14 二进制文件的复制。

```
import java.io.*
  public class CopyByte{
      public static void main(String[ ] args){
        String sourceFile = "D:/source.jpg";      //源文件
        String destFile = "D:/dest.jpg";          //目标文件
        BufferedInputStream bis = null;
        BufferedOutputStream bos = null;
        try {
            bis = new BufferedInputStream(new FileInputStream(sourceFile));
            bos = new BufferedOutputStream(new FileOutputStream(destFile));
            //指定读写文件,并使用缓冲区,
            int hasRead = 0;
            byte b[ ] = new byte[1024];           //指定读出字节为 1024
            while ((hasRead = bis.read(b)) > 0){
                //循环的条件是如果读入的字节不为零
                bos.write(b, 0, hasRead);         //写入 hasRead 长度的字节
            }
        } catch (FileNotFoundException e) {
            e.printStackTrace();
        } catch (IOException e) {
            e.printStackTrace();
        }finally{
```

```
                if (bos != null){
                    try {
                        bos.flush();                        //缓冲区写入
                        bos.close();
                    } catch (IOException e) {
                        e.printStackTrace();
                    }
                }
                if (bis != null){
                    try {
                        bis.close();
                    } catch (IOException e) {
                        e.printStackTrace();
                    }
                }
            }
        }
    }
```

上例中,BufferedInputStream 和 BufferedOutputStream 为 FileInputStream 和 FileOutputStream 增加了功能,实现缓冲的输入、输出流。通过设置这种输入、输出流,应用程序就可以将各个字节写入底层输出流中,而不必针对每次字节写入调用底层系统。其中方法 read(byte[] b)从输入流中读取一定数量的字节,并将其存储在缓冲区数组 b 中,该方法的返回值是一个整数,表示读入的字节数。flush()方法的目的是刷新此缓冲的输出流。

8.2.5 File 类

File 类是 I/O 包中唯一标识磁盘信息的对象,它定义了一些与平台无关的方法来操纵文件。通过调用 File 类提供的各种方法,可以完成对文件或目录的常用管理操作,如创建、删除等。

File 类的方法能够创建、删除文件、重命名文件、判断文件的读写权限及是否存在、设置和查询文件的最近修改时间等。在 Java 中,目录(文件夹)也被当作 File 使用,只是多了一点目录特有的功能。不同操作系统具有不同的文件组织方式,通过使用 File 类的对象,Java 程序可以用平台无关的同一方式来处理文件和目录。前面在构造文件流时,也可以使用 File 类对象作为参数。

File 类提供了 4 个构造函数和一些常用成员方法,成员方法按功能可归为创建功能、删除功能、重命名功能、判断功能和获取功能这 5 类,具体如表 8.8 所示。

表 8.8 File 类的常用方法

方法名称	功能
public File(String pathname)	通过将给定路径名字符串转换为抽象路径名来创建一个新 File 实例
public File(String parent,String child)	根据 parent 路径名字符串和 child 路径名字符串创建一个新 File 实例
public File(File parent,String child)	根据 parent 抽象路径名和 child 路径名字符串创建一个新 File 实例

续表

方法名称	功 能
public File(URI uri)	通过将给定的 file: URI 转换为一个抽象路径名来创建一个新的 File 实例
public boolean createNewFile()	创建文件(一次)
public boolean mkdir()	创建文件夹(一次)
public boolean mkdirs()	创建多级文件夹,如果创建时文件或文件夹忘了写盘符,则在默认项目路径下
public boolean delete()	删除 File 对象
public boolean renameTo(File dest)	重命 File 对象,名字为 dest 参数指定
public boolean isDirectory()	判断是否是目录
public boolean isFile()	判断是否是文件
public boolean exists()	判断是否存在
public boolean canRead()	判断是否可读
public boolean canWrite()	判断是否可写
public boolean isHidden()	判断是否隐藏
public String getAbsolutePath()	获取绝对路径。绝对路径是路径以盘符开始,如: c:\\a.txt
public String getPath()	获取相对路径。相对路径是路径不以盘符开始,如: a.txt
public String getName()	获取名称
public long length()	获取长度,字节数
public long lastModified()	获取最后一次的修改时间,毫秒值
public String[] list()	获取指定目录下的所有文件或者文件夹的名称数组,不包含文件路径
public File[] listFiles()	获取指定目录下的所有文件或者文件夹的 File 数组

例 8.15 在 C 盘创建文件 abc.txt,如果该文件存在则需要删除旧文件,不存在则直接创建新文件。

```
import java.io.*;
public class FileCreate{
    public static void main(String[] args) {
        File f = new File("c:" + File.separator + "abc.txt"); //构造函数
        if (f.exists()) {
            f.delete();
            System.out.println("文件已经存在,将其删除!!.");
        }
        else {
            System.out.println("文件不存在,试图创建文件");
            try {
                f.createNewFile();
            } catch (Exception e) {
                System.out.println(e.getMessage());
            }
        }
    }
}
```

第一次运行程序,C盘不存在 abc.txt,运行结果显示"文件不存在,试图创建文件";第二次运行,此时C盘已经有 abc.txt 文件,则运行结果显示"文件已经存在,将其删除!!"。

代码中出现 File.separator 主要为解决 Java 跨平台的问题,在 Windows 下的路径分隔符和 Linux 下的路径分隔符是不一样的,当直接使用绝对路径时,跨平台会给出"No such file or directory"的异常。File.separator 是与系统有关的默认名称分隔符。

例 8.16 列出指定目录的全部内容。

```
import java.io.File;
public class FileListExample{
    public static void main(String[] args) {
        //列出C盘 users 目录中所有内容
        File myFile = new File("c:" + File.separator + "users");
        print(myFile);
    }
    private static void print(File myFile) {
        if (myFile!= null){
            if (myFile.isDirectory()){                  //判断是否是目录
                File f[] = myFile.listFiles();          //返回目录中所有内容
                if (f!= null){
                    for (int i = 0;i < f.length;i++){
                        print(f[i]);                    //递归列出子目录中的内容
                    }
                }
        }else
                System.out.println(myFile);             //如果不是目录,直接打印出路径信息
        }
    }
}
```

该例递归调用 print()函数,打印了指定目录下的全部内容。

8.2.6 随机文件读写

之前已经介绍了如何创建、读取、写入顺序文件,但很多场合需要能够快速准确地访问文件中特定的信息,无须从文件的开头逐一查找,这样如果用顺序方式查找显然不合适,这时可以考虑使用随机文件或者数据库进行读写。java.io 包中提供了 RandomAccessFile 类用于随机文件的创建和访问,使用这个类,可以跳转到文件的任意位置读写数据;并且程序可以在随机文件中插入数据,而不会破坏该文件的其他数据。程序同样可以更新和删除之前存储的数据,而不用重写整个文件。RandomAccessFile 类的构造方法如表 8.9 所示。

表 8.9 RandomAccessFile 类的构造方法

方法名称	功能
public RandomAccessFile(File file,String mode)	构造方法:参数 file 指定关联文件,mode 指定访问模式:"r"以只读方式来打开指定文件夹,"w"以只写方式来打开指定文件夹,"rw"以读/写方式打开指定文件
public RandomAccessFile(String name,String mode)	构造方法:参数 name 指定关联文件的路径文件名,mode 指定访问模式

其名为随机流，但这里的随机并不是不可控制、不可预测地去访问文件，而是可以通过指针的形式定位到具体的位置。这个指针称为“记录指针”。记录指针以标识当前读写处的位置。当程序新创建一个 RandomAccessFile 对象时，该对象的文件记录指针位于文件头，也就是 0 处，当读/写了 *n* 个字节后，文件记录指针将会向后移动 *n* 个字节。除此之外，RandomAccessFile 可以自由的移动记录指针，即可以向前移动，也可以向后移动。RandomAccessFile 包含了以下两个方法来操作文件的记录指针：

(1) long getFilePointer()——返回文件记录指针的当前位置。

(2) void seek(long position)——将文件记录指针定位到 position 位置。

需要说明的是，与前面输入输出流不同的是 RandomAccessFile 既不是 InputStream 的子类，也不是 OutputStream 的子类，RandomAccessFile 既可以读文件，也可以写文件，所以它即包含了完全类似于 InputStream 的 3 个 read()方法，其用法和 InputStream 的 3 个 read()方法完全一样；也包含了完全类似于 OutputStream 的 3 个 write()方法，其用法和 OutputStream 的 3 个 writer()方法完全一样。除此之外，RandomAccessFile 还包含了一系列的 readXXX()和 writeXXX()方法来完成输入和输出，具体方法说明见表 8.10。

表 8.10 RandomAccessFile 类的常用方法

方法名称	功能
public long getFilePointer()	返回此文件中的当前偏移量
public long length()	返回此文件的长度
public int read()	从此文件中读取一个数据字节
public int read(byte[] b)	将最多 b.length 个数据字节从此文件读入 byte 数组
public int read(byte[] b,int off,int len)	将最多 len 个数据字节从此文件读入 byte 数组
public boolean readBoolean()	从此文件读取一个 boolean
public float readFloat()	从此文件读取一个 float
public int readInt()	从此文件读取一个有符号的 32 位整数
public String readLine()	从此文件读取文本的下一行
public void seek(long pos)	设置到此文件开头测量到的文件指针偏移量，在该位置发生下一个读取或写入操作
public int skipBytes(int n)	尝试跳过输入的 *n* 个字节以丢弃跳过的字节
public void write(byte[] b)	将 b.length 个字节从指定 byte 数组写入到此文件，并从当前文件指针开始
public void write(byte[] b,int off,int len)	将 len 个字节从指定 byte 数组写入到此文件，并从偏移量 off 处开始
public void write(int b)	向此文件写入指定的字节
public void writeBoolean(boolean v)	按单字节值将 boolean 写入该文件
public void writeInt(int v)	按 4 个字节将 int 写入该文件
public void writeUTF(String str)	使用 modified UTF-8 编码以与机器无关的方式将一个字符串写入该文件

例 8.17 使用 RandomAccessFile 实现从指定位置读取文件的功能。

```
import java.io.*;
public class RandomAccessFileTest{
    public static void main(String[] args)throws IOException{
```

```
            String filePath = "c:\\Hello.txt";
            RandomAccessFile raf = null;
            File file = null;
            try {
                file = new File(filePath);
                raf = new RandomAccessFile(file,"r");
                  //获取 RandomAccessFile 对象文件指针的位置,初始位置为 0
                System.out.println("打开文件指针指向位置: " + raf.getFilePointer());
                  //移动文件记录指针的位置
                raf.seek(10);                   //移动 10 个位置后输出
                byte[] b = new byte[1024];
                int hasRead = 0;
                  //循环读取文件
                while ((hasRead = raf.read(b))> 0){
                    //输出文件读取的内容
                    System.out.print(new String(b,0,hasRead));
                }
            }catch (IOException e){
                e.printStackTrace();
            }finally {
                raf.close();
            }
        }
    }
```

上面程序的关键代码有两处：一处是创建了 RandomAccessFile 对象,该对象以只读模式打开了 hello.txt 文件,这意味着 RandomAccessFile 文件只能读取文件内容,不能执行写入；第二处调用了 seek(10)方法,是指把文件的记录指针定位到 10 字节的位置。也就是说,程序将从 10 字节开始读取数据。其他部分的代码的读取方式和其他的输入流没有区别。

例 8.18 使用 RandomAccessFile 实现向文件中追加内容的功能。

```
import java.io.*;
public class RandomAccessFileTest2{
    public static void main(String[] args)throws IOException{
        String filePath = "c:\\Hello.txt";
        RandomAccessFile raf = null;
        File file = null;
        try {
            file = new File(filePath);
            //以读写的方式打开一个 RandomAccessFile 对象
            raf = new RandomAccessFile(file,"rw");
            //将记录指针移动到该文件的最后
            raf.seek(raf.length());
            //向文件末尾追加内容
            raf.writeChars("这是追加内容。");
        }catch (IOException e){
            e.printStackTrace();
        }finally {
            raf.close();
```

```
        }
    }
}
```

上面代码先以读、写方式创建了一个 RandomAccessFile 对象，然后将文件记录指针移动到最后，接下来使用 RandomAccessFile 向文件中写入内容，其他与输出流 OutputStream 的方式相同。每运行一次上面的程序，就能发现 Hello.txt 文件中多添加了一行内容。

8.2.7 对象序列化

Java 是一种面向对象的语言，因而对 Java 中对象的永久存储非常重要。在前面介绍的章节与例子中，对象只存在于内存中，对象只有在创建它们的程序运行时存在，但在实际应用过程中，经常需要保存对象的信息，在需要的时候再读取这个对象，这个过程称为对象的序列化。通常有 3 种情况需要保存内存对象：

(1) 当你想把的内存中的对象保存到一个文件中或者数据库中的时候。

(2) 当你想用套接字在网络上传送对象的时候。套接字是支持 TCP/IP 的网络通信的基本操作单元，可以看作是不同主机之间的进程进行双向通信的端点，简单地说，就是通信的两方的一种约定，用套接字中的相关函数来完成通信过程。

(3) 当你想通过 RMI(Remote Method Invoke，远程方法调用)传输对象的时候。

对象的序列化就是把对象变为二进制的数据流的一种方法，java.io 包中提供了专门用来处理对象信息存储和读取的输入输出流类 ObjectInputStream 和 ObjectOutputStream。

需要说明的是，并不是所有的对象都能被序列化，要想实现对象的序列化，必须保证这个类实现了 Serializable 接口。Serializable 接口是启用其序列化功能的接口。Serializable 接口没有定义任何方法，此接口是一个标识接口。实现 java.io.Serializable 接口的类是可序列化的，没有实现此接口的类将不能使它们的任一状态被序列化或逆序列化。

一个对象要想进行输出，必须使用 ObjectOutputStream；要想输入，必须使用 ObjectInputStream，这两个类的常用方法如表 8.11 和表 8.12 所示。

表 8.11 ObjectOutputStream 类的常用方法

方法名称	功能
public ObjectOutputStream(OutputStream,out)	构造方法：out 为输出流对象
public final void writeObject(Object obj)	将自定义对象 obj 写入输出流

表 8.12 ObjectInputStream 类的常用方法

方法名称	功能
public ObjectInputStream(InputStream in)	构造方法：in 为输入流对象
public final Object readObject()	从 ObjectInputStream 读取对象

例 8.19 将对象输出到 object.dat 中，然后再把它们读出来，显示在屏幕上。

```
import java.io.*;
import java.util.Date;
public class ObjectSave{
```

```
    public static void main(String[ ] args) throws Exception{
        /* 其中的 D:\\object.dat 表示存放序列化对象的文件 */
        //序列化对象
        ObjectOutputStream out =
new ObjectOutputStream(new FileOutputStream("D:\\object.dat"));
        //创建了一个对象输出流 out 关联了文件("D:\\object.dat")
        Customer customer = new Customer("刘强", 24);
        out.writeObject("你好!");                    //写入字符常量
        out.writeObject(new Date());                 //写入匿名 Date 对象
        out.writeObject(customer);                   //写入 customer 对象
        out.close();
        //反序列化对象
        ObjectInputStream in =
new ObjectInputStream(new FileInputStream("D:\\object.dat"));
        System.out.println("字符串对象:" + (String) in.readObject());
        //读取字面值常量
        System.out.println("匿名时间对象:" + (Date) in.readObject());
 //读取匿名 Date 对象
        Customer obj3 = (Customer) in.readObject(); //读取 customer 对象
        System.out.println("用户自定义 Customer 对象:" + obj3);
        in.close();
    }
}
class Customer implements Serializable{
    //自定义对象并实现串行化接口
    private String name;
    private int age;
    public Customer(String name, int age) {
        this.name = name;
        this.age = age;
    }
    public String toString() {
        return "name=" + name + ", age=" + age;
    }
}
```

上例首先创建了一个对象输出流 ObjectOutputStream 的实例 out,关联了文件"D:\\object.dat";然后调用了 ObjectOutputStream 类的 writeObject 方法,向文件流中写入了3个对象,分别是常量值字符串、匿名时间对象和用户自定义 Customer 对象,其中 Customer 类是实现了串行化接口的。然后定义一个对象输入流 ObjectInputStream 对象 in 关联了文件"D:\\object.dat",读取文件中的对象,并将它们显示在屏幕上。

8.3 本章小结

(1) Java 语言中数据在计算机各部件之间的移动称为流。按流的流动方向,可分为输入流和输出流,输入是指数据流入程序,输出是指数据从程序流出。输入流将数据从外部设备或者外存(如键盘、鼠标、文件等)传递到程序中,输出流将程序产生的数据输出到外部设备或外存(如显示器、打印机、文件、网络等)。

(2) 按处理数据的类型,流可分为字节流和字符流,它们处理的信息的基本单位分别是字节与字符。输入字节流的类为 InputStream,输出字节流的类为 OutputStream,输入字符流的类为 Reader,输出字符流的类为 Writer。

(3) 当 Java 程序与外部设备进行数据交换时,需要创建一个输入或输出流对象,完成与外部设备的连接。当程序对应的是标准设备输入输出操作时,则不需要再创建对象,直接使用这些内置的标准输入输出流对象即可。Java 中提供了 3 个标准输入输出流对象,它们都是 System 类的静态成员变量,具体如下:

- 标准的输入 System.in。
- 标准的输出 System.out。
- 标准的错误输出 System.err。

(4) 按照流是否与数据源和目的地直接连接,可将流分为节点流和处理流。节点流可以从或向一个特定的外设或内存读写数据,而处理流是对一个已存在的流的连接和封装,通过对所封装的流的功能调用,实现数据读写功能,处理流又称为过滤流。

(5) 写文本文件:在磁盘上创建一个文本文件,并向其中写入字符数据需要使用 FileWriter 类。FileWriter 类是 OutputStreamWriter 的子类。读文本文件:从文本文件中读取字符需要使用 FileReader 类,FileReader 类继承于抽象类 InputStreamReader。

(6) 写二进制文件:二进制文件不能用字符流类 Reader 和 Writer 正确读写。需要使用更通用的字节流 InputStream 和 OutputStream 类及其子类来读写。

抽象类 OutputStream 及其子类专门用于写二进制文件,这些类也位于 java.io 包中。用于写二进制文件的派生类是 FileOutputStream 及其子类。

读二进制文件:比较常用的类有 FileInputStream、DataInputStream、BufferedInputStream。

(7) Java 支持文件管理和目录管理,它们都是由专门的 java.io.File 类来实现。File 类不是 InputStream 和 OutputStream 的子类,因为它不负责数据的输入和输出,而是专门用来管理磁盘文件和目录。

(8) Java 是一种面向对象的语言,因而对 Java 中对象的永久存储非常重要。在前面介绍的章节与例子中,对象只存在于内存中,对象只有在创建它们的程序运行时存在,但在实际应用过程中,经常需要保存对象的信息,在需要的时候再读取这个对象,这个过程称为对象的序列化。对象的序列化就是把对象变为二进制的数据流的一种方法,java.io 包中提供了专门用来处理对象信息存储和读取的输入输出流类 ObjectInputStream 和 ObjectOutputStream。

需要说明的是,并不是所有的对象都能被序列化的,要想实现对象的序列化,必须保证这个类实现了 Serializable 接口。Serializable 接口是启用其序列化功能的接口。Serializable 接口没有定义任何方法,此接口是一个标识接口。实现 java.io.Serializable 接口的类是可序列化的,没有实现此接口的类将不能使它们的任一状态被序列化或逆序列化。

图形用户界面

本章学习目标

- 了解 AWT 与 Swing 的关系。
- 掌握常用组件、容器、布局管理器的概念及使用。
- 掌握事件处理的作用及实现机制。
- 掌握菜单组件的使用。
- 了解表格的构建。

图形用户界面(Graphical User Interface,GUI)是程序与用户交互的方式,为程序应用提供了一个友好的图形化界面,本章将介绍如何编写 Java 程序的图形用户界面。

在 Java 的图形用户界面开发中有两种可使用的技术：AWT 和 Swing。AWT 技术采用将处理用户界面元素的任务委派给每个目标平台(包括 Windows、Solaris 等)的本地 GUI 工具箱的方式,由本地 GUI 工具箱负责用户界面元素的创建和动作,因此界面的感观效果依赖于平台。Swing 是由 Java 来实现的用户界面类,可以在任意的系统平台上工作,Swing 拥有丰富的用户界面元素,给予不同平台的用户一致的感观。但 Swing 没有完全替代 AWT,而是基于 AWT 架构之上,在采用 Swing 编写程序时,还需要使用基本的 AWT 事件处理,Swing 仅仅提供了能力更加强大的用户界面元素。

9.1 AWT 简介

AWT(Abstract Window Toolkit)即抽象窗口工具箱,是 Sun 公司发布的 JDK 1.0 中一个重要的组成部分,是 Java 提供的用来建立和设置 Java 的图形用户界面的基本工具。AWT 中的所有工具类都保存在 java.awt 包中,此包中的所有类都可用来建立与平台无关的图形用户界面的类,这些类又被称为组件(Component)。在 AWT 包中提供的所有类主要分为以下 3 种。

(1) 组件(Component)：创建组成界面的各种元素,如按钮、文本框等。

(2) 布局管理器(LayoutManager)：指定组件的排列方式、排列位置等。

(3) 响应事件(Event)：定义图形用户界面的事件和各组件元素对不同事件的响应,从而实现图形界面与用户的交互功能。

在 java.awt 包中所提供的组件类非常多,主要的类如图 9.1 所示。

在 AWT 包中,所有的组件类都是从 Component 和 MenuComponent 扩展而来的,继承

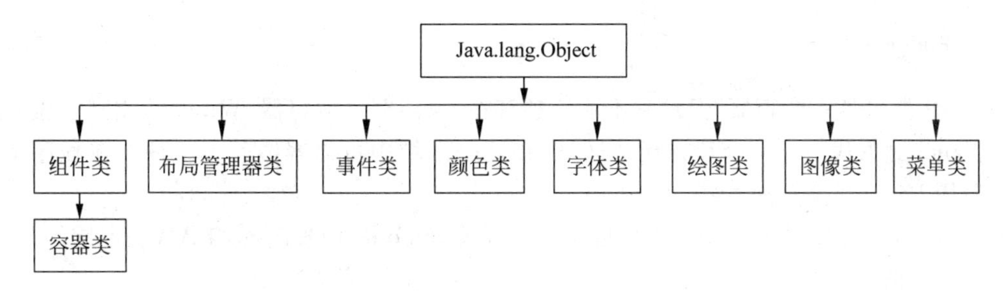

图 9.1 AWT 图形组件之间的继承关系

这两个类的公共操作,继承关系分别如图 9.2 和图 9.3 所示。

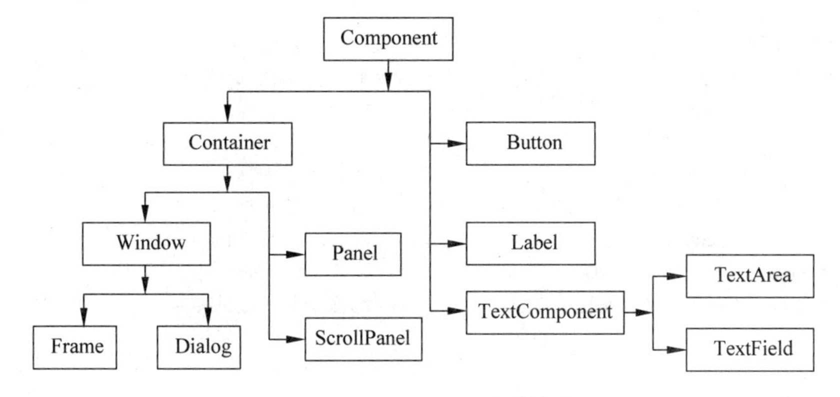

图 9.2 Component 继承关系

在 AWT 中组件分为两大类:Component 和 MenuComponent。其中,MenuComponent 是所有与菜单相关的组件的父类,Component 则是除菜单外其他 AWT 组件的父类。Component 类通常被称为组件,根据 Component 的不同作用可将其分为基本组件类和容器类。基本组件类是诸如按钮、文本框之类的图形界面元素,容器类则是 Component 的子类 Container 的子类。Container 类表示容器,它是一种特殊的组件,可以用来容纳其他组件。Container 容器又分为两种类型:顶层容器和非顶层容器。顶层容器是可以独立的窗口,顶层容器的父类是 Window,我们通常使用 Window 的重要子类 Frame 和 Dialog 创建窗口。非顶层容器不是独立的窗口,它们必须位于窗口之内,非顶层容器包括 Panel 及 ScrollPanel 等,其中,Panel 是无边框的,ScrollPanel 是带滚动条的容器。

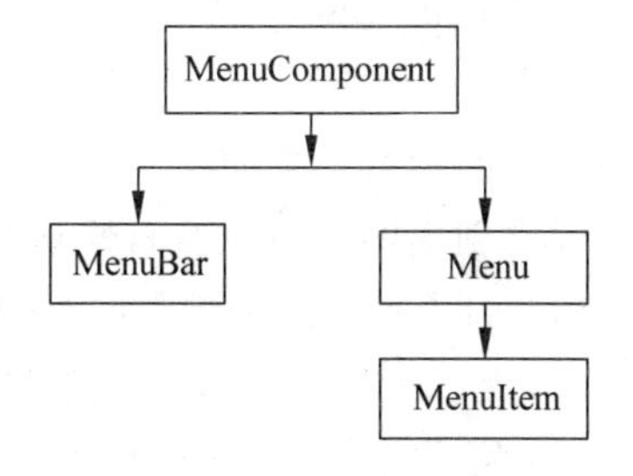

图 9.3 MenuComponent 继承关系

1. Window

Window 类是不依赖其他容器而独立存在的容器。它有两个子类,分别是 Frame 类和 Dialog 类。Frame 类用于创建一个具有标题栏的框架窗口,作为程序的主界面。Dialog 类用于创建一个对话框,实现与用户的信息交互。Window、Frame 和 Dialog 是一组带边框,并可以移动、放大、缩小、关闭的功能较强的容器。

2. Panel

Panel 类也是一个容器，但是它不能单独存在，只能在其他容器(Window 或其子类)中，一个 Panel 对象代表了一个长方形的区域，在这个区域中可以容纳其他组件。在程序中通常会使用 Panel 来实现一些特殊的布局。

提示：Swing 中的所有组件类实际上也都是 Component 的子类，与 AWT 不同的是，所有的组件类前都加上了一个“J”的形式，如 JButton、JLabel 等。

例 9.1 一个简单的图形用户界面程序。

```
import java.awt.Frame;
import java.awt.Button;
class AwtDemo{
      Frame frame;                              //声明一个窗体
      Button button;                            //声明一个按钮
AwtDemo(){
      frame = new Frame();                      //创建一个窗体
      button = new Button("An AWT button.");    //创建一个按钮
      frame.add(button);                        //将 button 添加到 frame 上
      frame.setSize(200,100);                   //设置 frame 的大小
      frame.setVisible(true);                   //设置 frame 可见
}
}
public class Test{
     public static void main(String[] args){
     newAwtDemo(); }
}
```

程序的运行结果如图 9.4 所示。

通常创建图形用户界面的基本过程为：

(1) 引入需要用到的包(java.awt、javax.swing)；

(2) 定义并创建一个顶层容器(Frame 或 JFrame)；

(3) 定义并创建组件(Button、Label 或 JButton、JLabel 等)；

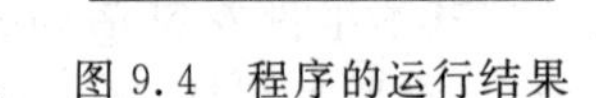

图 9.4 程序的运行结果

(4) 将组件添加到容器中，还可以指定组件在容器中的位置或使用布局管理器来管理位置；

(5) 设置窗口大小，并使其可见。

图形用户界面的最基本组成部分是按钮、标签、文本框等组件，这些组件被安排在容器中才能正确地显示。

9.2 Swing 组件的使用

在 Java 中所有的 Swing 组件类都保存在 javax.swing 包中，所有的组件都是从 JComponent 扩展出来的，此类实际上是 java.awt.component 的子类。JComponent 类几乎是所有 Swing 组件的公共超类，就像 Component 类是所有的 AWT 组件的父类一样，所以 JComponent 的所有子类也都继承了它的全部公共操作，继承关系如图 9.5 所示。

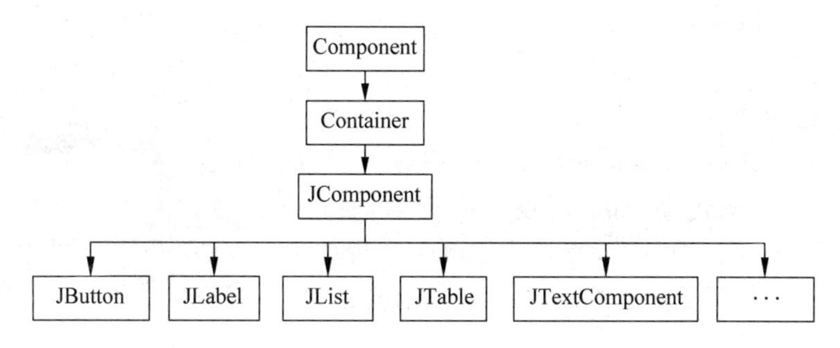

图 9.5 JComponent 的继承关系及常用子类

9.2.1 基本容器：JFrame

创建一个图形用户界面需要创建一个框架来存放用户界面组件，使用 JFrame 类创建一个框架，常用的操作方法如表 9.1 所示。

表 9.1 JFrame 类的常用操作方法

序号	方 法	类型	描 述
1	public JFrame()	构造	创建一个窗体对象
2	public JFrame(String title)	构造	创建一个窗体对象，并指定标题
3	public void setSize(int width,int height)	普通	设置窗体大小
4	public void setBackground(Color c)	普通	设置窗体背景颜色
5	public void setLocation(int x,int y)	普通	设置组件的显示位置
6	public void setVisible(Boolean b)	普通	显示或隐藏组件
7	public Component add(Component comp)	普通	向容器中增加组件
8	public void setLayout(LayoutManager m)	普通	设置布局管理器，如果设置为 null 表示不使用
9	public void pack()	普通	调整窗口大小，以适合其子组件的首选大小和布局
10	public Container getContentPane()	普通	返回此窗体的容器对象

例 9.2 创建一个窗体。

```
import java.awt.Color;
import javax.swing.JFrame;
class JFrameDemo{
      JFrame frame;                                          //声明一个窗体
      JFrameDemo(){
      frame = new JFrame("Swing 窗体例程");                  //创建一个窗体
      frame.setSize(200,100);                                //设置窗体的大小
      frame.getContentPane().setBackground(Color.WHITE);     //设置窗体的背景颜色
      frame.setLocation(100,100);                            //设置窗体的显示位置
      frame.setVisible(true);                                //设置窗体可见
  }
}
public class Test{
      public static void main(String[] args){
```

```
        new JFrameDemo(); }
}
```

程序运行结果如图 9.6 所示。

图 9.6 程序的运行结果

以上程序运行之后，会直接显示出一个窗体，可以发现此窗体的标题就是在实例化 JFrame 时设置的标题，底色为白色，Color 类为 java.awt 包中的类，直接使用颜色常量即可。方法 setVisible(true)的作用是使窗体显示，如果没有这条语句，则窗体不会显示。

提示：此程序无法退出。虽然现在的窗体上有关闭按钮，但是遗憾的是此按钮无法让程序退出，只是关闭了当前的界面。在 Swing 编程中，要想让窗口的关闭按钮起作用，可以使用 setDefaultCloseOperation(JFrame.EXIT_ON_CLOSE)方法或者进行事件处理，关于事件处理将在 9.4 节介绍。

9.2.2 标签组件：JLabel

标签是容纳文本的组件，它没有任何的修饰(例如没有边框)，也不能响应用户输入。创建完的 JLabel 对象可以通过 Container 类中的 add()方法加入到容器中，JLabel 类的常用方法如表 9.2 所示。

表 9.2 JLabel 类的常用方法和常量

序号	方　　法	类型	描　　述
1	public static final int LEFT	常量	标签文本左对齐
2	public static final int CENTER	常量	标签文本居中对齐
3	public static final int RIGHT	常量	标签文本右对齐
4	public JLabel()	构造	创建一个标签对象
5	public JLabel(String text)	构造	创建一个标签对象并指定文本内容，默认为左对齐
6	public JLabel(String text,int alignment)	构造	创建一个标签对象并指定文本内容以及对齐方式
7	public JLabel(Icon icon, int horizontalAlignment)	构造	创建具有指定图像和水平对齐方式的标签对象
8	public JLabel(String text,Icon icon, int horizontalAlignment)	构造	创建具有指定文本、图像和水平对齐方式的标签对象
9	public void setText(String text)	普通	设置标签的文本
10	public String getText()	普通	取得标签的文本
11	public void setAlignment(int alignment)	普通	设置标签的对齐方式
12	public void setIcon(Icon icon)	普通	设置指定的图像

例 9.3 创建标签。

```
import java.awt.Color;
import java.awt.Font;
import javax.swing.JFrame;
import javax.swing.JLabel;
```

```
class JLabelDemo{
      JFrame frame;                                                  //声明一个窗体
      JLabel label;                                                  //声明一个标签
      Font font;
      JLabelDemo(){
      frame = new JFrame("标签例程");                                  //创建一个窗体对象
      label = new JLabel("MLDN",JLabel.CENTER);                      //创建一个标签并使用居中对齐
      font = new Font("Serief",Font.ITALIC + Font.BOLD,28);
      label.setFont(font);                                           //设置标签的显示字体
      label.setForeground(Color.RED);                                //设置标签的文字颜色
      frame.add(label);                                              //向容器中加入组件
      frame.setSize(200,200);                                        //设置窗体的大小
      frame.getContentPane().setBackground(Color.WHITE);             //设置窗体的背景颜色
      frame.setLocation(100,100);                                    //设置窗体的显示位置
      frame.setVisible(true);                                        //设置窗体可见
      frame.setDefaultCloseOperation(JFrame.EXIT_ON_CLOSE);
                                      //设置窗口的关闭按钮起作用,让程序退出
  }
}
public class Test{
      public static void main(String[ ] args){
      new JLabelDemo(); }
}
```

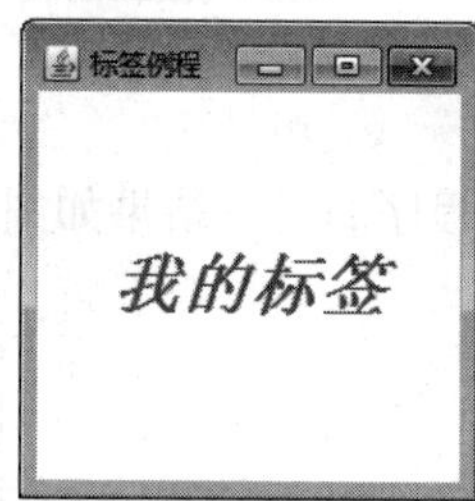

图 9.7 程序的运行结果

程序的运行结果如图 9.7 所示。

程序的运行结果是标签的文字设置成了红色,并通过 Font 指定了标签字体风格以及文字大小,在本次操作中使用的是粗体+斜体的文字风格。

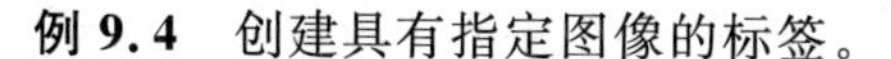
例 9.4 创建具有指定图像的标签。

```
import javax.swing.JFrame;
import javax.swing.JLabel;
import javax.swing.Icon;
import javax.swing.ImageIcon;
import java.awt.Color;
import java.awt.Font;
import java.io.File;
import java.io.InputStream;
import java.io.FileInputStream;
class JLabelDemo1{
    JFrame frame;
    JLabel label;
    Icon icon;
    Font font;
    JLabelDemo1(){
        frame = new JFrame("标签例程");                          //创建窗体对象
        File file = new File("d:/m.jpg");                      //创建图像文件对象
        InputStream input = null;                              //输入流对象
        byte b[ ] = new byte[(int)file.length()];              //根据图像文件大小开辟 byte 数组
        try{
            input = new FileInputStream(file);                 //创建输入流对象
            input.read(b);                                     //读取文件信息
            input.close();                                     //关闭输入流
        }catch (Exception e){
```

```
            e.printStackTrace();
        }
    icon = new ImageIcon(b);                              //创建 icon 对象
    label = new JLabel("我的标签",icon,JLabel.CENTER);   //创建标签对象
    font = new Font("Serief",Font.ITALIC + Font.BOLD,28);
    label.setFont(font);                                  //设置标签的显示字体
    label.setBackground(Color.YELLOW);
    label.setForeground(Color.RED);
    frame.add(label);
    frame.setSize(400,100);
    frame.setBackground(Color.WHITE);
    frame.setLocation(200,200);
    frame.setVisible(true);
frame.setDefaultCloseOperation(JFrame.EXIT_ON_CLOSE);
                                    //设置窗口的关闭按钮起作用,让程序退出
    }
}
public class Test{
    public static void main(String args[]){
        new JLabelDemo1();
    }
}
```

程序的运行结果如图 9.8 所示。

图 9.8 程序的运行结果

程序将一个图像设置到 JLabel 中,使用 Icon 接口及 ImageIcon 子类,将图像的数据以 byte 数组形式进行设置。因为要从一个图像文件中获取数据,则需要使用 InputStream 类完成操作,图像文件的路径为 d:\mldn.gif。

9.2.3 按钮组件:JButton、JCheckBox 和 JRadioButton

Swing 的按钮组件包括命令按钮(JButton)、复选框按钮(JCheckBox)和单选按钮(JRadioButton)等,它们都是抽象类 AbstractButton 的直接或间接子类,在 AbstractButton 类中提供了按钮组件通用的一些方法,如表 9.3 所示。

表 9.3 AbstractButton 常用方法

序号	方 法	类型	描 述
1	Icon getIcon()和 void setIcon(Icon icon)	普通	设置或者获取按钮的图标
2	String getText()和 void setText(String text)	普通	设置或者获取按钮的文本
3	void setEnable(boolean b)	普通	设置启用(当 b 为 true)或禁用(当 b 为 false)按钮
4	void setSelected(boolean b)	普通	设置按钮的状态是选中状态(当 b 为 true)或未选中状态(当 b 为 false)
5	boolean isSelected()	普通	返回按钮的状态(true 为选中,反之为未选中)

1. JButton

命令按钮 JButton 用于单击之后执行一些操作。按钮上可以显示文字、图标，也可以同时显示文字和图标，表 9.4 列举了 JButton 的常用构造方法。

表 9.4 JButton 的常用构造方法

序号	方法	类型	描述
1	JButton()	构造	无参构造方法
2	JButton(String text)	构造	创建一个按钮并指定按钮上显示的文本
3	JButton(Icon icon)	构造	创建一个按钮并指定按钮上显示的图标
4	JButton(String text,Icon icon)	构造	创建一个按钮并同时指定按钮上显示的文字和图标

2. JCheckBox

复选框 JCheckBox 有选中、未选中两种状态，如果用户想接收的输入只有"是"和"非"，则可通过复选框来切换状态。如果有复选框多个，则用户可以选中其中一个或多个，表 9.5 列举了 JCheckBox 的常用构造方法。

表 9.5 JCheckBox 的常用构造方法

序号	方法	类型	描述
1	JCheckBox()	构造	创建一个没有文本信息，初始状态未被选中的复选框
2	JCheckBox(String text)	构造	创建一个有文本信息，初始状态未被选中的复选框
3	JCheckBox(String text,Boolean selected)	构造	创建一个有文本信息，并指定初始状态(选中/未选中)的复选框

3. JRadioButton

单选按钮 JRadioButton 与复选框 JCheckBox 不同的是，单选按钮只能选中一个。对于 JRadioButton 按钮来说，当一个按钮被选中时，先前被选中的按钮就会自动取消选中，表 9.6 列举了 JRadioButton 的常用构造方法。

表 9.6 JRadioButton 的常用构造方法

序号	方法	类型	描述
1	JRadioButton()	构造	创建一个没有文本信息，初始状态未被选中的单选按钮
2	JRadioButton(String text)	构造	创建一个有文本信息，初始状态未被选中的单选按钮
3	JRadioButton(String text,Boolean selected)	构造	创建一个有文本信息，并指定初始状态(选中/未选中)的单选按钮

例 9.5 按钮组件的使用。

```
import javax.swing.JFrame;
import java.awt.Container;
import java.awt.FlowLayout;
import javax.swing.JButton;
import javax.swing.JCheckBox;
import javax.swing.JRadioButton;
class JButtonUseDemo{
    JFrame frame;
    Container c;
    JButton [ ]button;
    JCheckBox [ ]ch;
    JRadioButton [ ]r;
    JButtonUseDemo(){
        frame = new JFrame("按钮例程");          //创建窗体对象
        c = frame.getContentPane();             //获取容器对象
        c.setLayout(new FlowLayout());          //给容器设置布局管理器
        button = new JButton[3];                //创建按钮
        button[0] = new JButton("左");
        button[1] = new JButton("中间");
        button[2] = new JButton("右");
        for (int i = 0;i < button.length;i++) c.add(button[i]);
        ch = new JCheckBox[2];                  //创建复选框
        ch[0] = new JCheckBox("左");
        ch[1] = new JCheckBox("右");
        for (int i = 0;i < ch.length;i++){
            c.add(ch[i]);
            ch[i].setSelected(true);            //设置复选框的状态为选中
        }
        r = new JRadioButton[2];                //创建单选按钮
        r[0] = new JRadioButton("是");
        r[1] = new JRadioButton("非");
        for (int i = 0;i < r.length;i++) c.add(r[i]);
        r[0].setSelected(true);                 //设置单选按钮的状态为选中状态
        r[1].setSelected(false);                //设置单选按钮的状态为未选中状态
        frame.setSize(200,200);
        frame.setDefaultCloseOperation(JFrame.EXIT_ON_CLOSE);
                                    //设置窗口的关闭按钮起作用,让程序退出
        frame.setVisible(true);
    }
}
public class Test{
    public static void main(String args[ ]){
        new JButtonUseDemo();
    }
}
```

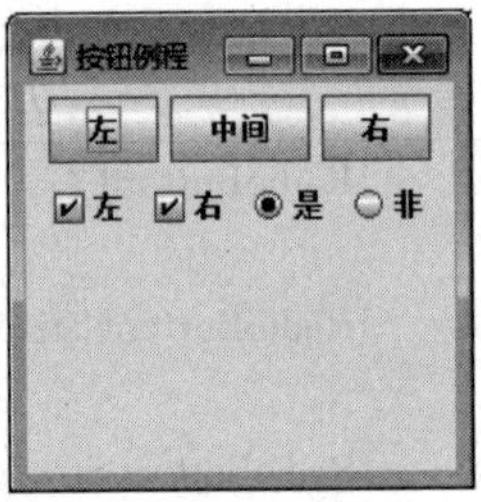

按钮例程

左	中间	右

☑左 ☑右 ◉是 ○非

图 9.9 程序的运行结果

程序的运行结果如图 9.9 所示。

程序中创建了复选框,并设置其状态为选中,创建了单选按

钮,并设置其状态一个为选中,另一个为未选中。

9.2.4 中间容器:JPanel 和 JScrollPane

Swing 组件中不仅提供了顶层器,还提供了非顶层容器,包括面板容器(JPanel)和带滚动条的面板容器(JScrollPane)等,它们不能作为独立的窗口存在,可以把其他组件添加到它们当中,然后将 JPanel 对象或 JScrollPane 对象作为整体添加到其他容器中,这时候 JPanel 对象或 JScrollPane 对象和其他组件一样。

9.2.5 文本组件:JTextField、JPasswordField 和 JTextArea

文本组件用于接收用户输入的信息,包括文本框(JTextField)和文本域(JTextArea)等,它们都有一个共同的父类 JTextComponent,文本框 JTextField 有一个子类 JPasswordField,它表示一个密码框。JTextComponent 是一个抽象类,它提供了文本组件的常用方法,如表 9.7 所示。

表 9.7 JTextComponent 常用方法

序号	方　法	类型	描　述
1	String getText()	普通	返回文本组件中所有的文本
2	String getSelectedText()	普通	返回文本组件选定的文本内容
3	void seleAll()	普通	选择文本组件中的所有文本
4	void setEditable(boolean b)	普通	设置文本组件为可编辑或不可编辑状态
5	void setText(String text)	普通	设置文本组件的内容
6	void replaceSelection(String content)	普通	用给定字符串所表示的新内容替换当前选定的内容

1. JTextField

JtextField 称为文本框,它只接收单行文本的输入,JTextField 常用的构造方法如表 9.8 所示。

表 9.8 JTextField 的常用构造方法

序号	方　法	类型	描　述
1	JTextField()	构造	创建一个空的文本框,初始字符串为 null
2	JTextField(int columns)	构造	创建一个具有指定列数的文本框,初始字符串为 null
3	JTextField(String text)	构造	创建一个显示指定初始字符串的文本框
4	JTextField(String text,int columns)	构造	创建一个具有指定列数,并显示指定初始字符串的文本框

JPasswordField 是 JTextField 的一个子类,表示一个密码框,允许编辑单行文本,其视图指示输入内容,但不显示原始字符,而是通过显示指定的回显字符作为占位符,默认的回显字符为 *。JPasswordField 类和 JTextField 类的构造方法相似,这里不再介绍。

2. JTextArea

JTextArea 称为文本域，是一个显示纯文本的多行区域，使用 JTextArea 构造方法创建对象时可以设定文本区域的行数、列数，JTextArea 常用的构造方法如表 9.9 所示。

表 9.9 JTextArea 常用的构造方法

序号	方法	类型	描述
1	JTextArea()	构造	创建一个空的文本域
2	JTextArea(String text)	构造	创建一个显示指定字符串的文本域
3	JTextArea(int rows,int columns)	构造	创建一个具有指定行和列的空的文本域
4	JTextArea(String text,int rows,int columns)	构造	创建一个显示指定初始文本并指定了行和列的文本域

例 9.6 文本组件的使用。

```
import javax.swing.JFrame;
import java.awt.Container;
import java.awt.BorderLayout;
import javax.swing.JButton;
import javax.swing.JTextField;
import javax.swing.JTextArea;
import javax.swing.JLabel;
import javax.swing.JScrollPane;
import javax.swing.JPanel;
class JTextAreaUseDemo{
    JFrame frame;
    Container c;
    JButton button;
    JScrollPane spanel;
    JPanel panel;
    JTextField field;
    JTextArea area;
    JLabel label;
    JTextAreaUseDemo(){
        frame = new JFrame("文本框例程");
        c = frame.getContentPane();                    //获取容器对象
        c.setLayout(new BorderLayout());               //为容器对象设置布局管理器
        area = new JTextArea(15,40);                   //创建文本域
        spanel = new JScrollPane(area);                //创建带滚动条的面板
        area.setEditable(true);                        //设置文本域可编辑
        panel = new JPanel();                          //创建面板
        field = new JTextField(20);                    //创建文本框
        button = new JButton("发送");                  //创建按钮
        label = new JLabel("聊天信息");                //创建标签
        panel.add(label);
        panel.add(field);
        panel.add(button);                             //将标签、文本框和按钮添加到面板中
        c.add(spanel,BorderLayout.CENTER);             //将带滚动条的面板添加到容器中间区域
        c.add(panel,BorderLayout.NORTH);               //将面板添加到容器的北区域
```

```
        frame.setSize(400,200);
        frame.setVisible(true);
        frame.setDefaultCloseOperation(JFrame.EXIT_ON_CLOSE);
                                    //设置窗口的关闭按钮起作用,让程序退出
    }
}
public class Test{
    public static void main(String args[]){
        new JTextAreaUseDemo();
    }
}
```

程序的运行结果如图 9.10 所示。

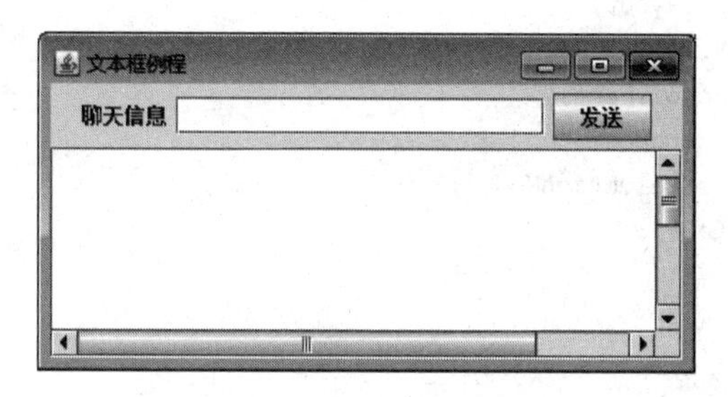

图 9.10　程序的运行结果

程序中创建的窗体采用边界布局管理器,将创建的文本域添加到了带滚动条的面板中,并将带滚动条的面板添加到窗体的中间区域。

9.2.6　列表框和组合框:JComboBox 和 JList

1. JComboBox

JComboBox 为组合框,也叫选择列表或下拉列表,它包含一个条目列表,用户能够从中进行选择。使用它可以限制用户的选择范围,并避免对输入数据有效性的繁复检查,表 9.10 列举了 JComboBox 类的常用方法。

表 9.10　JComboBox 类的常用方法

序号	方　法	类型	描　述
1	public JComboBox(ListModel model)	构造	创建一个默认的空组合框
2	public JComboBox(Object[] items)	构造	创建一个组合框,将 Object 数组中的元素作为组合框的下拉列表选项
3	public JComboBox(Vector <?> items)	构造	创建一个组合框,将 Vector 集合中的元素作为组合框的下拉列表选项
4	void addItem(Object obj)	普通	为组合框添加选项
5	void insertItemAt(Object obj,int index)	普通	在指定的索引处插入项
6	Object getItemAt(int index)	普通	返回指定索引处选项,第一个选项索引为 0
7	int getItemCount()	普通	返回组合框中选项的数目
8	Object getSelectedItem(int index)	普通	返回当前所选项

续表

序号	方　法	类型	描　述
9	void removeAllItems()	普通	删除组合框中所有的选项
10	void removeItem(Object obj)	普通	从组合框中删除指定的选项
11	void removeItemAt(int index)	普通	删除指定索引处的选项
12	void setEditable(Boolean aFlag)	普通	设置组合框的选项是否可编辑,aFlag 为 true 则可编辑,否则不可编辑

例 9.7　下拉列表框的使用。

```
import java.awt.Container;
import java.awt.BorderLayout;
import javax.swing.JFrame;
import javax.swing.JScrollPane;
import javax.swing.JComboBox;
import javax.swing.ListSelectionModel;
import javax.swing.JLabel;
class JComboBoxDemo{
    private JFrame frame;
    private Container c;
    private JScrollPane sc;
    private JComboBox comb;
    private JLabel label;
    public JComboBoxDemo(){
        frame = new JFrame("下拉列表框例程");                //创建窗体
        c = frame.getContentPane();                          //获取窗体容器
        c.setLayout(new BorderLayout());                     //设置容器的布局管理器
        label = new JLabel("请选择你希望去旅游的国家");      //创建标签
        String[] nations =
{"Canada","Australia","China","America","Russia","India","France","Germany","Japan"};
        comb = new JComboBox(nations);                       //创建下拉列表框
        c.add(comb,BorderLayout.CENTER);                     //加入容器
        c.add(label,BorderLayout.NORTH);                     //加入容器
        frame.setSize(250,80);                               //设置窗体大小
        frame.setVisible(true);                              //设置窗体可见
        frame.setDefaultCloseOperation(JFrame.EXIT_ON_CLOSE);
    }
}
public class Test{
    public static void main(String[] args) {
        new JComboBoxDemo();    }
}
```

图 9.11　程序的运行结果

程序的运行结果如图 9.11 所示。

2. JList

JList 列表框的作用与组合框基本相同,但它允许用户选择一个或多个项,表 9.11 列举了 JList 类的常用方法。

表 9.11 JList 类的常用方法

序号	方法	类型	描述
1	public JList(ListModel model)	构造	根据 ListModel 构造列表框
2	public JList(Object[]listData)	构造	创建包含指定数组中元素的列表框
3	public JList(Vector <?> listData)	构造	根据一个 Vector 构造列表框
4	int getSelectedIndex()	普通	返回第一个被选中元素的索引
5	void setSelectedIndex(int index)	普通	选中指定索引处的单元
6	int [ ] getSelectedIndices()	普通	返回所有被选中索引的数组，数组的索引递增排序
7	ListModel getModel()	普通	返回列表框的列表模型
8	int getSelectionMode()	普通	返回列表的当前选择模式
9	void setSelectionMode(int SelectionMode)	普通	设置列表框的选择模式

选择模式属性 SelectionMode 取 3 个定义在 javax. swing. SelectionModel 类中的数值之一：SINGLE_SELECTION、SINGLE_INTERVAL_SELECTION、MULTIPLE_INTERVAL_SELECTION，它们分别指明单项选择、单区间选择还是多区间选择。单项选择只允许选择一项，单区间选择允许选择多项，但选定的项必须是连续的，多区间选择允许选择多组连续项。此属性的默认值为 MULTIPLE_INTERVAL_SELECTION。

例 9.8 列表框的使用。

```
import java.awt.Container;
import java.awt.BorderLayout;
import javax.swing.JFrame;
import javax.swing.JScrollPane;
import javax.swing.JList;
import javax.swing.ListSelectionModel;
import javax.swing.JLabel;
class JListDemo{
    private JFrame frame;
    private Container c;
    private JScrollPane sc;
    private JList list;
    private JLabel label;
    public JListDemo(){
        frame = new JFrame("列表框例程");                    //创建窗体
        c = frame.getContentPane();                          //获得窗体容器
        c.setLayout(new BorderLayout());                     //设置容器的布局管理器
        label = new JLabel("请选择你希望去旅游的国家");      //创建标签
        String[] nations =
{"Canada","Australia","China","America","Russia","India","France","Germany","Japan"};
        list = new JList(nations);                           //创建字符串列表
        list.setSelectionMode(ListSelectionModel.MULTIPLE_INTERVAL_SELECTION);
                                                             //设置列表的选择模式
        sc = new JScrollPane(list);                          //将列表添加入面板
        c.add(sc,BorderLayout.CENTER);                       //将面板加入容器
        c.add(label,BorderLayout.NORTH);                     //将标签加入容器
        frame.setSize(250,200);
```

```
            frame.setVisible(true);
            frame.setDefaultCloseOperation(JFrame.EXIT_ON_CLOSE);
                                                //设置窗口的关闭按钮起作用,让程序退出
        }
    }
    public class Test{
        public static void main(String[] args) {
            new JListDemo();     }
    }
```

图 9.12 程序的运行结果

程序的运行结果如图 9.12 所示。

程序中,JList 列表本身没有滚动条显示,需使用 JScrollPane 才能显示滚动条。

9.3 布局管理器

组件不能独立存在,必须放置在容器中,每个容器都有一个布局管理器(LayoutManager),组件在容器中的位置和尺寸是由布局管理器决定的,也就是 Java 语言提供布局管理器来管理组件。为了使图形用户界面具有良好的平台无关性,Java 语言在 java.awt 包中提供了 5 种布局管理器,分别是 FlowLayout(流式布局管理器)、BorderLayout(边界布局管理器)、GridLayout(网格布局管理器)、GridBagLayout(网格包布局管理器)和 CardLayout(卡片布局管理器)。如果类库提供的布局管理器不能满足项目的需要,用户既可以自定义布局管理器,也可以把这些布局管理器组合起来使用。

9.3.1 FlowLayout

流式布局管理器 FlowLayout 是最常用的布局管理器,使用此种布局管理器会使所有的组件依次在当前行排满时,从下一行开始继续排列组件。FlowLayout 是 JPanel 的默认布局管理器。其管理组件的规律是:从上到下、从左到右放置组件,FlowLayout 的构造方法如表 9.12 所示。

表 9.12 FlowLayout 的构造方法

序号	方　法	类型	描　述
1	public FlowLayout()	构造	创建一个 FlowLayout 对象,居中对齐,默认的水平和垂直间距为 5 个单位
2	public FlowLayout(int align)	构造	创建一个 FlowLayout 对象,并指定对齐方式
3	public FlowLayout(int align, int hgap, int vgap)	构造	创建一个 FlowLayout 对象,并指定对齐方式和水平、垂直间距

其中,align 参数指定行对齐方式,常用的值为 LEFT、CENTER 和 RIGHT,分别表示左对齐、居中对齐和右对齐。hgap 参数指定在同一行上相邻两个组件之间的水平间距,vgap 参数指定相邻两行组件之间的垂直间距。hgap 参数和 vgap 参数的单位均为像素,如不指定这两个参数,其默认值均为 5 个像素单位。

例 9.9 流式布局管理器的使用。

```
import java.awt.Container;
import java.awt.FlowLayout;
import javax.swing.JFrame;
import javax.swing.JButton;
class FlowLayoutDemo{
    JFrame frame;
    Container c;
    JButton button1,button2;
    FlowLayoutDemo(){
        frame = new JFrame("FlowLayout 例程");
        button1 = new JButton("确定");
        button2 = new JButton("取消");
        c = frame.getContentPane();                     //获取窗体容器对象
        c.setLayout(new FlowLayout());                  //为容器设置布局管理器
        c.add(button1);
        c.add(button2);
        frame.setSize(400,200);
        frame.setDefaultCloseOperation(JFrame.EXIT_ON_CLOSE);
        frame.setVisible(true);
    }
}
public class Test{
    public static void main(String args[]){
        new FlowLayoutDemo();
    }
}
```

程序的运行结果如图 9.13 所示。

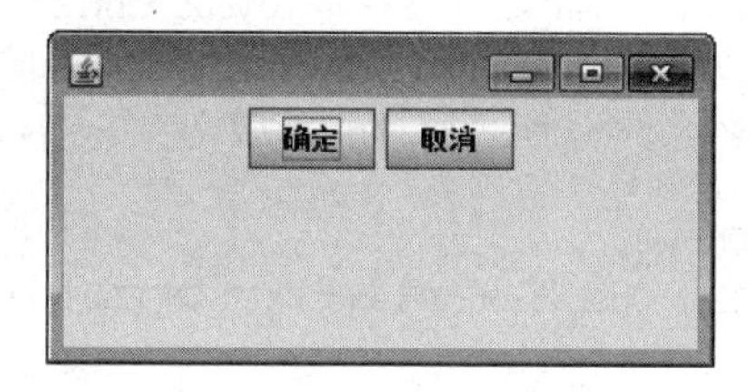

图 9.13 程序的运行结果

9.3.2 BorderLayout

边界布局管理器 BorderLayout 是一种较为复杂的布局管理方式,它将容器划分为 5 个区域,分别为东(EAST)、南(SOUTH)、西(WEST)、北(NORTH)、中(CENTER),组件只能被添加到指定的区域,如不指定组件的加入区域,则默认加入到 CENTER 区域,BorderLayout 是 JFrame 和 JDialog 默认的布局管理器。

在使用 BorderLayout 型布局管理器时,如果容器的大小发生变化,其尺寸缩放原则:

- 北、南两个区域只能在水平方向缩放(宽度可调整);
- 东、西两个区域只能在垂直方向缩放(高度可调整);

• 中部可在水平和垂直两个方向上缩放。

BorderLayout 布局管理器通过调用类 BorderLayout 的构造方法创建实例，其构造方法如表 9.13 所示。

表 9.13 BorderLayout 的构造方法

序号	方 法	类型	描 述
1	public BorderLayout()	构造	创建一个没有间距的 BorderLayout 对象
2	public BorderLayout(int hgap,int vgap)	构造	创建一个有水平和垂直间距的 BorderLayout 对象

其中，hgap 参数指定在同一行上相邻两个组件之间的水平间距，vgap 参数指定相邻两行组件之间的垂直间距。hgap 参数和 vgap 参数的单位均为像素，如不指定这两个参数，其默认值均为 0 个像素单位。

例 9.10 边界布局管理器的使用。

```
import java.awt.BorderLayout;
import javax.swing.JFrame;
import javax.swing.JButton;
class BorderLayoutDemo{
    JFrame frame;
    BorderLayoutDemo(){
        frame = new JFrame("Border Layout 例程");
        frame.setLayout(new BorderLayout());
        frame.add(new JButton("North"), BorderLayout.NORTH);
        frame.add(new JButton("South"), BorderLayout.SOUTH);
        frame.add(new JButton("East"), BorderLayout.EAST);
        frame.add(new JButton("West"), BorderLayout.WEST);
        frame.add(new JButton("Center"), BorderLayout.CENTER);
        //frame.add(new JButton("Center"), "Center");     //等价的用法
        //frame.add("Center",new JButton("Center") );
        frame.setSize(200,200);
        frame.setVisible(true);
        frame.setDefaultCloseOperation(JFrame.EXIT_ON_CLOSE);
    }
}
public class Test{
    public static void main(String args[]) {
        new BorderLayoutDemo();
    }
}
```

程序的运行结果如图 9.14 所示。

BorderLayout 布局管理器将整个容器的布局划分成东、西、南、北、中 5 个区域，组件只能被添加到指定的区域，每个区域只能加入一个组件；如果加入多个组件，则先前加入的组件会被遗弃，需配合 panel 容器的使用。

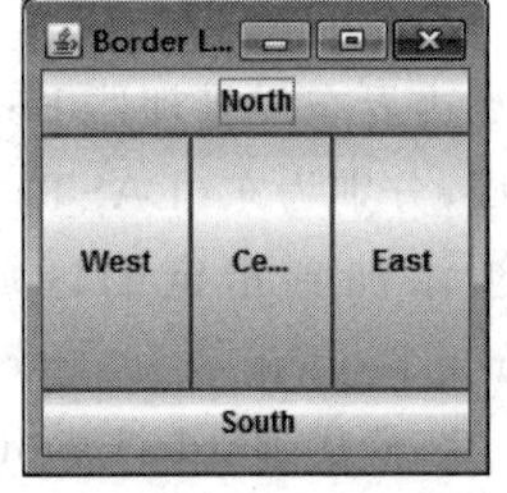

图 9.14 程序的运行结果

9.3.3 GridLayout

网格布局管理器 GridLayout 是以表格的形式管理容器的，是使容器中各个组件呈网格状分布，平均占用容器的空间，即将容器等分成相同大小的矩形域，组件从第一行开始从左到右依次放置到这些矩形域中，放满后，继续从下一行开始。在使用 GridLayout 布局管理器时必须设置显示的行数和列数，常用的构造方法如表 9.14 所示。

表 9.14 GridLayout 的构造方法

序号	方 法	类型	描 述
1	public GridLayout()	构造	创建一个没有间距的 BorderLayout 对象
2	public GridLayout(int rows,int cols)	构造	创建具有指定行数和列数的网格布局
3	public GridLayout(int rows, int cols, int hgap,int vgap)	构造	创建一个指定行数和列数，同时指定水平和垂直间距的网格布局

其中，rows 和 cols 参数指定网格的行数和列数，如不指定，其默认值均为 1；hgap 参数指定在同一行上相邻两个组件之间的水平间距，vgap 参数指定相邻两行组件之间的垂直间距。hgap 参数和 vgap 参数的单位均为像素，如不指定这两个参数，其默认值均为 0 个像素单位。

例 9.11 网格布局管理器的使用。

```
import java.awt.GridLayout;
import java.awt.BorderLayout;
import javax.swing.JFrame;
import javax.swing.JButton;
import javax.swing.JTextField;
import javax.swing.JPanel;
class GridLayoutDemo{
    JFrame frame;
    JTextField tf;
    JButton button[] = new JButton[16];
    double result = 0;
    JPanel panel;
    GridLayoutDemo(){
        frame = new JFrame("计算器");
        frame.setLayout(new BorderLayout());                //为窗体设置边界布局管理器
        tf = new JTextField("0");
        frame.add(tf,BorderLayout.NORTH);
        panel = new JPanel();
        panel.setLayout(new GridLayout(4,4));               //为面板设置网格布局管理器
        frame.add(panel,BorderLayout.CENTER);
        button[0] = new JButton("0");        button[1] = new JButton("1");
        button[2] = new JButton("2");        button[3] = new JButton("3");
        button[4] = new JButton("4");        button[5] = new JButton("5");
        button[6] = new JButton("6");        button[7] = new JButton("7");
        button[8] = new JButton("8");        button[9] = new JButton("9");
        button[10] = new JButton(" + ");      button[11] = new JButton(" - ");
```

```
        button[12] = new JButton(" * ");          button[13] = new JButton("/");
        button[14] = new JButton(" = ");          button[15] = new JButton(".");
        panel.add(button[7]);          panel.add(button[8]);     //将按钮添加到面板中
        panel.add(button[9]);          panel.add(button[13]);
        panel.add(button[4]);          panel.add(button[5]);
        panel.add(button[6]);          panel.add(button[12]);
        panel.add(button[1]);          panel.add(button[2]);
        panel.add(button[3]);          panel.add(button[11]);
        panel.add(button[0]);          panel.add(button[15]);
        panel.add(button[14]);         panel.add(button[10]);
        frame.setSize(230,250);
        frame.setVisible(true);
        frame.setDefaultCloseOperation(JFrame.EXIT_ON_CLOSE);
    }
    }
public class Test{
    public static void main(String args[ ]){
        new GridLayoutDemo();
    }
}
```

程序运行结果如图 9.15 所示。

图 9.15 程序运行结果

9.4 事件处理

对于图形用户界面的程序来说,要想让每一个组件都发挥其自己的作用,就必须对所有组件进行事件处理。Java 语言使用 AWT 事件处理机制专门用于响应用户的操作,比如,当用户单击按钮时,希望系统能完成一个动作,实现某种功能,这些交互的功能是由后台的事件处理接口来完成的,java.awt.event 包就提供处理由组件所激发的各类事件的接口和适配器类。在学习如何使用 AWT 事件处理机制之前,首先学习几个比较重要的概念。

事件源:发生事件的场所,通常是某个组件,例如,一个 Button 按钮。

监听器:负责监听事件源上发生的事件,并对各种事件做出相应处理的对象。事件源通过调用相应的方法注册自己的监听器。例如,对按钮对象注册监听器的方法是:

```
addActionListener(监听器对象);
```

对于注册了监听器的按钮，在按钮获得鼠标单击事件后，Java虚拟机运行环境自动创建ActionEvent类的一个对象，即发生了ActionEvent事件。也就是说，事件源注册监听器之后，相应的操作会导致相应事件的产生，并通知监听器，监听器会做出相应的处理。事件类的根类是java.util.EventObject。常见的事件类以及层次结构如图9.16所示。

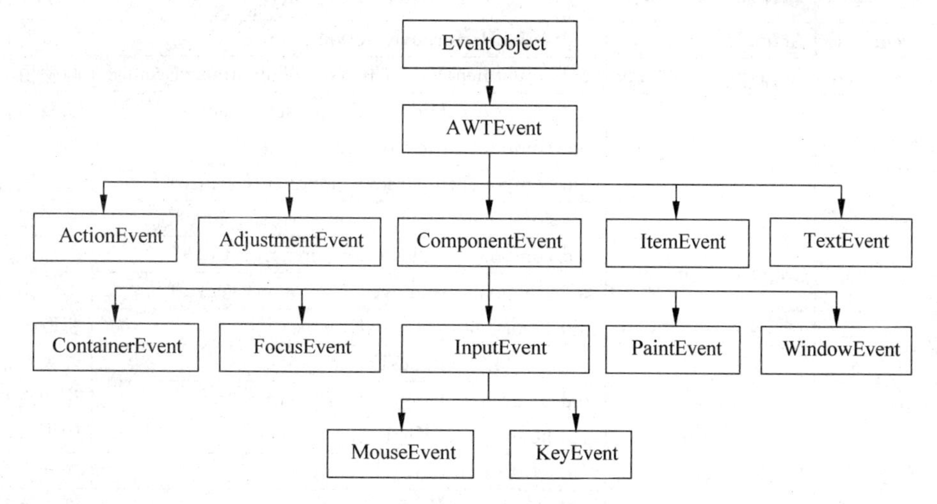

图9.16 AWT事件类及其层次结构

用户的行为、事件源以及发生的事件类型如表9.15所示。

表9.15 用户行为、事件源和事件类型

序号	用户行为	事件源	事件类型
1	从容器中添加或删除组件	Container	ContainerEvent
2	打开、关闭、最小化和还原窗口	Window	WindowEvent
3	单击按钮	JButton	ActionEvent
4	在文本域按下回车键	JTextField	ActionEvent
5	选定一个新项	JComboBox	ItemEvent、ActionEvent
6	选定多项	JList	ListSelectionEvent
7	单击复选框	JCheckBox	ItemEvent、ActionEvent
8	单击单选按钮	JRadioButton	ItemEvent、ActionEvent
9	选定菜单项	JMenuItem	ActionEvent
10	移动滚动条	JScrollBar	AdjustmentEvent
11	组件移动、改变大小、隐藏或显示	Component	ComponentEvent
12	组件获得或失去焦点	Component	FocusEvent
13	释放或按下键盘上的键	Component	KeyEvent
14	按下、释放、单击、移入或移出鼠标	Component	MouseEvent
15	移动或拖动鼠标	Component	MouseEvent

9.4.1 事件处理机制

事件的处理是通过事件监听器实现的，每类事件都有对应的事件监听器，监听器是接口，也就是说，进行事件处理的是接口。进行事件处理首先要对事件源注册监听器，当有事件发生时,Java 虚拟机就会生成一个事件对象,事件对象将会被事件源上注册的事件监听器进行处理。表 9.16 中列出了事件类、对应的事件监听器接口以及对应的方法和含义。

表 9.16 事件类、监听器、方法和描述

事 件 类	事件的监听器接口	接口中的方法	方法描述
ActionEvent	ActionListener	void actionPerformed(ActionEvent e)	单击时执行
AdjustmentEvent	AdjustmentListener	void adjustmentValueChanged(AdjustmentEvent e)	调整值
ComponentEvent	ComponentListener	void componentHidden(ComponentEvent e)	隐藏组件
		void componentMoved(ComponentEvent e)	删除组件
		void componentResized(ComponentEvent e)	改变组件大小
		void componentShown(ComponentEvent e)	显示组件
ContainerEvent	ContainerListener	void componentAdded(ContainerEvent e)	添加组件
		void componentRemoved(ContainerEvent e)	删除组件
FocusEvent	Focus	void focusGained(FocusEvent e)	获取焦点
		void focusLost(FocusEvent e)	失去焦点
ItemEvent	ItemListener	void itemStateChanged(ItemEvent e)	改变选项状态
KeyEvent	KeyListener	void keyPressed(KeyEvent e)	按下键盘按键
		void keyReleased(KeyEvent e)	松开键盘按键
		void keyTyped(KeyEvent e)	输入字符
MouseEvent	MouseMotionListener	void mouseDragged(MouseEvent e)	鼠标拖动
		void mouseMoved(MouseEvent e)	鼠标移动
MouseEvent	MouseListener	void mouseClicked(MouseEvent e)	单击鼠标
		void mouseEntered(MouseEvent e)	鼠标进入
		void mouseExited(MouseEvent e)	鼠标退出
		void mousePressed(MouseEvent e)	按下鼠标
		void mouseReleased(MouseEvent e)	松开鼠标
WindowEvent	WindowListener	void windowActivated(WindowEvent e)	激活窗口
		void windowClosed(WindowEvent e)	关闭窗口后
		void windowClosing(WindowEvent e)	关闭窗口时
		void windowDeactivated(WindowEvent e)	失去焦点
		void windowDeiconified(WindowEvent e)	还原窗口
		void windowIconified(WindowEvent e)	最小化窗口
		void windowOpened(WindowEvent e)	打开窗口

在程序中,如果想利用事件的监听机制进行事件处理,首先需要定义一个类(内部类、外部类或匿名类)实现事件监听器的接口,然后调用 addXxxListener()方法将监听器绑定到事件源对象上,当事件源上发生事件时,便会触发事件监听器对象,由事件监听器调用相应的方法来处理事件。接下来,分别通过创建外部类、匿名类、内部类实现事件监听器接口,进行事件处理。

例 9.12 事件处理的简单程序。

```
import javax.swing.JFrame;
import javax.swing.JButton;
import javax.swing.JTextField;
import java.awt.event.ActionListener;
```

```
import java.awt.event.ActionEvent;
import java.awt.FlowLayout;
class EventDemo implements ActionListener{
    JFrame frame;
    JButton button1,button2;
    JTextField t;
    EventDemo(){
        frame = new JFrame("事件处理例程");
        frame.setLayout(new FlowLayout());
        button1 = new JButton("button1");
        button2 = new JButton("button2");
        frame.add(button1);frame.add(button2);
        button1.addActionListener(this);        //对按钮注册监听器,由本类对象进行事件处理
        button2.addActionListener(this);
        t = new JTextField(20);
        frame.add(t);
        frame.setSize(300,100);
        frame.setVisible(true);
    }
    public void actionPerformed(ActionEvent e){ //getSource()方法获得事件对象
            if (e.getSource() == button1)t.setText("button1");
            elseif (e.getSource() == button2)t.setText("button2");
    }//单击按钮 button1,文本框显示 button1; 单击按钮 button2,文本框显示 button2
    }
public class Test{
    public static void main(String args[]){
        new EventDemo();
    }
}
```

程序在图形用户界面类 EventDemo 中进行事件处理,事件对象包含与事件相关的一切属性,可以使用 EventObject 类中的实例方法 getSource()获得事件对象。

例 9.13 通过内部类实现事件处理的简单程序。

```
import javax.swing.JFrame;
import javax.swing.JButton;
import java.awt.event.ActionListener;
import java.awt.event.ActionEvent;
import java.awt.FlowLayout;
class EventDemo{
    JFrame frame;
    JButton button;
    int i = 0;   //控制单击按钮次数
    EventDemo(){
        frame = new JFrame("事件处理例程");
        frame.setLayout(new FlowLayout());
        button = new JButton("按钮");
        frame.add(button);
        button.addActionListener(new Monitor());
        frame.setSize(300,100);
        frame.setVisible(true);
```

```
    }
    class Monitor implements ActionListener{//创建内部类实现事件处理
        public void actionPerformed(ActionEvent e){
            if (i == 0&&e.getSource() == button){button.setText("Click me");
            i = 1;}
            else if (i == 1&&e.getSource() == button){button.setText("Click me again");
            i = 0;}
        }//第 1 次单击按钮,按钮上显示 Click me,下一次显示 Click me again,重复此操作
    }
}
public class Test{
    public static void main(String args[ ]){
        new EventDemo();
    }
}
```

例 9.14 通过匿名类实现事件处理的简单程序。

```
import javax.swing.JFrame;
import javax.swing.JButton;
import java.awt.event.ActionListener;
import java.awt.event.ActionEvent;
import java.awt.FlowLayout;
class EventDemo{
    JFrame frame;
    JButton button;
    EventDemo(){
        frame = new JFrame("事件处理例程");
        frame.setLayout(new FlowLayout());
        button = new JButton("确定");
        frame.add(button);
        button.addActionListener(new ActionListener(){//创建匿名类,实现事件处理
            public void actionPerformed(ActionEvent e){
                if (e.getSource() == button)System.exit(0);}
            });
        frame.setSize(200,100);
        frame.setVisible(true);
    }
}
public class Test{
    public static void main(String args[ ]){
        new EventDemo();
    }
}
```

例 9.15 通过外部类实现例 9.13 事件处理的简单程序。

```
import javax.swing.JFrame;
import javax.swing.JButton;
import javax.swing.JTextField;
import java.awt.event.ActionListener;
import java.awt.event.ActionEvent;
```

```
import java.awt.FlowLayout;
class EventDemo{
    JFrame frame;
    JButton button1,button2;
    JTextField t;
    EventDemo(){
        frame = new JFrame("事件处理例程");
        frame.setLayout(new FlowLayout());
        button1 = new JButton("button1");
        button2 = new JButton("button2");
        frame.add(button1);frame.add(button2);
        button1.addActionListener(new Monitor(this));       //this 表示本类对象
        button2.addActionListener(new Monitor(this));
        t = new JTextField(20);
        frame.add(t);
        frame.setSize(300,100);
        frame.setVisible(true);
    }
}
class Monitor implements ActionListener{                    //创建外部类实现事件处理
     EventDemo m;
    Monitor(EventDemo m){
         this.m = m;
     }
    public void actionPerformed(ActionEvent e){
            if (e.getSource() == m.button1)m.t.setText("button1");
            elseif (e.getSource() == m.button2)m.t.setText("button2");
        }
}
public class Test{
    public static void main(String args[]){
        new EventDemo();
    }
}
```

例 9.16　窗体事件处理的简单程序。

```
import java.awt.event.WindowListener;
import java.awt.event.WindowEvent;
import java.awt.Frame;
class EventDemo{
    Frame frame;
    EventDemo(){
        frame = new Frame("事件处理例程");
        frame.addWindowListener(new Monitor());
        frame.setSize(200,100);
        frame.setVisible(true);
    }
}
class Monitor implements WindowListener{
    public void windowClosing(WindowEvent e){
```

```
                System.exit(0);
            }
        public void windowActivated(WindowEvent e){
                        }
        public void windowClosed(WindowEvent e){
                        }
        public void windowDeactivated(WindowEvent e){
                        }
        public void windowDeiconified(WindowEvent e){
                        }
        public void windowIconified(WindowEvent e){
                        }
        public void windowOpened(WindowEvent e){
                }
}
public class Test{
    public static void main(String args[]){
    new EventDemo();
    }
}
```

9.4.2 事件适配器

例 9.16 中的 Monitor 类实现 WindowListener 接口后,需要实现接口中定义的 7 个方法,然而在程序中需要用到的只有 windowClosing(WindowEvent e)一个方法,其他 6 个方法都是空实现,这样代码的编写明显是一种多余但又必需的工作。针对这样的问题,Java 语言提供了适配器类,它们是监听器接口的默认实现类,这些实现类中实现了接口的所有方法,但也同样是空实现。程序也可以通过继承适配器类来实现监听器接口的作用,接下来通过继承适配器类来实现事件处理机制。

例 9.17 通过适配器类实现例 9.16 窗体事件处理的简单程序。

```
import java.awt.event.WindowAdapter;
import java.awt.event.WindowEvent;
import java.awt.Frame;
class EventDemo extends WindowAdapter{
    Frame frame;
    EventDemo(){
        frame = new Frame("事件处理例程");
        frame.addWindowListener(this);
        frame.setSize(200,100);
        frame.setVisible(true);
    }
    public void windowClosing(WindowEvent e){
            System.exit(0);
        }
}
public class Test{
    public static void main(String args[]){
```

```
        new EventDemo();
    }
}
```

通过创建外部类、匿名类、内部类实现事件监听器接口进行事件处理，同样也可以创建外部类、匿名类、内部类继承适配器类进行事件处理，使用方式在这里不再重述。表 9.17 列出了事件监听器接口和适配器类的对应关系。

表 9.17　事件监听器接口和适配器类对应表

事件监听器接口	事件监听器对应的适配器	事件监听器接口	事件监听器对应的适配器
ComponentListener	ComponentAdapter	MouseListener	MouseAdapter
ContainerListener	ContainerApapter	MouseMotionListener	MouseMotionAdapter
FocusListener	FocusAdapter	WindowListener	WindowAdapter
KeyListener	KeyAdapter		

9.4.3　常用事件处理

1. 鼠标事件

如果只希望用户能够单击按钮或菜单，那么就不需要显式地处理鼠标事件，鼠标操作将由用户界面中的各种组件内部处理。然而，如果希望用户使用鼠标画图，就需要捕获鼠标移动单击和拖动事件。Java 中提供了两个处理鼠标事件的监听器接口 MouseListener 和 MouseMotionListener，也可以通过继承适配器 MouseAdapter 类和 MouseMotionAdapter 类来实现。实现 MouseListener 接口可以监听鼠标的按下、释放、移入、移出或单击等行为，实现 MouseMotionListener 接口可以监听鼠标的拖动或移动等行为，MouseListener 接口定义了如表 9.18 所示的方法，MouseMotionListener 接口定义了如表 9.19 所示的方法。

表 9.18　MouseListener 接口的方法

序号	方　法	描　述
1	void mouseClicked(MouseEvent e)	鼠标按键在组件上单击(按下并释放)时调用
2	void mouseEntered(MouseEvent e)	鼠标进入到组件上时调用
3	void mouseExited(MouseEvent e)	鼠标离开组件时调用
4	void mousePressed(MouseEvent e)	鼠标按键在组件上按下时调用
5	void mouseReleased(MouseEvent e)	鼠标按钮在组件上释放时调用

表 9.19　MouseMotionListener 接口的方法

序号	方　法	描　述
1	void mouseDragged(MouseEvent e)	鼠标按键在组件上按下并拖动时调用
2	void mouseMoved(MouseEvent e)	鼠标光标移动到组件上但无按键按下时调用

在产生 MouseEvent 事件后，此事件可以得到鼠标的相关操作，MouseEvent 类的常用方法及常量如表 9.20 所示。

表 9.20 MouseEvent 事件的常用方法及常量

序号	方法及常量	类型	描述
1	public static final int BUTTON1	常量	表示鼠标左键的常量,由 getButton()使用
2	public static final int BUTTON2	常量	表示鼠标滚轴的常量,由 getButton()使用
3	public static final int BUTTON3	常量	表示鼠标右键的常量,由 getButton()使用
4	public int getX()	方法	返回鼠标操作的水平 x 坐标
5	public int getY()	方法	返回鼠标操作的水平 y 坐标

例 9.18 实现鼠标事件监听示例 1。

```
import java.awt.event.MouseListener;
import java.awt.event.MouseEvent;
import javax.swing.*;
class MouseEventDemo{
    JFrame frame;
    JTextArea textarea;
    JScrollPane sc;
    MouseEventDemo(){
        frame = new JFrame("鼠标事件程序示例");
        textarea = new JTextArea();
        sc = new JScrollPane(textarea);              //将文本域添加到滚动面板中
        frame.add(sc);
        frame.setSize(260,200);
        frame.setVisible(true);
        textarea.addMouseListener(new MouseListener(){
                                           //对文本域注册鼠标事件监听器
            public void mouseClicked(MouseEvent e){
                int c = e.getButton();               //返回更改了状态的鼠标按键
                String mouseInfo = null;
                if (c == MouseEvent.BUTTON1){mouseInfo = "鼠标左击事件";}
                else if (c == MouseEvent.BUTTON3){mouseInfo = "鼠标右击事件";}
                else if (c == MouseEvent.BUTTON2){mouseInfo = "鼠标滚轴事件";}
                textarea.append("鼠标单击" + mouseInfo + ".\n");
                                           //将文本追加到文档结尾
            }
            public void mouseEntered(MouseEvent e){
                textarea.append("鼠标进入文本域事件" + ".\n");
            }
            public void mouseExited(MouseEvent e){
                textarea.append("鼠标移出文本域事件" + ".\n");
            }
            public void mousePressed(MouseEvent e){
                textarea.append("鼠标按下事件" + ".\n");
            }
            public void mouseReleased(MouseEvent e){
                textarea.append("鼠标放开事件" + ".\n");
            }
        });
        frame.setDefaultCloseOperation(JFrame.EXIT_ON_CLOSE);
```

```
    }
}
public class Test{
    public static void main(String args[ ]){
    new MouseEventDemo();
    }
}
```

程序运行结果如图 9.17 所示。

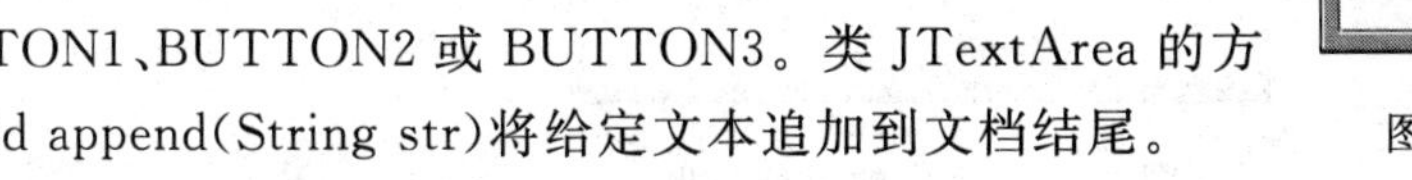

类 MouseEvent 的方法 int getButton()将返回更改了状态的鼠标按键，返回值为以下常量之一：NOBUTTON、BUTTON1、BUTTON2 或 BUTTON3。类 JTextArea 的方法 void append(String str)将给定文本追加到文档结尾。

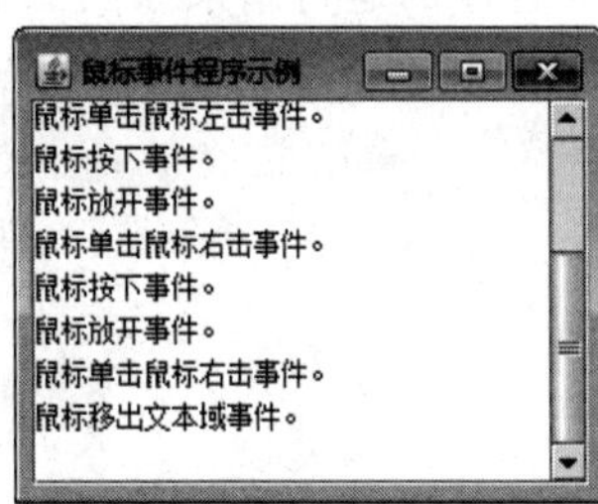

图 9.17 程序运行结果

例 9.19 实现鼠标事件监听示例 2。

```
import java.awt. * ;
import java.awt.event. * ;
import javax.swing. * ;
class MouseEventDemo{
    JFrame frame;
        public MouseEventDemo(){
        frame = new JFrame("鼠标事件程序示例");
        MyPanel p = new MyPanel();
        frame.setLayout(new BorderLayout());
        frame.add(p);
        frame.setSize(300,200);
        frame.setVisible(true);
        frame.setDefaultCloseOperation(JFrame.EXIT_ON_CLOSE);
    }
    class MyPanel extends JPanel{
    private String message = "鼠标事件程序示例";
    private int x = 20;
    private int y = 20;
    public MyPanel(){                                  //对面板组件注册鼠标事件监听器
            addMouseMotionListener(new MouseMotionAdapter(){
            public void mouseDragged(MouseEvent e){
                x = e.getX();
                y = e.getY();
                repaint();                             //绘制图像
            }
        });
    }
    public void paintComponent(Graphics g){
        super.paintComponent(g);
        g.drawString(message,x,y);
    }
}
}
public class Test{
    public static void main(String args[ ]){
```

```
            new MouseEventDemo();
        }
    }
```

程序的运行结果如图 9.18 所示。

图 9.18　程序的运行结果

本例在面板中显示一条信息，可以用鼠标拖动该信息。JPanel 类从父类继承来的方法 repaint()，则此方法会调用此组件的方法 paint(Graphics g)，方法 paint(Graphics g)实际上将绘制工作委托方法 paintComponent(Graphics g)来完成。

2. 键盘事件

键盘事件可以利用键来控制和执行一些操作，或从键盘上获取输入。只要按下、释放一个键或者在一个组件上敲击，就会触发键盘事件。KeyEvent 对象描述事件的特性(即按下、放开或者敲击一个键)和对应的键值，KeyEvent 类的常用方法如表 9.21 所示。

表 9.21　KeyEvent 事件的常用方法

序号	方法及常量	类型	描　述
1	public char getKeyChar()	方法	返回和事件中的键关联的字符
2	public int getKeyCode()	方法	返回和事件中的键关联的整数键代码

Java 中提供了接口 KeyListener 来处理键盘事件，也可以通过继承适配器 KeyAdapter 类来实现键盘事件处理。KeyListener 接口定义了如表 9.22 所示的方法。

表 9.22　KeyListener 接口的方法

序号	方　法	描　述
1	void keyPressed(KeyEvent e)	在源组件上按下键后调用
2	void keyReleased(KeyEvent e)	在源组件上放开键后调用
3	void keyTyped(KeyEvent e)	在源组件上按下然后放开键后调用

当按下一个键时，就会调用 keyPressed()处理程序，当松开一个键时，就会调用 keyReleased()方法，当输入一个统一字符键时，就会调用 keyTyped()方法。如果这个键没有统一码(例如功能键、修改键、行为键和控制键等)，则不会调用 keyTyped()方法。

每个键盘事件都有一个相关的键字符或键编码，可以分别由 KeyEvent 中的 getKeyChar()和 getKeyCode()方法返回。键编码是定义在表 9.23 中的常量，对于统一码字符的键，键编码和统一码的值相同。对于按下按键和释放按键事件，getKeyCode()方法返回定义在表中的值，对于按键敲击事件，getKeyCode()返回 VK_UNDEFINED。

表 9.23 键常量

常 量	描 述	常 量	描 述
VK_HOME	Home 键	VK_CONTROL	Ctrl 键
VK_END	End 键	VK_SHIFT	Shift 键
VK_PGUP	Page Up 键	VK_BACK_SPACE	退格键
VK_PGDN	Page Down 键	VK_CAPS_LOCK	大写字母锁定键
VK_UP	上箭头	VK_NUM_LOCK	数字键盘锁定键
VK_DOWN	下箭头	VK_ENTER	回车键
VK_LEFT	左箭头	VK_UNDEFINED	
VK_RIGHT	右箭头	VK_F1 到 VK_F12	功能键 F1～F12
VK_ESCAPE	Esc 键	VK_0 到 VK_9	数字键 0～9
VK_TAB	Tab 键	VK_A 到 VK_Z	字母键 A～Z

例 9.20 实现键盘事件监听示例。

```
import java.awt.*;
import java.awt.event.*;
import javax.swing.*;
class KeyEventDemo extends JFrame{
    private KeyPanel panel;
    public KeyEventDemo(){
        super("键盘事件程序示例");
        panel = new KeyPanel();
        add(panel);
        panel.setFocusable(true);           //将 panel 的焦点状态设置为 true
        setDefaultCloseOperation(JFrame.EXIT_ON_CLOSE);
        setSize(300,200);
        setVisible(true);
    }
    class KeyPanel extends JPanel{
        private int x = 100;
        private int y = 100;
        private char KeyChar = 'A';
        public KeyPanel(){
            addKeyListener(new KeyAdapter(){//对面板组件注册键盘事件监听器
                public void keyPressed(KeyEvent e){
                    switch(e.getKeyCode()){
                    case KeyEvent.VK_DOWN:y += 10;break;
                    case KeyEvent.VK_UP:y -= 10;break;
                    case KeyEvent.VK_LEFT:x -= 10;break;
                    case KeyEvent.VK_RIGHT:x += 10;break;
                    default :KeyChar = e.getKeyChar();
                    }
                    repaint();
                }
            });
        }
```

```
            protected void paintComponent(Graphics g)
            {   super.paintComponent(g);
                g.setFont(new Font("TimesRoman",Font.PLAIN,30));
                g.drawString(String.valueOf(KeyChar), x, y);
            }
        }
    }
    public class Test{
        public static void main(String args[ ]){
            new KeyEventDemo();
        }
    }
```

程序的运行结果如图 9.19 所示。

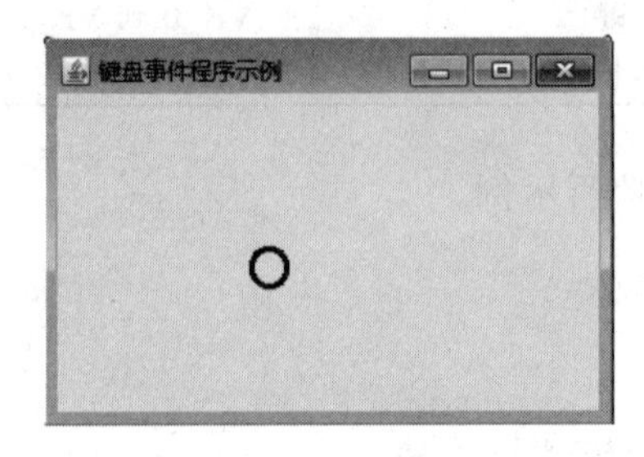

图 9.19　程序的运行结果

9.5 模型-视图-控制器设计模式

模型-视图-控制器(Model-View-Controller)设计模式简称为 MVC,这是一种先进的设计方法,这种设计模式遵循面向对象设计中的一个基本原则:限制一个对象拥有的功能数量。不要用一个对象完成所有的事情,而是应该一个对象负责组件的观感,另一个对象负责存储内容。模型-视图-控制器(MVC)设计模式告诉我们如何实现这种设计,即实现 3 个独立的类:

- 模型(model)——存储内容。
- 视图(view)——显示内容。值得注意的是,模型是完全不可见的,显示存储在模型中的数据是视图的工作。
- 控制器(controller)——处理用户的输入事件(如单击鼠标和敲击键盘),对于用户的操作做出响应,决定是否把这些事件转化为对模型或视图的改变,让模型和视图进行必要的交互。

在 Swing 组件中,每个界面元素都有一个包装类(如按钮、文本框等)来保存模型和视图。当需要查询内容(如文本框中的文本)时,包装器类会向模型询问并返回所要的结果,当想改变视图时(如获取文本框中的文本)时,包装器类会把此请求转发给视图。因此,我们在程序设计时也遵循这种思想,可以根据需要设计“模型”类,然后为模型提供相应的显示组件,即“视图”。为了对用户的操作做出响应,可以选择某个组件作为“控制器”,当触发事件时,通过视图获取模型中的数据,也可以在模型中的数据发生变化时让视图也得到更新。

在下面的例子中,我们编写了计算学生总成绩的程序。首先编写了学生类(模板角色),然后编写了一个窗体,为学生对象的数据提供视图,在窗体中包含一个按钮(控制器角色),用户单击按钮来计算学生的总成绩。

例 9.21 MVC 结构应用示例。

```
import java.awt.*;
import java.awt.event.*;
import javax.swing.*;
class Student{
    String 姓名,学号;
    double 数学,英语,总成绩;
    void set 数学(double a){
        数学 = a;    }
    void set 英语(double a){
        英语 = a;    }
    double get 总成绩(){
        return 数学 + 英语;    }
}
class MVCFrame implements ActionListener{
    Student s;
    JFrame frame;
    JTextField jt1,jt2,jt3,jt4,jt5;
    JButton button;
    JPanel panel1,panel2;
    MVCFrame(){
        s = new Student();
        frame = new JFrame("MVC 结构程序示例");
        frame.setLayout(new FlowLayout());
        button = new JButton("计算成绩");
        panel1 = new JPanel();
        panel1.add(new JLabel("姓名:",10));
        jt1 = new JTextField(6);
        panel1.add(jt1);
        panel1.add(new JLabel("学号:",10));
        jt2 = new JTextField(6);
        panel1.add(jt2);
        panel2 = new JPanel();
        panel2.add(new JLabel("数学:",10));
        jt3 = new JTextField(" ",6);
        panel2.add(jt3);
        panel2.add(new JLabel("英语:",10));
        jt4 = new JTextField(" ",6);
        panel2.add(jt4);
        panel2.add(new JLabel("总成绩:",10));
        jt5 = new JTextField(" ",6);
        panel2.add(jt5);
        panel2.add(button);
        button.addActionListener(this);
        frame.add(panel1);
        frame.add(panel2);
        frame.setSize(450,150);
        frame.setVisible(true);
        frame.setDefaultCloseOperation(JFrame.EXIT_ON_CLOSE);
```

```
        }
        public void actionPerformed(ActionEvent e){
            double a = Double.parseDouble(jt3.getText().trim());
            double b = Double.parseDouble(jt4.getText().trim());
              //String类的trim()方法将返回字符串的副本,忽略前导空白和尾部空白
            s.set数学(a);
            s.set英语(b);
            jt5.setText(String.valueOf(s.get总成绩()));
        }
    }
    public class Test{
        public static void main(String args[]){
            new MVCFrame();
        }
    }
```

程序的运行结果如图 9.20 所示。

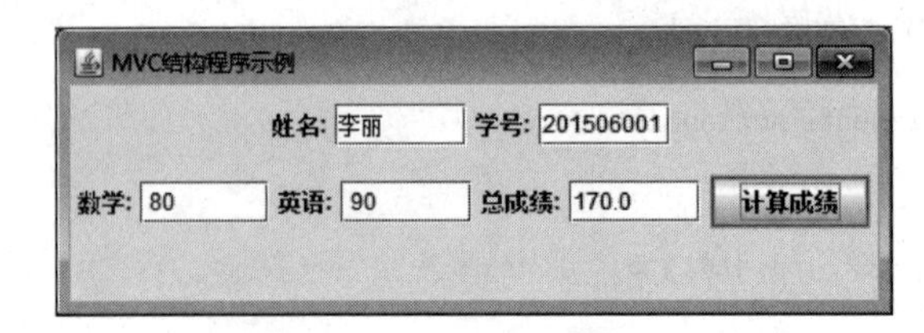

图 9.20 程序的运行结果

9.6 表格组件

JTable 组件提供了以行和列的形式显示数据的视图。JTable 组件是 Swing 组件中比较复杂的组件,隶属于 javax.swing 包,能以二维表的形式显示数据。JTable 类的常用方法如表 9.24 所示。

表 9.24 JTable 类的常用方法

序号	方 法	类型	描 述
1	public JTable()	构造	构造一个默认的 JTable,使用默认的数据模型、默认的列模型和默认的选择模型对其进行初始化
2	public JTable(Object [][]rowData, Object []columnNames)	构造	构造一个 JTable 来显示二维数组 rowData 中的值,其列名称为 columnNames
3	public JTable(Vector rowData,Vector columnNames)	构造	构造一个 JTable 来显示 Vector 所组成的 Vector rowData 中的值,其列名称为 columnNames
4	public JTable(TableModel dm)	构造	构造一个 JTable,使用数据模型 dm、默认的列模型和默认的选择模型对其进行初始化
5	TableColumnModel getColumnModel()	普通	返回包含此表所有列信息的 TableColumnModel 模型
6	void setAutoResizeMode(int mode)	普通	当调整表的大小时,设置表的自动调整模式

1. 简单表格

JTable并不存储它自己的数据，而是从一个表格模型中获取它的数据。JTable类有一个构造方法能够将一个二维数组包装进一个默认的模型，是在这里的简单表格示例程序中用到的策略，后面会介绍表格模型的使用。

例 9.22　建立简单表格。

```
import javax.swing.JFrame;
import javax.swing.JScrollPane;
import javax.swing.JTable;
class JTableDemo{
JFrame frame;
JScrollPane sc;
JTable t;
String[ ]titles = {"学号","姓名","英语成绩","数学成绩","总分"};  //定义数组表示表格标题
Object[ ][ ]student = {{"01","李丽","91","96","187"},{"02","郝明阳","79","90","169"},{"03","王鹏","92","88","180"},{"04","李乐平","92","88","180"},{"05","秦方","92","88","180"}};
//定义二维对象数组表示每行的数据
JTableDemo(){
    frame = new JFrame("表格例程");
    t = new JTable(student,titles);                //创建JTable对象
    sc = new JScrollPane(t);                       //创建滚动面板
    frame.add(sc);
    frame.setSize(300,150);
    frame.setVisible(true);
    frame.setDefaultCloseOperation(JFrame.EXIT_ON_CLOSE);
                                                   //设置窗口的关闭按钮起作用,让程序退出
    }
}
public class Test{
    public static void main(String args[ ]){
        new JTableDemo();
    }
}
```

程序运行结果如图 9.21 所示。

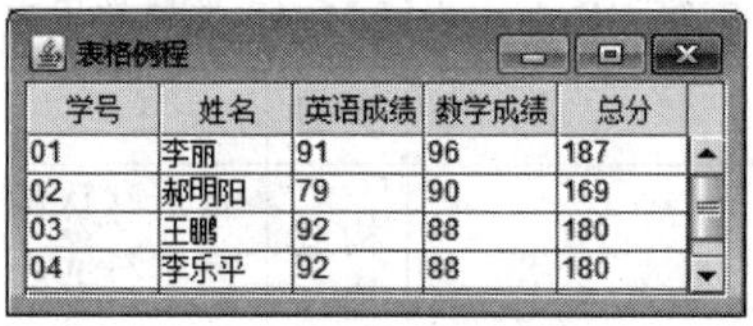

表格例程

学号	姓名	英语成绩	数学成绩	总分
01	李丽	91	96	187
02	郝明阳	79	90	169
03	王鹏	92	88	180
04	李乐平	92	88	180

图 9.21　程序的运行结果

程序中JTable使用时要加入到滚动面板JScrollPane中，否则表格的标题将无法显示。

2. 表格模型

在Swing中使用JTable来负责表格的显示控制，表格模型TableModel负责组织表格中的数据，在创建表格的时候，JTable处理与数据显示相关的问题，使用TableModel来提供要显示的数据。

javax.swing.table 包中的 TableModel 接口定义了二维表格最基本的操作，如获取列数、行数、列名和单元格内容等。在此接口中定义了许多与表格操作相关的方法，常用方法如表 9.25 所示。

表 9.25 TableModel 接口常用方法

序号	方　法	类型	描　述
1	Class <?> getColumnClass(int columnIndex)	普通	得到表格中每一列的数据类型
2	int getColumnCount()	普通	返回该模型中的列数
3	String getColumnName(int columnIndex)	普通	返回 columnIndex 位置的列的名称
4	Object getValunAt(int rowIndex,int columnIndex)	普通	返回 columnIndex 和 rowIndex 位置的单元格值
5	int getRow()	普通	返回该模型中的行数
6	boolean isCellEditable (int rowIndex, int columnIndex)	普通	如果 rowIndex 和 columnIndex 位置的单元格是可编辑的，则返回 true
7	void setValueAt(Object aValue,int rowIndex,int columnIndex)	普通	将 columnIndex 和 rowIndex 位置的单元格中的值设置为 aValue

要生成表格模型的实例对象，需要编写实现了 TableModel 接口的表格模型类。在编写表格模型类的过程中，一般首先需要定义二维表格的数据结构存储表头信息和表格数据内容。常用的数据结构有二维数组和类 Vector。如果二维表格的行数和列数在表格创建之后不需要改变，则可以直接使用二维数组；如果二维表格的行数和列数经常需要改变，则可以通过 Vector 的实例对象存储表头信息和表格的数据。在定义好的表格数据结构上利用接口 TableModel 中的方法实现对表格的操作。

在一般的开发中很少直接实现 TableModel 接口，而都使用接口的子类 AbstractTableModel 编写实现表格模型类，还可以利用抽象类 AbstractTableModel 的子类 DefaultTableModel 来实现，抽象类 AbstractTableModel 已经实现了接口 TableModel 规定的大部分成员方法，DefaultTableModel 类是 AbstractTableModel 的直接子类，DefaultTableModel 类可以对表格是行动态的操作，例如，增加行(列)、删除行(列)等，DefaultTableModel 类的常用方法如表 9.26 所示。

表 9.26 DefaultTableModel 类的常用方法

序号	方　法	类型	描　述
1	DefaultTableModel()	构造	构造默认的 DefaultTableModel，它是一个零列零行的表
2	public DefaultTableModel (int rowCount,int columnCount)	构造	构造一个具有 rowCount 行和 columnCount 列的 null 对象值的 DefaultTableModel
3	public DefaultTableModel (vector columnNames,int rowCount)	构造	构造一个 DefaultTableModel，它的列数与 columnNames 中元素的数量相同，并具有 rowCount 行 null 对象值
4	public DefaultTableModel (vector data,Vector columnNames)	构造	构造一个 DefaultTableModel，并通过将 data 和 columnNames 传递到 setDataVector 方法来初始化该表

续表

序号	方　法	类型	描　述
5	int getColumnCount()	普通	返回此数据表中的列数
6	int getRowCount()	普通	返回此数据表中的行数
7	String getColumnName(int column)	普通	获取当前二维表的第 column+1 列的名称
8	Object getValueAt(int row,int column)	普通	获取当前二维表的第 row+1 行第 column+1 列的元素
9	void addColumn(Object columnName)	普通	在当前二维表格的末尾添加新的一列,其中 columnName 指定列名,新加入列的各单元格的数据为空
10	void addColumn(Object columnName, Vector columnData)	普通	在当前二维表格的末尾添加新的一列,其中 columnName 指定列名,参数 columnData 指定新加入列的数据内容
11	void addRow(Vector rowData)	普通	在当前二维表格的最后添加新的一行,其中 rowData 指定这一行的内容
11	void insertRow(int row,Vector rowData)	普通	在当前二维表格的最后添加新的一行,新加入的行位于 row+1 行,原来的 row+1 行及之后各行向后移一行,新加入行的内容由 rowData 指定
12	void removeRow(int row)	普通	删除当前二维表格中 row+1 位置的行

例 9.23　使用 DefaultTableModel 类构建动态操作表格。

```
import javax.swing.JFrame;
import javax.swing.JTable;
import javax.swing.JPanel;
import javax.swing.JScrollPane;
import javax.swing.JButton;
import javax.swing.table.DefaultTableModel;
import javax.swing.table.TableColumn;
import javax.swing.table.TableColumnModel;
import java.awt.BorderLayout;
import java.awt.event.ActionEvent;
import java.awt.event.ActionListener;
import java.util.Vector;
class JTableDemo1 implements ActionListener{
    JFrame frame;
    JTable table;
    DefaultTableModel tm;
    String[]titles = {"学号","姓名","英语成绩","数学成绩","总分"};
//定义数组表示表格标题
    Object[][]student = {{"01","李丽","91","96","187"},{"02","郝明阳","79","90","169"},
{"03","王鹏","92","88","180"},{"04","李乐平","92","88","180"},{"05","秦方","92","88",
"180"}};                                //定义二维对象数组表示每行的数据
    JButton button[] = {new JButton("添加行"),new JButton("添加列"),new JButton("删除行"),
new JButton("删除列")};
    JScrollPane sc;
```

```
    JPanel panel;
    TableColumnModel columnMode;                //声明 TableColumnModel 模型
    TableColumn tableColumn;                    //声明 TableColumn 模型
    JTableDemo1(){
        frame = new JFrame("动态操作表格例程");
        tm = new DefaultTableModel(student,titles);        //创建 DefaultTableModel 表格模型
        table = new JTable(tm);                 //使用数据模型 tm 创建表格
        sc = new JScrollPane(table);            //将表格添加到滚动面板中
        panel = new JPanel();
        for(int i = 0;i < button.length;i++) panel.add(button[i]);      //将按钮添加到面板中
        button[0].addActionListener(this);  //对按钮注册监听器
        button[1].addActionListener(this);
        button[2].addActionListener(this);
        button[3].addActionListener(this);
        frame.add(panel,BorderLayout.NORTH);//把面板添加到容器中
        frame.add(sc,BorderLayout.CENTER);  //把滚动面板添加到容器中
        frame.setSize(400,200);
        frame.setDefaultCloseOperation(JFrame.EXIT_ON_CLOSE);
                                            //设置窗口的关闭按钮起作用,让程序退出
        frame.setVisible(true);
    }
    public void actionPerformed(ActionEvent e){//实现接口 ActionListener 中的方法
        if (e.getSource() == button[0]) tm.addRow(new Object[]{});
        if (e.getSource() == button[1]) tm.addColumn("新增列");
        if (e.getSource() == button[2]) {
            int rowCount = tm.getRowCount() - 1;
            if(rowCount >= 0)tm.removeRow(rowCount);
            tm.setRowCount(rowCount);     }
        if (e.getSource() == button[3]) {
            int colCount = tm.getColumnCount() - 1;      //返回数据表中的列数
                if (colCount >= 0){
                columnMode = table.getColumnModel();
//返回包含此表所有列信息的 TableColumnModel 模型
                tableColumn = columnMode.getColumn(colCount);
//返回 colCount 位置列的 TableColumn 对象
                columnMode.removeColumn(tableColumn);
//从 TableColumnModel 列模型删除 tableColumn 对象
                tm.setColumnCount(colCount);
//设置 DeaultTableModel 表格模型中的列数
                }
        }
    }
}
public class Test{
    public static void main(String args[]){
        new JTableDemo1();
    }
}
```

程序的运行结果如图 9.22 所示。

其中,javax.swing.table 包中的列模型接口 TableColumnModel 定义了适合用于

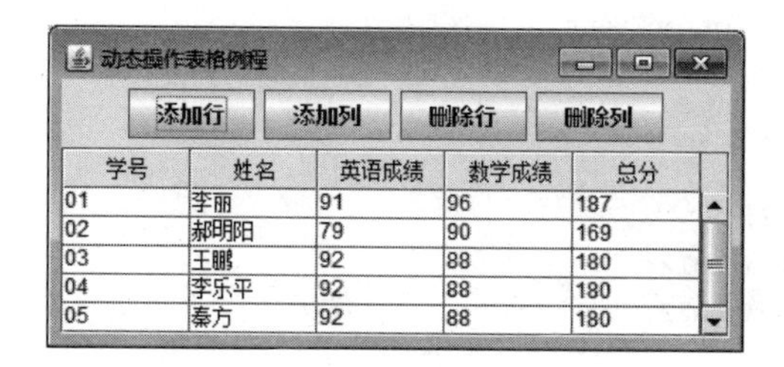

学号	姓名	英语成绩	数学成绩	总分
01	李丽	91	96	187
02	郝明阳	79	90	169
03	王鹏	92	88	180
04	李乐平	92	88	180
05	秦方	92	88	180

图 9.22　程序的运行结果

JTable 的表列模型对象的操作，其方法 void getColumn(int columnIndex)返回 columnIndex 位置列的 TableColumn 对象。方法 void removeColumn(TableColumn column)从列模型中删除 column 指定的 TableColumn 列对象。javax.swing.table 包中定义的类 TableColumn 表示 JTable 中的列。

9.7　菜单组件

在 GUI 程序中，菜单是很常见的组件，在 Windows 中经常会看到如图 9.23 所示的菜单。

图 9.23　菜单

菜单由 3 个基本要素组成：菜单栏(JMenuBar)、菜单(JMenu)和菜单项(JMenItem)。

菜单栏(JMenuBar)：菜单栏用来管理菜单，参与不同用户的交互操作。菜单栏通常情况下使用顶层窗口(如 JFrame、JDialog)的 setJMenuBar(JMenuBar menuBar)方法将它放置在顶层窗口的顶部。

菜单(JMenu)：菜单用来管理菜单项。通过菜单栏对象调用 add(JMenu c)方法，将菜单添加到菜单栏中。

菜单项(JMenuItem)：菜单项是菜单组件中最基本的元素。通过菜单对象调用 add(JMenuItem c)方法，将菜单项添加到菜单中。

JMenu 是 JMenuItem 的子类，因此菜单本身也是一个菜单项，当把一个菜单看作菜单项添加到某个菜单中时，将这样的菜单称为子菜单。JMenuItem 与 JButton 类都是 AbstractButton 类的子类，因此 JMenuItem 的事件处理机制与按钮是完全一样的。

例 9.24　菜单的使用。

```
import javax.swing.*;
import java.awt.event.ActionListener;
```

```
import java.awt.event.ActionEvent;
class MenuDemo{
    JFrame frame;
    JMenuBar menuBar;
    JMenu menu1,menu2;
    JMenuItem item11,item12;
    JMenuItem item21,item22;
    MenuDemo(){
        frame = new JFrame("菜单应用示例");
        menuBar = new JMenuBar();
        frame.setJMenuBar(menuBar);
        menu1 = new JMenu("操作");
        menuBar.add(menu1);
        item11 = new JMenuItem("弹出窗口");
        item12 = new JMenuItem("退出");
        menu1.add(item11);
        menu2 = new JMenu("软件项目");
        item21 = new JMenuItem("销售系统");
        item22 = new JMenuItem("信息管理系统");
        menu2.add(item21);
        menu2.add(item22);
        menu1.add(menu2);                       //嵌入子菜单
        menu1.add(item12);
        item11.addActionListener(new ActionListener(){
            public void actionPerformed(ActionEvent e){
                JDialog dialog = new JDialog();
                dialog.setTitle("弹出窗口");
                dialog.setLocation(100,100);
                dialog.setSize(100,100);
                dialog.setVisible(true);
            }
        });
        item12.addActionListener(new ActionListener(){
            public void actionPerformed(ActionEvent e){
                System.exit(0);
            }
        });
        frame.setSize(260,200);
        frame.setVisible(true);
        frame.setDefaultCloseOperation(JFrame.EXIT_ON_CLOSE);
    }
}
public class Test{
    public static void main(String[] args) {
        new MenuDemo();
    }
}
```

程序的运行结果如图 9.24 所示。

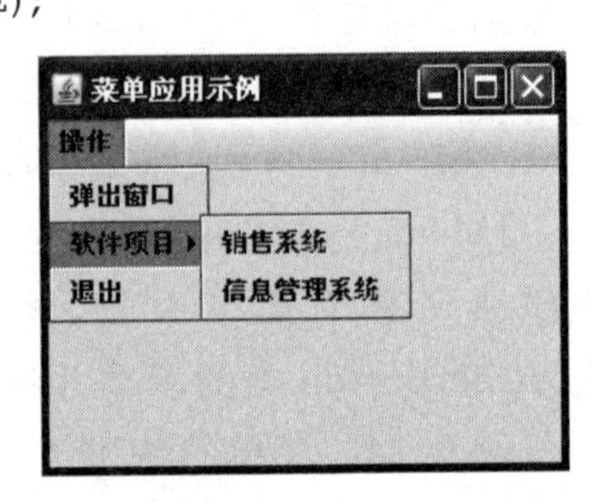

图 9.24　程序的运行结果

9.8 本章小结

(1) 在 Java 的图形用户界面开发中有两种可使用的技术：AWT 和 Swing。AWT 技术采用将处理用户界面元素的任务委派给每个目标平台(包括 Windows、Solaris 等)的本地 GUI 工具箱的方式，由本地 GUI 工具箱负责用户界面元素的创建和动作，因此界面的感观效果依赖于平台。Swing 是由 Java 来实现的用户界面类，可以在任意的系统平台上工作，Swing 拥有丰富的用户界面元素，给予不同平台的用户一致的感观。但 Swing 没有完全替代 AWT，而是基于 AWT 架构之上，在采用 Swing 编写程序时，还需要使用基本的 AWT 事件处理，Swing 仅仅提供了能力更加强大的用户界面元素。

(2) AWT(Abstract Window Toolkit)即抽象窗口工具箱，是 Java 提供的用来建立和设置 Java 的图形用户界面的基本工具。AWT 中的所有工具类都保存在 java. awt 包中，此包中的所有类都可用来建立与平台无关的图形用户界面的类，这些类又被称为组件(Components)。在 AWT 包中提供的所有类主要分为以下 3 种。

- 组件(Component)：创建组成界面的各种元素，如按钮、文本框等。
- 布局管理器(LayoutManager)：指定组件的排列方式、排列位置等。
- 响应事件(Event)：定义图形用户界面的事件和各组件元素对不同事件的响应，从而实现图形界面与用户的交互功能。

(3) 图形用户界面元素又称为组件，组件分为基本组件类和容器类。基本组件类是诸如按钮、文本框之类的图形界面元素。容器类组件是一种特殊的组件，可以用来容纳其他组件。容器又分为两种类型：顶层容器和非顶层容器。

- 顶层容器是可以独立的窗口，顶层容器的父类是 Window，我们通常会使用 Window 的重要子类 Frame 和 Dialog 创建窗口。
- 非顶层容器不是独立的窗口，它们必须位于窗口之内，非顶层容器包括 Panel 及 ScrollPanel 等，其中，Panel 是无边框的，ScrollPanel 是带滚动条的容器。

(4) 在 Java 中所有的 Swing 组件类都保存在 javax. swing 包中，所有的组件是从 JComponent 扩展出来的，此类实际上是 java. awt. component 的子类。

(5) 通常创建图形用户界面的基本过程为：

- 引入需要用到的包(java. awt、javax. swing)；
- 定义并创建一个顶层容器(Frame 或 JFrame)；
- 定义并创建组件(Button、Label 或 JButton、JLabel 等)；
- 将组件添加到容器中，还可以指定组件在容器中的位置或使用布局管理器来管理位置；
- 设置窗口大小，并使其可见。

(6) Java 语言提供布局管理器来管理组件。Java 语言在 java. awt 包中提供了 5 种布局管理器，分别是 FlowLayout(流式布局管理器)、BorderLayout(边界布局管理器)、GridLayout(网格布局管理器)、GridBagLayout(网格包布局管理器)和 CardLayout(卡片布局管理器)。如果类库提供的布局管理器不能满足项目的需要，用户可以自定义布局管理器，也可以把这些布局管理器组合起来使用。

(7) java.awt.event包就提供处理由组件所激发的各类事件的接口和适配器类。事件的处理是通过事件监听器实现的,每类事件都有对应的事件监听器,监听器是接口,也就是说,进行事件处理的是接口。进行事件处理首先要对事件源注册监听器,当有事件发生时,Java虚拟机就会生成一个事件对象,事件对象将会被事件源上注册的事件监听器进行处理。Java语言也提供了适配器类,它们是监听器接口的默认实现类,这些实现类中实现了接口的所有方法,但也同样是空实现。程序也可以通过继承适配器类来实现监听器接口的作用。

(8) JTable组件提供了以行和列的形式显示数据的视图。JTable组件是Swing组件中比较复杂的组件,隶属于javax.swing包,能以二维表的形式显示数据。

(9) 菜单由3个基本要素组成:菜单栏(JMenuBar)、菜单(JMenu)和菜单项(JMenItem)。

- 菜单栏(JMenuBar):菜单栏用来管理菜单,不参与同用户的交互操作。菜单栏通常情况下使用顶层窗口(如JFrame、JDialog)的setJMenuBar(JMenuBar menuBar)方法将它放置在顶层窗口的顶部。
- 菜单(JMenu):菜单用来管理菜单项。通过菜单栏对象调用add(JMenu c)方法,将菜单添加到菜单栏中。
- 菜单项(JMenuItem):菜单项是菜单组件中最基本的组件。通过菜单对象调用add(JMenuItem c)方法,将菜单项添加到菜单中。

图形图像处理

本章学习目标

- 了解Java图形类的结构。
- 熟练常用Java图形类的使用。

很多程序如各种小游戏都需要在窗口中绘制各种图形，另外，在开发Java EE项目时，有时候也需要“动态”地向客户端生成各种图形、图表。本章将简要介绍如何在用户屏幕上绘制图形以及如何显示图像。

10.1 图形

前面已经介绍了用户屏幕和容器的概念，也看到了如何在容器中添加组件。一般来说，在用户屏幕上绘制图形其实就是在容器组件上绘制图形。因此需要注意组件中的坐标系统和图形环境问题。

1. 组件中的坐标系统

容器组件的坐标系统类似于屏幕的坐标系统，坐标原点(0,0)在容器的左上角，正x轴方向水平自左向右，正y轴方向垂直自上向下。

在Java中，不同的图形输出设备拥有自己的设备坐标系统，该系统具有与默认用户坐标系统相同的方向。坐标单位取决于设备，比如，显示的分辨率不同，设备坐标系统就不同。一般来说，在显示屏幕上的计量单位是像素(每英寸大约90个像素)，在打印机上是点(每英寸大约600个点)。Java系统自动将用户坐标转换成输出设备专有的设备坐标系统。

2. 图形环境(graphics context)

由于在组件上绘制图形所使用的用户坐标系统被封装在Graphics2D类的对象中，所以Graphics2D被称为图形环境。它提供了丰富的绘图方法，包括绘制直线、矩形、圆、多边形等。

下面先介绍与绘制图形相关的类，再介绍绘制图形的方法和步骤。

10.1.1 绘制图形的类

1. 与绘制图形有关的类的层次结构

```
├ java.awt.Graphics
        ├ java.awt.Graphics2D
├ java.awt.GraphicsConfigTemplate
├ java.awt.GraphicsConfiguration
├ java.awt.GraphicsDevice
├ java.awt.GraphicsEnvironment
```

Graphics 类是所有图形类的抽象基类，它允许应用程序可以在组件(已经在各种设备上实现)上进行图形图像的绘制。Graphics 对象封装了 Java 支持的基本绘制操作所需的状态信息，其中包括组件对象、绘制和剪贴坐标的转换原点、当前剪贴区、当前颜色、当前字体、当前的逻辑像素操作方法(XOR 或 Paint)等。

Graphics2D 类是从早期版本(JDK 1.0)中定义设备环境的 Graphics 类派生而来的，它提供了对几何形状、坐标转换、颜色管理和文本布局更为复杂的控制。它是用于在 Java 平台上绘制二维图形、文本和图像的基础类。GraphicsDevice 类定义了屏幕和打印机这类可用于绘制图形的设备。GraphicsEnvironment 类定义了所有可使用的图形设备和字体设备。GraphicsConfiguration 类定义了屏幕或打印机这类设备的特征。在图形绘制过程中，每个 Graphics2D 对象都与一个定义了绘制位置的目标相关联。GraphicsConfiguration 对象定义绘制目标的特征(如像素格式和分辨率等)。在 Graphics2D 对象的整个生命周期中都使用相同的绘制标准。

Graphics 和 Graphics2D 类都是抽象类，我们无法直接创建这两个类的对象，表示图形环境的对象完全取决于与之相关的组件，因此获得的图形环境总是与特定的组件相关。创建 Graphics2D 对象时，GraphicsConfiguration 将为 Graphics2D 的目标(Component 或 Image)指定默认转换，所有 Graphics2D 方法都采用用户空间坐标。

一般来说，图形的绘制过程分为 4 个阶段：确定绘制内容、在指定的区域绘制、确定绘制的颜色、将颜色应用于绘图面。有 3 种绘制操作：几何图形、文本和图像。

2. 简单几何图形类的层次结构

在 java.awt.geom 包中定义了几何图形类，包括点、直线、矩形、圆、椭圆、多边形等。该包中各类的层次结构如下：

```
├ java.lang.Object
    ├ java.awt.geom.AffineTransform
    ├ java.awt.geom.Area
    ├ java.awt.geom.CubicCurve2D
        ├ java.awt.geom.CubicCurve2D.Double
        ├ java.awt.geom.CubicCurve2D.Float
    ├ java.awt.geom.Dimension2D
    ├ java.awt.geom.FlatteningPathIterator
    ├ java.awt.geom.Line2D
        ├ java.awt.geom.Line2D.Double
```

```
        ├ java.awt.geom.Line2D.Float
 ├ java.awt.geom.Path2D
        ├ java.awt.geom.Path2D.Double
        ├ java.awt.geom.Path2D.Float
               ├ java.awt.geom.GeneralPath
 ├ java.awt.geom.Point2D
        ├ java.awt.geom.Point2D.Double
        ├ java.awt.geom.Point2D.Float
        ├ java.awt.geom.QuadCurve2D
               ├ java.awt.geom.QuadCurve2D.Double
               ├ java.awt.geom.QuadCurve2D.Float
 ├ java.awt.geom.RectangularShape
        ├ java.awt.geom.Arc2D
               ├ java.awt.geom.Arc2D.Double
               ├ java.awt.geom.Arc2D.Float
        ├ java.awt.geom.Ellipse2D
               ├ java.awt.geom.Ellipse2D.Double
               ├ java.awt.geom.Ellipse2D.Float
        ├ java.awt.geom.Rectangle2D
               ├ java.awt.geom.Rectangle2D.Double
               ├ java.awt.geom.Rectangle2D.Float
        ├ java.awt.geom.RoundRectangle2D
               ├ java.awt.geom.RoundRectangle2D.Double
               ├ java.awt.geom.RoundRectangle2D.Float
```

10.1.2 路径类

路径类用于构造直线、二次曲线和三次曲线的几何路径。它可以包含多个子路径。如10.1.1节介绍的类层次结构所描述，Path2D是基类(它是一个抽象类)；Path2D.Double和Path2D.Float是其子类，它们分别以不同的精度的坐标定义几何路径；GeneralPath在JDK 1.5及其以前的版本中，是一个独立的最终类。在JDK 1.6版本中进行了调整与划分，其功能由Path2D替代，为了其兼容性，把它划为Path2D.Float派生的最终类。下面以GeneralPath类为例介绍路径类的功能与应用。

1. 构造方法

构造路径对象的方法如下：

- GeneralPath(int rule)以rule指定缠绕规则构建对象。缠绕规则确定路径内部的方式。有两种方式的缠绕规则：Path2D.WIND_EVEN_ODD用于确定路径内部的奇偶(even-odd)缠绕规则；Path2D.WIND_NON_ZERO用于确定路径内部的非零(non-zero)缠绕规则。
- GeneralPath()以默认的缠绕规则Path2D.WIND_NON_ZERO构建对象。
- GeneralPath(int rule,int initialCapacity)以rule指定缠绕规则和initialCapacity指定的容量(以存储路径坐标)构建对象。
- GeneralPath(Shape s)以Shape对象s构建对象。

2. 常用方法

路径对象常用的方法如下：

- void **append**(Shape s,boolean connect) 将指定 Shape 对象的几何形状追加到路径中,也许使用一条线段将新几何形状连接到现有的路径段。如果 connect 为 true 并且路径非空,则被追加的 Shape 几何形状的初始 moveTo 操作将被转换为 lineTo 操作。
- void closePath() 回到初始点使之形成闭合的路径。
- boolean contains(double x,double y) 测试指定坐标是否在当前绘制边界内。
- Rectangle2D getBounds2D() 获得路径的边界框。
- Point2D getCurrentPoint() 获得当前添加到路径的坐标。
- int getWindingRule()获得缠绕规则。
- void lineTo(float x,float y) 绘制一条从当前坐标到(x,y)指定坐标的直线,将(x,y)坐标添加到路径中。
- void moveTo(float x,float y) 从当前坐标位置移动到(x,y)指定位置,将(x,y)添加到路径中。
- void quadTo(float x1,float y1,float x2,float y2) 将两个新点定义的曲线段添加到路径中。
- void reset() 将路径重置为空。

以上只是列出了一些常用的方法,若需要了解更多的信息,请参阅 JDK 文档。

3. 应用举例

如前所述,我们不能直接创建 Graphics 和 Graphics2D 绘图对象,要在组件上绘图,需要使用组件的方法先获得绘图环境对象的引用。一般情况下,我们采用重写 paint()方法的方式实现绘图,该方法在组件重建的时候被调用。当然也可以使用组件的 getGraphics()方法获得绘图对象。

例 10.1 在屏幕上画出如图 10.1 所示的折线图。

程序的基本设计思想如下：建立 JFrame 的派生类,重写 paint()方法,在该方法中实现折线图的绘制。程序参考代码如下：

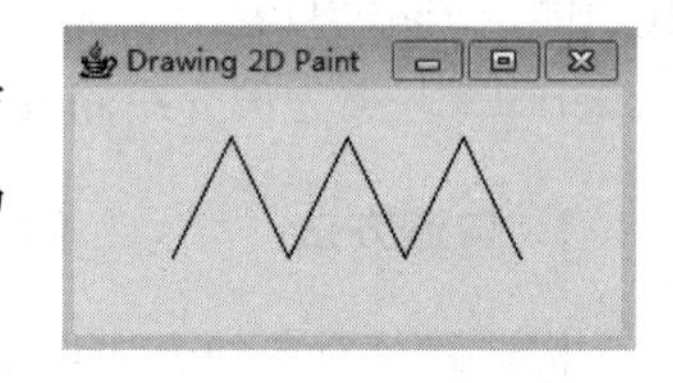

图 10.1 折线图

```
/ * 绘制折线程序 DrawLine. java * /
import java.awt. * ;
import java.awt.geom. * ;
import javax.swing. * ;
public class DrawLine extends JFrame{
   public DrawLine()
   {
     super("Drawing 2D Paint");
     setSize(425,160);
     setVisible(true);
     setDefaultCloseOperation(EXIT_ON_CLOSE);
```

```
    }
    public void paint(Graphics g)                    //重写绘图方法 paint()
    {
      super.paint(g);
      Graphics2D g2d = (Graphics2D)g;                //强制转换为 Graphics2D 引用
      int xPoints[] = {50,75,100,125,150,175,200};
      int yPoints[] = {100,50,100,50,100,50,100};
      GeneralPath line = new GeneralPath();          //构建 GeneralPath 类对象
      line.moveTo(xPoints[0],yPoints[0]);            //将起始点加入路径
      for(int i = 1; i < xPoints.length;i++)
      line.lineTo(xPoints[i],yPoints[i]);            //将折线的坐标点加入路径
      g2d.draw(line);                                //绘制折线
    } //绘图方法结束
    public static void main(String args[])           //主方法 main()
    {
      new DrawLine();
    }                                                //主方法 main()结束
}
```

可以使用路径存储多边形、二次曲线、三次曲线的坐标点,实现对这些几何图形的绘制。

10.1.3　点与线段类

1. 点

在 Java 中有 3 个定义点的类：Point2D. Float、Point2D. Double 和 Point。前两个是 Point2D 的静态内部类,它们使用浮点型数计算点的坐标；最后一个是 Point2D 的子类,它使用整型数计算点的坐标。Point2D 是一个抽象类,虽然不能直接创建对象进行操作,但可以使用其内部类或子类对象进行操作。可以使用如下的构造方法创建对象：

- Point2D. Float()　创建具有坐标(0,0)的点对象。
- Point2D. Float(float x,float y)　创建具有坐标(x,y)的点对象。
- Point2D. Double()　创建具有坐标(0,0)的点对象。
- Point2D. Double(double x,double y)　创建具有坐标(x,y)的点对象。

两种不同类型的构造方法构造不同精度的坐标点。

下面的两个语句分别构造两个不同的坐标点：

- Point2D. Float　p1=new Point2D. Float()；　//构造的坐标点在用户坐标原点(0,0)
- Point2D. Float　p2=new Point2D. Float(100,100)；　//构造的坐标点在用户坐标(100,100)

它们也提供一些获得坐标值、计算两点之间的距离、设置新点的位置等方法。需要时可可查阅 JDK 相关的文档。

2. 线段

在 Java 中提供了处理线段的类 Line2D. Float、Line2D. Double 和 Line2D。其中 Line2D 类是所有存储 2D 线段对象的唯一抽象超类；Line2D. Float、Line2D. Double 是其子类,分别用于 float 型和 double 型用户坐标的定义。可以使用如下的构造方法创建对象：

- Line2D. Float()　创建一个从坐标(0,0)到(0,0)的对象。

- Line2D. Float(float X1,float Y1,float X2,float Y2)　根据指定坐标(X1,Y1)和(X2,Y2)构造对象。
- Line2D. Float(Point2D p1,Point2D p2)　根据 p1 和 p2 指定的两点构造对象。
- Line2D. Double()　创建一个从坐标(0,0)到(0,0)的对象。
- Line2D. Double(double X1,double Y1,double X2,double Y2)　根据指定坐标(X1,Y1)和(X2,Y2)构造对象。
- Line2D. Double(Point2D p1,Point2D p2)　根据 p1 和 p2 指定的两点构造对象。

线段类也提供一些获取线段的相关信息(如坐标值)、计算点到直线之间的距离、测试线段(是否在指定的边界内、是否与另一条线段相交等)、设置线段等方法。这些方法不再列出,使用时再作简要介绍。若需要了解更多的信息时,可参阅 JDK 相关的文档。

3. 应用举例

在前面的示例中,我们已经看到了绘制折线的方法和步骤,其中有多种绘制线段的方法。当绘制多个连续的线段(如上例的折线)时,一般来说,会采用路径的方式,先将各坐标点存入路径中,然后再进行绘制。当绘制单个简单的线段时,会采用 Graphics 对象的 drawLine()方法,需要指定直线的起点和终点坐标。方法的格式如下:

```
void drawLine(int X1,int Y1,int X2,int Y2)
```

当定位坐标要求精度较高时,采用浮点数坐标,使用 Graphics2D 对象绘制图形。

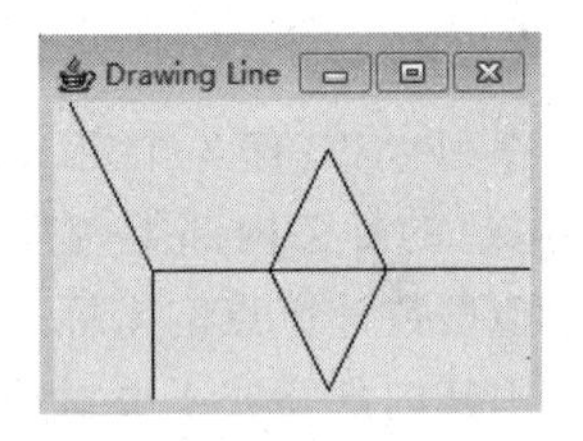

图 10.2　例 10.2 的运行结果

例 10.2　在屏幕上绘制如图 10.2 所示的图形。

程序的基本设计思想如下:建立 JFrame 的派生类,重写 paint()方法,在该方法中实现线段的绘制。程序参考代码如下:

```
import java.awt.*;
import javax.swing.*;
import java.awt.geom.*;
public class DrawLineDemo extends JFrame{
  public DrawLineDemo()
  {
    super("Drawing Line");
    setSize(400,300);
    setVisible(true);
    setDefaultCloseOperation(EXIT_ON_CLOSE);
  }
  public void paint(Graphics g)
  {
    super.paint(g);
    g.drawLine(0, 0, 50, 100);                   //绘制单个线段
    g.drawLine(50, 100, 50, 200);                //绘制单个线段
    g.drawLine(50, 100, 300, 100);               //绘制单个线段
    Graphics2D g2d = (Graphics2D)g;              //强制转换为 Graphics2D 引用
    Line2D.Float p1 = new Line2D.Float(100f,100f,125f,50f);    //定义线段 1
```

```
        Line2D.Float p2 = new Line2D.Float(125f,50f,150f,100f);   //定义线段 2
        Line2D.Float p3 = new Line2D.Float(150f,100f,125f,150f);  //定义线段 3
        Line2D.Float p4 = new Line2D.Float(125f,150f,100f,100f);  //定义线段 4
        g2d.draw(p1);       //绘制线段 1
        g2d.draw(p2);       //绘制线段 2
        g2d.draw(p3);       //绘制线段 3
        g2d.draw(p4);       //绘制线段 4
    }
    public static void main(String args[ ])
    {
        new DrawLineDemo();
    }
}
```

在该程序中，绘制的菱形是由4条连续的线段组成的，我们先以浮点类型坐标定义了4条线段，然后使用Graphics2D对象的draw()方法进行绘制。当然也可以像例10.1那样使用路径的方式绘制菱形。这一任务作为作业留给读者，以加深对绘图方式的理解。

10.1.4 矩形和圆角矩形

在Java中，矩形包括直角和圆角两种形状，绘制矩形也有多种方法。既可绘制矩形的轮廓，也可对矩形区域内部进行填充。

1. 直角矩形

与点、线段类的定义相似，也有3个类定义直角矩形：Rectangle2D、Rectangle2D.Double和Rectangle2D.Float。我们可以使用下面的构造方法创建直角矩形。

- Rectangle2D.Float()
- Rectangle2D.Float(float x,float y,float w,float h)
- Rectangle2D.Double()
- Rectangle2D.Double(double x,double y,double w,double h)

其中，没有参数的构造方法将构造一个左上角的坐标为(0,0)，高度和宽度为0的矩形。参数x、y指定矩形的左上角坐标，w指定矩形的宽度，h指定矩形的高度。

直角矩形类也提供了相关的方法，此处不再一一列出。下面举一个例子说明直角矩形的绘制。

例10.3　绘制如图10.3所示的5个直角矩形。

程序的基本设计思想如下：建立JFrame的派生类，重写paint()方法，在该方法中实现直角矩形的绘制。先定义第一个矩形，然后在此矩形的基础上，使用setRect()方法改变对象的位置。setRect()方法说明如下：

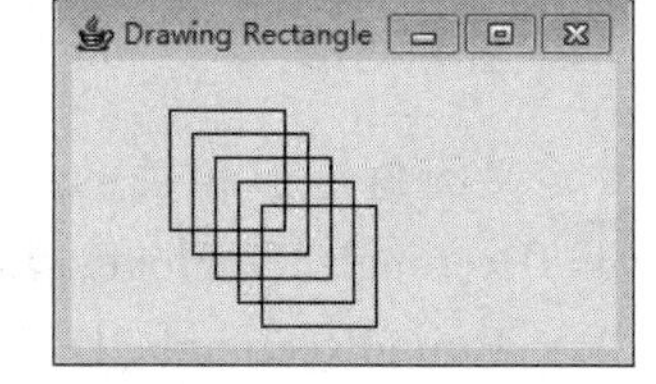

图10.3　绘制直角矩形

```
void setRect(float x,float y,float w,float h)
```

4个参数与对象构造方法中所说明的一致。

```
import java.awt.*;
```

```
import javax.swing.*;
import java.awt.geom.*;
public class DrawRectangleDemo extends JFrame{
  public DrawRectangleDemo()
  {
    super("Drawing Rectangle");
    setSize(400,300);
    setVisible(true);
    setDefaultCloseOperation(EXIT_ON_CLOSE);
  }
  public void paint(Graphics g)
  {
    super.paint(g);
    Graphics2D g2d = (Graphics2D)g;
    float x = 50f,y = 50f;                          //定义初始坐标
    Rectangle2D.Float rectangle1 = new Rectangle2D.Float(x,y,50f,50f);  //定义矩形
    for (int i = 1; i <= 5; i++)
    {
      g2d.draw(rectangle1);                         //绘制矩形
      rectangle1.setRect(x += 10f,y += 10f,50f,50f);  //改变(x,y)坐标移动对象位置
    }
  }
  public static void main(String args[])
  {
      new DrawRectangleDemo();
  }
}
```

在程序中,采用了先定义矩形对象,再使用 Graphics2D 对象的 draw()方法绘制矩形。当然,也可以直接使用图形对象的如下方法绘制直角矩形:

- void drawRect(int x,int y,int w,int h)
- void fillRect(int x,int y,int w,int h)
- void draw3DRect(int x,int y,int w,int h,boolean raised)
- void fill3DRect(int x,int y,int w,int h,boolean raised)

其中第二个方法用于填充直角矩形;第三个方法用于画三维直角矩形,第四个方法用于填充三维直角矩形,raised 确定是否凸起。读者可以修改例 10.3,使用例 10.3 的方法绘制,看一下图形有何变化。

2. 圆角矩形

定义圆角矩形相关的类是 RoundRectangle2D、geom. RoundRectangle2D. Double 和 RoundRectangle2D. Float。其层次结构与上述介绍的类相似。可用的对象构造方法如下:

- RoundRectangle2D. Float()
- RoundRectangle2D. Float(double x,double y,double w,double h,double arcw, double arch)
- RoundRectangle2D. Double()
- RoundRectangle2D. Double(double x,double y,double w,double h,double arcw,

double arch)

和直角矩形不同的是增加了两个参数 arcw 和 arch,分别代表圆角弧的宽度和高度。

与绘制直角矩形相同,也可以多种方式绘制,除了采用了先定义圆角矩形对象,再使用 Graphics2D 对象的 draw()方法绘制外,也可以直接使用图形对象的如下方法绘制圆角矩形:

- void drawRoundRect(int x,int y,int w,int h,int arcW,int arcH)
- void fillRoundRect(int x,int y,int w,int h,int arcW,int arcH)

3. 应用举例

例 10.4 分别以两种方法绘制直角和圆角矩形。

```
import java.awt.*;
import javax.swing.*;
import java.awt.geom.*;
public class DrawRectangleSummary extends JFrame{
  public DrawRectangleSummary()
  {
    super("Drawing Rectangle");
    setSize(400,300);
    setVisible(true);
    setDefaultCloseOperation(EXIT_ON_CLOSE);
  }
  public void paint(Graphics g)
  {
    super.paint(g);
    Graphics2D g2d = (Graphics2D)g;
    float x = 10f,y = 50f;
    Rectangle2D.Float r1 = new Rectangle2D.Float(x,y,50f,50f);  //定义直角矩形
    RoundRectangle2D.Float rr1 = new RoundRectangle2D.Float(x,y + 70,50f,50f, 10f,10f);
                                                                //定义圆角矩形
    g2d.draw(r1);                                               //绘制直角矩形
    g2d.draw(rr1);                                              //绘制圆角矩形
    r1.setRect(x += 70f,y,50f,50f);                             //重设直角矩形
    rr1.setRoundRect(x,y + 70f,50f,50f,10f,10f);                //重设圆角矩形
    g2d.fill(r1);                                               //以填充方式绘制直角矩形
    g2d.fill(rr1);                                              //以填充方式绘制圆角矩形
   //以下直接使用 Graphics2D 对象的方法以 int 新坐标的形式绘制及填充两种矩形
    g2d.draw3DRect((int)(x += 70),(int)y,50,50,true);
    g2d.drawRoundRect((int)x,(int)y + 70,50,50,10,10);
    g2d.fill3DRect((int)(x += 70),(int)y,50,50,true);
    g2d.fillRoundRect((int)x,(int)y + 70,50,50,10,10);
  }
  public static void main(String args[])
  {
      new DrawRectangleSummary();
  }
}
```

编译运行该程序,运行结果如图 10.4 所示。

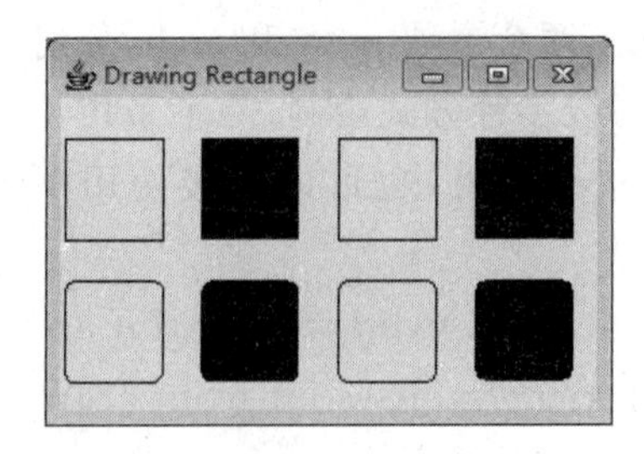

图 10.4 例 10.4 的运行结果

读者可以对照程序分析一下运行结果,以加深对绘图方法的理解。

10.2 绘制图形的颜色及其他

10.1 节简要介绍了几何图形的绘制,本节主要讨论图形的颜色及绘制模式。

10.2.1 颜色类

Java 中颜色的设置采用与设备无关的方式,允许用户指定任何需要的颜色,java.awt.Color 类定义了一系列常量用于指定常用的颜色,也可以通过 Color 类的构造方法生成所需要的颜色对象。

1. 常用的构造方法

可以使用如下的构造方法构造颜色对象:

- Color(int red,int green,int blue) 使用红、绿、蓝 3 个整数表示混合后的颜色,red、green、blue 的取值范围为 0～255。如 new Color(255,100,100)可表示亮红色。
- Color(int rgbValue) 采用由红、绿、蓝数值构成的一个整数来表示颜色。一般常写成十六进制形式,如 0xffffff 表示白色(最亮)。
- Color(float red,float green,float blue) 使用 3 个浮点数指定红、绿、蓝 3 个分量表示颜色,取值范围为 0.0～1.0。

2. 类常量

Color 类提供了一些常量来指定颜色,表 10.1 列出了类常量及所表示的颜色。

表 10.1 颜色的类常量表

常数	颜色	常数	颜色
black、BLACK	黑色	magenta、MAGENTA	洋红色
blue、BLUE	蓝色	orange、ORANGE	橘黄色
cyan、CYAN	青色	pink、PINK	粉红色
darkGray、DARK_GRAY	深灰色	red、RED	红色
gray、GRAY	灰色	white、WHITE	白色
green、GREEN	绿色	yellow、YELLOW	黄色
lightGray、LIGHT_GRAY	浅灰色		

3. 常用方法

- public int getRed()　返回颜色中包含红的成分。
- public int getGreen()　返回颜色中包含绿的成分。
- public int getBlue()　返回颜色中包含蓝的成分。
- public static int HSBtoRGB(float hue,float saturation,float brightness)　返回RGB值。
- public static float[] RGBtoHSB(int red,int green,int blue,float values[])　返回一个与RGB值相应的HSB值的浮点数组。若values不为空(null),即values[0]表示色相、values[1]表示饱和度、values[2]表示亮度。

注意,HSB(hue-saturation-brightness)是另一种指定颜色的方式,色相(hue)大约有红色、橙色、黄色、绿色、蓝色、靛青、紫色等;饱和度(staturation)代表了相应色相的深浅或鲜艳程度;亮度(brightness)表示明暗。它们都是介于0.0～1.0。

例10.5　使用Applet绘制如图10.5所示的奥运五环。

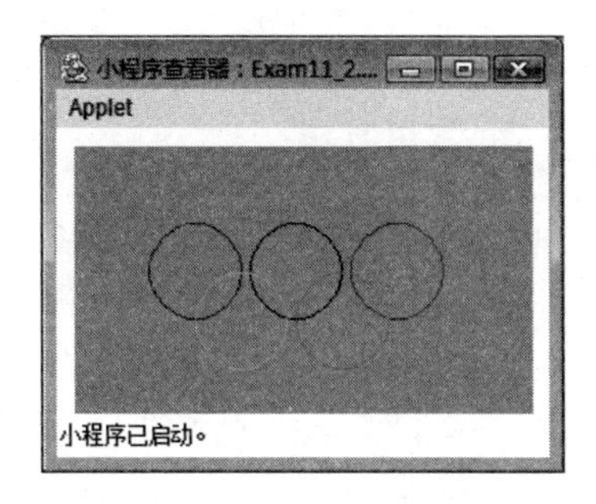

图10.5　例10.5运行屏幕

```
import java.awt. * ;
import javax.swing. * ;
public class ColorExam11_10 extends JApplet{
  public void paint(Graphics g)
  {
    g.setColor(Color.cyan);
    g.fillRect(10,10,250,150);              //填充矩形
    g.setColor(Color.blue);                 //取得颜色
    g.drawOval(50,50,50,50);
    g.setColor(Color.black);                //取得颜色
    g.drawOval(105,50,50,50);
    g.setColor(Color.red);                  //取得颜色
    g.drawOval(160,50,50,50);
    g.setColor(Color.orange);               //取得颜色
    g.drawOval(75,76,50,50);
    g.setColor(Color.green);                //取得颜色
    g.drawOval(130,76,50,50);
  }
}
```

在绘制图形的过程中,我们一般使用绘图类的setColor()方法设置新的绘制颜色,使用getColor()方法获得当前的绘制颜色。

10.2.2　调色板

在一些常用的绘图工具中,一般都提供了调色板的功能。在Java中,我们可以使用javax.swing包中的JColorChooser类来实现调色板的功能。JColorChooser提供一个用于允许用户操作和选择颜色的控制器窗格。下面简要介绍JColorChooser类的功能。

1. 构造方法

构建对象的方法如下：

- JColorChooser()　创建初始颜色为白色的颜色选取器窗格。
- JColorChooser(Color initialColor)　创建具有指定初始颜色的颜色选取器窗格。
- JColorChooser(ColorSelectionModel model)　创建具有指定 ColorSelectionModel 颜色的选取器窗格。

2. 类常量

- CHOOSER_PANELS_PROPERTY 其值为"chooserPanels"，表示选择器窗格属性名。
- PREVIEW_PANEL_PROPERTY 其值为"previewPanel"，表示预览窗格属性名。
- SELECTION_MODEL_PROPERTY 其值为"selectionModel"，表示选择模型属性名。

3. 常用方法

- public Color getColor()　获取颜色选取器的当前颜色值。
- public void setColor(int r,int g,int b)将颜色选取器的当前颜色设置为指定的 RGB 颜色。
- public static Color showDialog(Component component,String title,Color initColor)显示颜色选取器窗格并返回选取的颜色。其中参数 component 表示该对话窗格所依赖的组件，title 设置窗格标题，initColor 设置初始的颜色。

showDialog()方法是一个类方法，在程序可以使用它来创建一个颜色对话框，选取所需要的颜色。下面举一个例子说明调色板的应用。

例 10.6　设计如图 10.6 所示的用户屏幕，在界面上安排一个容器组件显示信息；安排一个按钮，当单击此按钮时弹出调色板对话框，选中所需颜色后，即以该颜色作为显示容器的背景色。

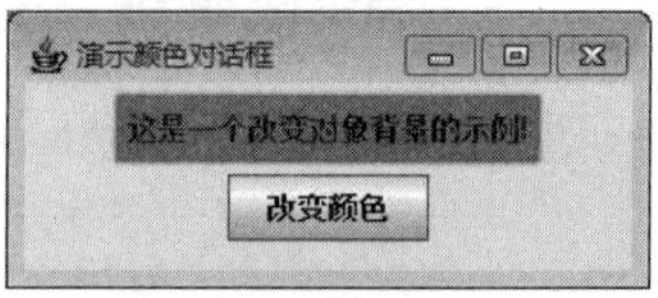

图 10.6　例 10.6 运行界面

```
import java.awt.*;
import java.awt.event.*;
import javax.swing.*;
class ColorExam11_11 extends JFrame implements ActionListener{
    JButton bt1 = new JButton("改变颜色");
    JPanel p1 = new JPanel();
    public ColorExam11_11()
      {
        Container pane = this.getContentPane();
        pane.setLayout(new FlowLayout());
        pane.add(p1);
        pane.add(bt1);
        p1.add(new JLabel("这是一个改变对象背景的示例!"));
        bt1.addActionListener(this);
```

```
        setSize(200,200);
        setVisible(true);
        setTitle("演示颜色对话框");
        setDefaultCloseOperation(3);
    }
  public static void main(String args[ ])
   {
      new ColorExam11_11();
   }
  public void actionPerformed(ActionEvent e)
   {
      Color c = JColorChooser.showDialog(null,"调色板",p1.getBackground());
      p1.setBackground(c);
   }
}
```

10.2.3 绘图模式

一般情况下,如果在同一位置多次绘制图形时,最近绘制的图形将覆盖原有的图形。Graphics 类中提供了以下两个方法来设置绘图模式(paintmode)。

- void setXORMode(Color xorColor): xorColor 指定了绘制图形时与窗口进行异或操作的颜色,使新绘制的图形以异或操作的方式加入到容器中。异或模式的优点是无论使用什么颜色绘制,新的图形总是可见的。
- void setPaintMode(): 覆盖模式,最新的图形总是覆盖原有的图形。

绘图模式可以控制被绘制的图形在容器上的显示方式,我们可以通过设置绘图模式来决定图形重叠部分之间的运算。下面举一个简单的示例,看一下不同模式的绘制结果。

例 10.7 在 Applet 容器中,绘制 3 个填充矩形,其中两个矩形以两种模式绘制并覆盖另一个矩形的一部分,对比一下绘制效果。

```
import java.awt.*;
import java.applet.*;
public class GriphicExam11_12 extends Applet{
  public void paint(Graphics g)
  {
    Color color = new Color(0, 255, 0);
    g.setColor(color);                    //前景绿色
    g.fillRect(50, 10, 100, 50);          //填充矩形
    g.setColor(Color.red);                //设置红色
    g.fillRect(10,10,60, 30);             //填充矩形
    g.setXORMode(Color.yellow);           //设置异或绘制模式
    g.fillRect(120,10,100,30);            //填充的矩形
 }
}
```

请大家运行程序,看一下两种不同模式的绘制结果有什么区别。

10.3 图像

图像是人类表达思想最直观的方法。在程序中通过使用图像可使用户界面更美观、更生动有趣，且便于用户操作。本节简要介绍一些处理图像的相关知识。

10.3.1 图像文件的格式及文件的使用权限

在Java程序中处理图像主要是读取图像文件并显示，在前面介绍图形用户界面和Applet程序时，我们已经看到了图像文件的应用。下面了解一下在Java中常用的图像格式以及对资源的使用权限。

1. 常用图像格式

当前有许多种格式的图像文件，在Java中最常用的是GIF和JPEG这两种格式的图像文件。

1) GIF格式

GIF格式也称为图像交换格式，它是Web页面使用最广泛的、默认的及标准的图像格式。如果图像是以线条绘制而成的，则采用这种格式时，图像的清晰度要明显优于其他格式的图像，在维护原始图像而不降低品质的能力方面也同样优于其他格式。

2) JPEG格式

JPEG格式适合于照片、医疗图像、复杂摄影插图的情况。这种格式的图像是固有的全色图像，因此在一些支持色彩较少的显示器上显示这些格式的图像时会失真。图像可以是二维的(2D)，也可以是三维的(3D)。

2. 获取图像文件的权限

在Java中，出于安全考虑，要获取或访问系统资源(如读写文件等)，必须获得系统赋予的相应的权限。权限即是获取系统资源的权力。例如，对文件所能授予的权限有读、写、执行和删除。Java在其策略文件中指明了应用程序环境中各种资源的使用权限。用户默认的策略文件被保存在用户主目录下名为java.policy的文件中。该文件是一个文本文件，我们可以使用文本编辑器来编辑创建策略文件，也可以使用JDK提供的PolicyTool工具来创建策略文件。后面的章节将介绍策略文件的创建。

10.3.2 显示图像

一般来说，我们会在Applet容器中显示图像，如前所述，在Applet中装载图像时首先要使用对象的getImage()、getDocumentBase()等方法获得要显示的Image图像对象，然后再在容器的paint()方法中调用Graphics对象的drawImage()方法显示图像。

总的来说，要绘制一幅图像，首先要获得图像文件对象，然后在容器上绘制它。获得图像文件对象的途径有多种，除了上面介绍的在Applet中加载图像外，还使用了ImageIcon对象在组件上加载图标。下面首先介绍几个与获取图像对象相关的类，然后再给出几个显示图像的示例。

1. ImageIcon 类

常用的构造方法：
- ImageIcon(Image image) 根据图像对象创建一个 ImageIcon。
- ImageIcon(String filename) 根据指定的文件创建一个 ImageIcon。
- ImageIcon(URL location) 根据指定的 URL 创建一个 ImageIcon。

常用方法：
- public Image getImage() 返回此 ImageIcon 的 Image 对象。
- public void paintIcon(Component c,Graphics g,int x,int y) 在 g 的坐标空间中的(x,y)处绘制图标。如果此图标没有图像观察者,则使用 c 组件作为观察者。
- public int getIconWidth() 获得图标的宽度。
- public int getIconHeight() 获得图标的高度。

2. Toolkit 类

Toolkit 类是一个抽象类,不能直接生成对象,但它提供了如下的类方法来获得 Toolkit 对象：
- static Toolkit getDefaultToolkit() 在获得 Toolkit 对象之后,就可以使用对象的如下方法获得图像对象。
- abstract Image getImage(String filename) 从指定文件中获取图像对象,图像格式可以是 GIF、JPEG 或 PNG。
- abstract Image getImage(URL url) 从指定的 URL 获取图像对象。

3. 显示图像示例

下面给出一个简单的显示图像示例。

例 10.8 在 JFrame 容器中绘制一幅图像。

```
import java.awt.*;
import javax.swing.*;
public class ImageExam11_16 extends JFrame{
    Image image;
 public ImageExam11_16()
     {
        ImageIcon icon = new ImageIcon("p06.jpg");
        image = icon.getImage();
        this.setSize(350,250);
        this.setVisible(true);
     }
  public void paint(Graphics g)
  {
   g.drawImage(image,10,10,this);
  }
  public static void main(String[] args)
```

```
    {
        new ImageExam11_16();
    }
}
```

当然也可以使用 Toolkit 类的功能获得 Image 图像对象：

- Toolkit kit＝Toolkit. getDefaultToolkit()；
- Image imageobj＝kit. getImage("p06. jpg")；

把这一功能的验证作为作业留给读者。

10.4 本章小结

(1) Graphics 类是所有图形类的抽象父类，它允许应用程序可以在组件(已经在各种设备上实现)上进行图形图像的绘制。Graphics 对象封装了 Java 支持的基本绘制操作所需的状态信息，其中包括组件对象、绘制和剪贴坐标的转换原点、当前剪贴区、当前颜色、当前字体、当前的逻辑像素操作方法(XOR 或 Paint)等等。

(2) Graphics2D 类是从早期版本(JDK 1.0)中定义设备环境的 Graphics 类派生而来的，它提供了对几何形状、坐标转换、颜色管理和文本布局更为复杂的控制。它是用于在 Java 平台上绘制二维图形、文本和图像的基础类。

(3) 一般来说，图形的绘制过程分为 4 个阶段：确定绘制内容、在指定的区域绘制、确定绘制的颜色、将颜色应用于绘图面。有 3 种绘制操作：几何图形、文本和图像。

(4) java. awt. Color 类定义了一系列常量用来指定常用的颜色，也可以通过 Color 类的构造方法生成所需要的颜色对象。在 Java 中，可以使用 javax. swing 包中的 JColorChooser 类来实现调色板的功能。JColorChooser 提供一个用于允许用户操作和选择颜色的控制器窗格。

(5) Graphics 类中提供了以下两个方法来设置绘图模式(paintmode)。

- void setXORMode(Color xorColor)：xorColor 指定了绘制图形时与窗口进行异或操作的颜色，使新绘制的图形以异或操作的方式加入到容器中。
- void setPaintMode()：覆盖模式，最新的图形总是覆盖原有的图形。

(6) 在 Java 程序中，处理图像主要是读取图像文件并显示，Java 中常用的图像格式是 GIF 和 JPEG 这两种格式的图像文件。

(7) 要绘制一幅图像，首先要获得图像文件对象，然后在容器上绘制它。获得图像文件对象的途径有多种，可以使用 ImageIcon 对象在组件上加载图标；也可以使用 Toolkit 类的类方法 getDefaultToolkit()、getImage(String filename)及 getImage(URL url)获取图像对象。

第11章 多媒体、网络与数据库编程

本章学习目标

- 熟练掌握Java网络编程。
- 了解Java多媒体技术的应用。
- 熟练掌握Java数据库编程。

Java语言提供了很多高级编程技术,本章将分别介绍多媒体技术、网络编程和数据库编程。Java语言不仅支持图形和文本媒体,同样支持图像、声音、动画及视频等其他多媒体,从而大大拓宽了其应用领域,使基于Java的应用更加丰富多彩,更具魅力。用Java开发网络软件非常方便且功能强大,Java的这种力量来源于它独有的一套强大的用于网络的API,这些API是一系列的类和接口,均位于包java.net和javax.net中。现在很多程序中都会涉及有关数据库的操作,其中相当一部分程序还是以数据库为核心来组织整个系统的,因此Java程序对数据库的访问和操作是Java程序设计中比较重要的一个部分。

11.1 Java多媒体技术应用

11.1.1 图像处理

Graphics类中提供了不少绘制图形的方法,但对于复杂图形,大部分都事先利用专用的绘图软件绘制好,或者是用其他截取图像的工具(如扫描仪、视效卡等)获取图像的数据信息,再将它们按一定的格式存入图像文件。Java程序运行时,将它装载到内存里,然后在适当的时机将它显示在屏幕上。

1. 图像文件的装载

Java目前所支持的图像文件格式只有两种,分别是GIF和JPEG格式(带有.GIF、.JPG、.JPEG后缀名的文件)。若是其他格式的图像文件,就先要将它们转换为这两种格式。能转换图像格式的软件有很多,如PhotoStyler等。

Java特别提供了java.awt.Image类来管理与图像文件有关的信息,因此执行与图像文件有关的操作时需要import这个类。

Applet类中提供了getImage()方法用来将准备好的图像文件装载到Applet中,但必须首先指明图像文件所存储的位置。由于Java语言是面向网络应用的,因此文件的存储位置并不局限于本地机器的磁盘目录，而大部分情况是直接存取网络中Web服务器上的图像文件，因而，Java采用URL(Universal Resource Location，统一资源定位器)来定位图像文件的网络位置。

1) URL类

表示一个URL信息可分为两种形式：一种称为绝对URL形式，它指明了网络资源的全路径名。如：

```
http://www.xyz.com/java/imgsample/images/m1.gif
```

另一种称为相对URL形式，由基准URL(即base URL)再加上相对于基准URL下的相对URL这两部分组成，例如上面的例子可表示为：

- 基准URL(http://www.xyz.com/java/imgsample/)。
- 相对URL(images/m1.gif)。

2) getImage()方法

GetImage()方法的调用格式有以下两种，这两种调用格式的返回值都是Image对象：

- Image getImage(URL url)
- Image getImage(URL url,String name)

getImage()方法的第一种调用格式只需一个URL对象作为参数，这便是绝对URL。后一种格式则带有两个参数：第一个参数给出的URL对象是基准URL；第二个参数是字符串类型，它描述了相对于基准URL下的路径和文件名信息，因此这两个参数的内容综合在一起就构成了一个绝对URL。例如，下面两种写法返回的结果是一样的：

- Image img＝getImage(neURL("http://www.xyz.com/java/imgsample/images/m1.gif"));
- Imageimg＝getImage(newURL("http://www.xyz.com/java/imgsample/"),"images/m1.gif");

表面看来，好像第一种调用格式较方便一些，但实际上第二种调用格式用得更普遍，因为这种格式更具灵活性。Applet类中提供了两个方法来帮助我们方便地获取基准URL对象，它们的调用格式如下：

- URL getDocumentBase()
- URL getCodeBase()

其中，getDocumentBase()方法返回的基准URL对象代表了包含该Applet的HTML文件所处的目录，例如该文件存储在"http://www.xyz.com/java/imgsample/m1.html"中，则该方法就返回"http://www.xyz.com/java/imgsample/"路径。而getCodeBase()方法返回的基准URL对象代表了该Applet文件(.class文件)所处的目录。它是根据HTML文件的APPLET标记中的CODEBASE属性值计算出来的，若该属性没有设置，则同样返回该HTML文件所处的目录。

基准URL具有灵活性，只要写下语句：

```
Image img = getImage(getDocumentBase(),"images/m1.gif");
```

那么，即使整个imgsample目录移到别处任何地方，也可以正确装载图像文件，而采用对于绝对URL形式，则需要重新修改Applet代码并重新编译。

2. 图像文件的显示

getImage()方法仅仅是将图像文件从网络上装载进来，交由 Image 对象管理。而把得到的 Image 对象中的图像显示在屏幕上，则需要调用 Graphics 类的 drawImage()方法，它能将 Image 对象中的图像显示在屏幕的特定位置上，就像显示文本一样方便。drawImage()方法的调用格式如下：

```
boolean drawImage(Image img, int x, int y, ImageObserver observer);
```

其中 img 参数就是要显示的 Image 对象，x 和 y 参数是该图像左上角的坐标值，observer 参数则是一个 ImageObserver 接口(interface)，它用来跟踪图像文件装载是否已经完成的情况，通常都会将该参数置为 this，即传递本对象的引用去实现这个接口。

除了将图像文件照原样输出以外，drawImage()方法的另外一种调用格式还能指定图像显示的区域大小：

```
boolean drawImage(Image img, int x, int y, int width, int height, ImageObserver observer);
```

这种格式比第一种格式多了两个参数 width 和 height，分别表示图像显示的宽度和高度。若实际图像的宽度和高度与这两个参数值不一样时，Java 系统会自动将它进行缩放，以适合所设定的矩形区域。

有时，为了不使图像因缩放而变形失真，可以将原图的宽和高均按相同的比例进行缩小或放大。调用 Image 类中的两个方法就可以分别得到原图的宽度和高度，它们的调用格式如下：

```
int getWidth(ImageObserver observer);
int getHeight(ImageObserver observer);
```

同 drawImage()方法一样，我们通常用 this 作为 observer 的参数值。

例 11.1　下面的程序段给出了一个显示图像文件的例子，其运行结果如图 11.1 所示。

```
import java.awt.Graphics;
import java.awt.Image;
public class drawimage extends java.applet.Applet{
    Image img;
    public void init(){
        img = getImage(getCodeBase(),"boy.gif");        //获取 Image 对象，加载图像
    }
    public void paint(Graphics g){
        int w = img.getWidth(this);                     //获取图像的宽度
        int h = img.getHeight(this);                    //获取图像的高度
        g.drawImage(img,20,10,this);                    //原图
        g.drawImage(img,200,10,w/2,h/2,this);           //缩小一半
        g.drawImage(img,280,10,w * 2,h/3,this);         //宽扁图
        g.drawImage(img,400,10,w/2,h * 2,this);         //瘦高图
    }
}
```

图 11.1 例 11.1 的效果图

11.1.2 声音文件的播放

对声音媒体的直接支持可以说是 Java 的一大特色，尤其是在动画中配上声音效果，就可以使人在视觉上和听觉上均得到美的享受。Java 中播放声音文件与显示图像文件一样方便，同样只需要先将声音文件装载进来，然后播放就行了。

Java 目前支持的声音文件格式有：AU 格式(.AU 文件，也称为 u-law 格式)、AIFF、WAV 以及 3 种 MIDI 文件格式(MIDI 文件类型 0、MIDI 文件类型 1 以及 RMF)。

Java 提供两种播放声音的机制：Applet 类的 play()方法及 AudioClip 的 play()方法。

1. Applet 类的 play()方法

Applet 类的 play()方法可以将声音文件的装载与播放一并完成，其调用格式如下：

```
void play(URL url);
void play(URL url,String name);
```

可见，play()方法的调用格式与 getImage()方法是完全一样的，也可采用 URL 来定位声音文件。例如，某声音文件 audio.au 与 Applet 文件存放在同一目录下，可以这样写：

```
play(getCodeBase(),"audio.au");
```

一旦 play()方法装载了该声音文件，就立即播放。如果找不到指定 URL 下的声音文件，则 play()方法不会返回出错信息，只是听不到想听的声音而已。

2. AudioClip 的 play()方法

由于 play()方法只能将声音播放一遍，若想循环播放某声音作为背景音乐，就需要用到功能更强大的 AudioClip 类，它能更有效地管理声音的播放操作。因为它被定义在 java.applet 程序包中，所以需要在程序头部加上：

```
import java.applet.AudioClip;
```

为了得到 AudioClip 对象，可以调用 Applet 类中的 getAudioClip()方法。它能装载指定 URL 的声音文件，并返回一个 AudioClip 对象，其调用格式如下：

```
AudioClip getAudioClip(URL url);
AudioClip getAudioClip(URL url,String name);
```

得到 AudioClip 对象以后，就可以调用 AudioClip 类中所提供的各种方法来操作其中的声音数据。AudioClip 的主要方法如表 11.1 所示。

表 11.1 AudioClip 的主要方法

方 法	功 能
loop()	循环播放
start()	开始播放
stop()	停止播放

如果 getAudioClip()方法没有找到所指定的声音文件，就会返回 null 值。所以，应该先检查一下得到的 AudioClip 对象是不是 null，因为在 null 对象上调用上述方法将导致出错。如果需要，还可以在 Applet 中同时装载几个声音文件来一起播放，到时候，这些声音将混合在一起，就像二重奏一样。另外还有一点要说明的是，如果使用 AudioClip 对象的 loop()方法来重复播放背景音乐时，则要在适当的时候调用 AudioClip 对象的 stop()方法来结束放音；否则，即使用户离开这一 Web 页面，该声音也不会停止。因此，一般都在 Applet 的 stop()方法中添上停止播放的代码。

例 11.2 下面这段示例程序将播放两段声音：一段是连续播放的背景音乐，另一段是讲话录音。

```
import java.applet.AudioClip;
public class Audios extends java.applet.Applet{
     AudioClip bgmusic,speak;
     public void init(){
          bgmusic = getAudioClip(getDocumentBase(),"space.au");
          speak = getAudioClip(getDocumentBase(),"intro.au");
     }
     public void start(){
          if (bgmusic!= null)
              bgmusic.loop();
          if (speak!= null)
              speak.play();
     }
     public void stop(){
          if (bgmusic!= null)
              bgmusic.stop();                                   //关闭背景音乐
     }
}
```

3. 在 Java Application 中播放声音

上面介绍的两种方法是在 Java Applet 中播放声音，Java 未提供在 Application 中播放声音的显式的支持，需要做额外的处理。因为 AudioClip 类及其 getAudioClip()方法都属于 java.applet 包，所以它在 Application 中无法调用。解决的途径是使用一些 Sun 在 JDK 中发布但未正式注明的方法，即在/sun/audio 目录下 sun. audio 包中提供的方法。下面是实现的代码：

```
import sun. audio. * ;                                    //引入 sun. audio 包
import java. io. * ;
InputStream in = new FileInputStream(filename);        //打开一个声音文件作为输入
AudioStream as = new AudioStream(in);                  //创建一个 AudioStream 对象
AudioPlayer. player. start(as);              //player 是 AudioPlayer 中一个静态成员,用于控制播放
AudioPlayer. player. stop(as);
//当需从网上下载文件进行播放时,用以下代码打开音乐文件的网址:
AudioStream as = new AudioStream(url. openStream());
//以下是播放一个持续的声音的代码:
import sun. audio. * ;                                    //引入 sun. audio 包
import java. io. * ;
AudioStream as = new AudioStream(url. openStream());
AudioData data = as. getData();创建 AudioData 源
ContinuousAudioDataStream cas = new ContinuousAudioDataStream(data);
AudioPlayer. player. start(cas);
AudioPlayer. player. stop(cas);
```

11.1.3 用 Java 实现动画

1. 线程的使用

在 Web 页面上实现动画,实际上就是每隔一定时间显示一幅静态画面,循环进行。在 Java 中,显示一幅静态画面或者绘出图形,是用 paint(Graphics g)方法实现的,那么是不是只要设计一个无限循环,每隔一定时间不断地调用 repaint()就可以实现动画了呢? 实际上不行。因为在调用 repaint()时,系统不会立刻去做重画的动作,只有系统有空时才做。但程序本身又有一个无限循环,所以系统无法把使用权交出来处理重画的工作。

一般来说,要实现动画效果,必须用到线程。一个线程是原来的主程序,另一个线程是动画线程,处理循环重画的操作,每次循环还需要睡眠一段时间后再绘图。如此循环,在屏幕上出现的一系列帧来造成运动的效果,从而达到显示动画的目的。

2. 动画程序的设计步骤

下面以动画 Applet 为例进行介绍。实际上在 Frame 上也可以实现动画,其方法是类似的,操作步骤如下:

第一步,定义 Applet 对象的同时定义 Runnable 接口,这样就可以继承线程的 run()方法。在 Java 中实现线程有两种方法:一种是继承线程 Thread 类,另一种是实现 Runnable 接口。因为 Applet 已经继承了 Applet 类,而 Java 又不支持多重继承,所以只有通过实现 Runnable 接口来使用线程。代码如下:

```
public class Gshow extends java. applet. Applet implements Runnable {   }
```

第二步,定义 Thread 对象,即动画线程:

```
Thread runner;
```

第三步,在 Applet 对象的 start()方法中创建一个动画线程并启动它,动画线程自动启动 run()方法。代码如下:

```
public void start() {
    if (runner == null); {
        runner = new Thread(this);
        runner.start(); }
```

注意：这里有两个 start()，其中一个是 Applet 所在的 start()方法，另一个是动画线程的 start()方法。当动画线程 runner 启动后，就调用 Runnable 中定义的 run()方法，同时将使用权交出来。这时程序就有了两个线程：一个负责原来的主程序，另一个负责执行 run()方法。

第四步，在 Applet 对象的 stop()方法中，可以终止动画线程的执行。

```
public void stop() {
    if (runner != null) {
        runner = null;}
  }
```

第五步，run()方法包含控制动画的循环，循环一次就调用一次 repaint()方法，绘制一幅图像。每两次循环之间要睡眠一段时间，睡眠时间长，则动画显示慢；睡眠时间短，则动画显示快。

```
public void run() {
while(条件){
…
repaint();                          //绘制一幅图像
try { Thread.sleep(200); }          //睡眠
        catch (InterruptedException e) { }
}
}
```

第六步，改写 paint()方法，即此方法中需根据某些变量来进行绘图。动画程序框架主要代码如下：

```
public class Gshow extends java.applet.Applet implements Runnable{
    public void init() {
        … }
    public void start() {
        if (runner == null); {
            runner = new Thread(this);
             runner.start(); }
    }
    public void stop() {
        if (runner != null) {
             runner = null;}
    }
    public void run() {
        while (条件){
            …
            repaint();                      //绘制一幅图像
            try { Thread.sleep(200); }  //睡眠
                catch (InterruptedException e) { }
```

```
        }
    }
}
```

例 11.3 下面是一个字符串自右向左移动的示例程序。

```
import java.awt.*;
import java.applet.*;

public class donghuaword extends Applet implements Runnable{
    public Thread runner;
    public int xpos;
    public void init(){
        xpos = 600;                                    //显示的初始坐标
          setBackground(Color.white);
    }
    public void start() {
        if (runner == null); {
            runner = new Thread(this);
            runner.start();
        }
    }
    public void stop() {
        if (runner != null) {
            runner = null;
        }
    }
    public void run() {
        while (Thread.currentThread() == runner){
            xpos = xpos - 10;                          //坐标递减
            if (xpos == 10)
                xpos = 600;                            //如坐标已至顶头,则移至末尾
            repaint();
            try { Thread.sleep(200); }
            catch (InterruptedException e) { }
        }
    }
    public void paint(Graphics g){
        int red,green,blue;
        red = (int)Math.floor(Math.random() * 256);
        green = (int)Math.floor(Math.random() * 256);
        blue = (int)Math.floor(Math.random() * 256);   //生成随机颜色分量
        g.setColor(new Color(red,green,blue));
        g.setFont(new Font("TimesRoman",Font.BOLD,48));
        g.drawString("Hello!",xpos,60);                //显示字符串
      }
    }
```

说明：此例中每次重绘循环变化显示的是 x 坐标，颜色是随机生成的。

3. 动画的闪烁

每帧图像消失后，在人的视觉中只能保持几十毫秒的时间。在动画实现时，如果从前一

帧图像消失到下一帧图像绘制完成这一段时间超过了这几十毫秒，就会产生闪烁感。可用两种方法来减少闪烁：一种是重载 update()方法，一种是使用双缓冲技术。

每次调用 repaint()时，等于调用 update()方法，而默认的 update()方法是先用背景色清除所有画面内容，再调用 paint()方法。这样重复清除画面，再加以重绘的操作就造成了闪烁现象。实际上在大部分程序中不需要每次将全部画面清除掉，只需清除两帧之间的不同之处。

重载 update()方法，完全接管动画帧的清除和显示工作。也就是说，将两帧之间不同之处的清除代码和在 paint()方法中的每帧绘图代码都包含在新的 paint()方法中，而 update()方法中调用改进后的 paint()方法，从而避免了每次重绘时将整个区域清除。

采用重载 update()方法后动画程序的框架改为：

```
public class Gshow extends java.applet.Applet implements Runnable{
    public void init() {
        …}
    public void start() {
        if (runner == null); {
            runner = new Thread(this);
             runner.start(); }
        }
    public void stop() {
        if (runner != null) {
            runner = null;}
    }
    public void run() {
        while(条件){
            …
            repaint();
            try { Thread.sleep(200); }
            catch (InterruptedException e) { }
        }
    }
    public void update(Graphics g){
        paint(g);
    }
    public void paint(Graphics g){
        //清除两帧之间不同之处
        //绘出每帧
    }
}
```

11.1.4 利用 JMF 来播放视频

1. 什么是 JMF

Java 媒体框架(Java Media Frame,JMF)是一组用来播放、处理和捕捉媒体信息的 API,这些 API 还可以用来传送或接收实况媒体和召开视频会议。为了实现这种功能,JMF 运用 RTP 实时传输协议。

JMF的API包括11个软件包，主包为javax.media。JMF目前最新版本是JMF 2.1.1c，下载网址是：

```
http://java.sun.com/products/java-media/jmf/2.1.1/download.html
```

在下载JMF时有两种选择，即下载跨平台的JMF或下载专用于Solaris或Windows的性能包。如果下载的是专用于Windows的性能包，则运行jmf-2_1-win.exe来安装Windows版的JMF。

JMF提供了一个3层的体系结构：第一层为高级表现形式（播放器），作为一个应用程序，用户可通过播放器来收看视频；第二层为过程处理API，软件开发人员通过高级API进行交互的应用程序的开发；第三层为低级插入式API。通过一种可以集成到体系结构的插件，为整个体系结构提供一种可扩展的能力。

2. 播放视频

播放媒体就相应地需要一个播放器，每个播放器从数据源接收数据，然后立刻以精确的时间顺序提交。

一个播放器具有6种状态：

- Unrealized——当一个播放器已被创建，并对即将要播放的媒体一无所知时的状态。
- Realizing——调用了播放器的realize方法后，可以判定它的资源请求。
- Realized——当Realizing过程结束后进入该状态，此时，已知道需要哪些资源以及将要播放的媒体相关的类型信息。
- Prefetching——当播放器的prefetch方法被调用后进入该状态，准备播放媒体数据。
- Prefetched——当播放器的Prefetching操作完成后，进入该状态，此时已准备启动播放。
- Started——当start方法调用后进入该状态，开始播放。

建立一个播放器的主要步骤如下：

- 创建播放器。用javax.media包中的Manager类的createPlayer方法创建一个Player对象。
- 向播放器注册一个控制器。Player提供一个实现ControllerListener接口的事件处理器，该接口有一个方法controllerUpdate(ControllerEvent event)，当媒体事件发生时调用此方法。
- 播放器进行预提取。调用Player类的prefetch()方法。
- 启动播放器。调用Player类的start()方法。
- 停止播放器。调用Player类的stop()方法。

例11.4 下面是一个简单的播放视频的示例程序，运行结果如图11.2所示。

```
import java.awt.*;
import java.awt.event.*;
import javax.media.*;
class player extends Frame implements ControllerListener{
    Player p;
```

```
    Component vc;
    player(String ss,String mediaurl){
        super(ss);
        try {
            p = Manager.createPlayer(new MediaLocator(mediaurl));
        /* 创建播放器,MediaLocator 确定所需的协议和媒体资源的位置,如果找不到,播放器会
           返回一个 NoPlayerException 对象. */
        }catch (NoPlayerException e) {
            System.out.println("could not find a player.");
            System.exit(-1);
        }catch (java.io.IOException e) {
            System.out.println(e);
            System.exit(-1);
        }
        if (p == null) {
            System.out.println("trouble creating player.");
            System.exit(-1);}
        p.addControllerListener(this);                    //注册事件监听器
        p.prefetch();                                     //播放器进入 Prefetching 状态
    }
    public synchronized void controllerUpdate(ControllerEvent event) {
        if (event instanceof EndOfMediaEvent) {           //播放到达终点
            p.setMediaTime(new Time(0));                  //倒带
            p.start();                                    //重新播放
            return;
        }
        if (event instanceof PrefetchCompleteEvent) {     //播放器处于 Prefetched 状态
            p.start();                                    //播放
            return;
        }
        if (event instanceof RealizeCompleteEvent) {      //播放器处于 Realized 状态
            vc = p.getVisualComponent();                  //返回可视化组件
            if (vc != null){
                add(vc);}
                pack();
                setResizable(false);                      //窗口大小固定不变
                setVisible(true);                         //可见
            }
        }
      public static void main(String args[]) {
        if (args.length != 1) {
            System.out.println("error url");
            return;
        }
        player nowFrame = new player("player example1",args[0]);
        nowFrame.addWindowListener(new WindowAdapter(){
            public void windowClosing(WindowEvent e){
                System.exit(0);
                }
      });
    }
}
```

说明：媒体资源的协议和位置由命令行参数提供，如在 Windows 平台下，则输入 java player file:1. avi。

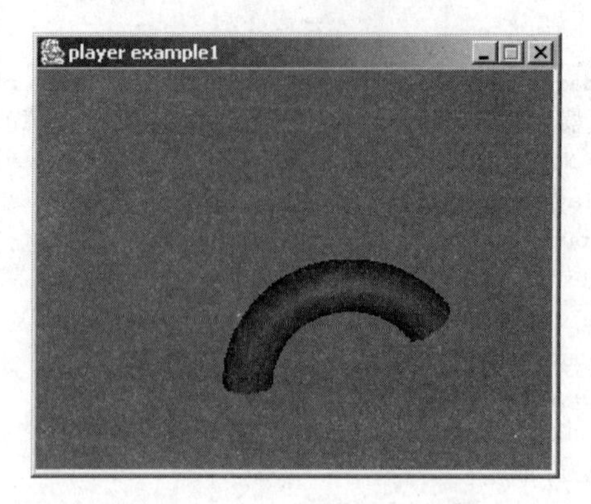

图 11.2 例 11.4 的效果图

例 11.5 下面是一个加上播放控制条的播放器示例程序，通过播放控制条可以控制对影片的播放、停止，运行结果如图 11.3 所示。

```
import java.awt.*;
import java.awt.event.*;
import javax.media.*;
class player1 extends Frame implements ControllerListener{
    Player p;
    Component vc,cc;
    player1(String ss,String mediaurl){
        super(ss);
        try {
            p = Manager.createPlayer(new MediaLocator(mediaurl));
        } catch (NoPlayerException e) {
            System.out.println("could not find a player.");
            System.exit(-1);
        }catch (java.io.IOException e) {
            System.out.println(e);
            System.exit(-1);
        }
        if (p == null) {
            System.out.println("trouble crating player.");
            System.exit(-1);}
            p.addControllerListener(this);
            p.prefetch();
        }
    public synchronized void controllerUpdate(ControllerEvent event) {
        if (event instanceof EndOfMediaEvent) {
            p.setMediaTime(new Time(0));
            p.start();
            return;
        }
        if (event instanceof PrefetchCompleteEvent) {
            p.start();
```

```
            return;
        }
        if (event instanceof RealizeCompleteEvent) {
            vc = p.getVisualComponent();
            if (vc != null){
                add(vc,BorderLayout.CENTER);
            }
            cc = p.getControlPanelComponent();
            /* 通过调用 getControlPanelComponent()方法,在窗口设置一个播放控制条 */
            if (cc != null)
            add(cc,(vc != null) ? BorderLayout.SOUTH : BorderLayout.CENTER);
            pack();
            setResizable(false);
            setVisible(true);
        }
    }
    public static void main(String args[]) {
        if (args.length != 1) {
            System.out.println("error url");
            return;
        }
        player1 nowFrame = new player1("player example2",args[0]);
        nowFrame.addWindowListener(new WindowAdapter(){
            public void windowClosing(WindowEvent e){
                System.exit(0);
                }
        });
    }
}
```

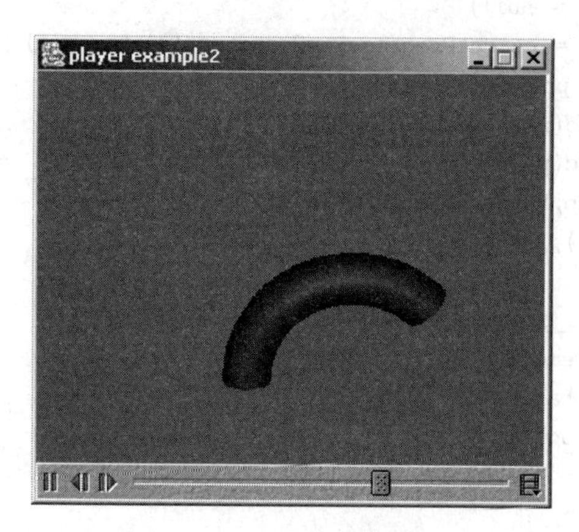

图 11.3　例 11.5 的效果图

例 11.6　下面是一个加上下载进度条的播放器的示例程序,通过这个组件可以显示当前下载的状态,运行结果如图 11.4 所示。

```
import java.awt.*;
import java.awt.event.*;
import javax.media.*;
```

```
class player2 extends Frame implements ControllerListener{
    Player p;
    Component vc,cc,pbar;
    player2(String ss,String mediaurl){
        super(ss);
        try {
            p = Manager.createPlayer(new MediaLocator(mediaurl));
        }catch (NoPlayerException e) {
            System.out.println("could not find a player.");
            System.exit(-1);
        }catch (java.io.IOException e) {
            System.out.println(e);
            System.exit(-1);
        }
        if (p == null)    {
            System.out.println("trouble crating player.");
            System.exit(-1);}
            p.addControllerListener(this);
            p.prefetch();
      }
      public synchronized void controllerUpdate(ControllerEvent event) {
          if (event instanceof CachingControlEvent) {
          /* 当媒体资源从 Internet 下载完毕,播放器会向监听器发送一个 CachingControlEvent
对象,这个对象的 getCachingControl()方法返回一个用来描述当前下载状态的缓存控制对象 */
          CachingControlEvent e = (CachingControlEvent) event;
          CachingControl cc = e.getCachingControl();
          long cc_progress = cc.getContentProgress();          //返回下载内容的长度
          long cc_length = cc.getContentLength();
          //返回已下载内容占整个下载内容的比例
          if (pbar == null)
          if ((pbar = cc.getProgressBarComponent()) != null) { //返回进度条
              Panel pp = new Panel();
              pp.add(new Label("下载进度: "));
              pp.add(pbar);
              add(pp,BorderLayout.NORTH);
              pack();
              }
              if (cc_progress == cc_length && pbar != null) {
                  remove(pbar);
                  pbar = null;
                  pack();
              }
              return;
          }
          if (event instanceof EndOfMediaEvent) {
              p.setMediaTime(new Time(0));
              p.start();
              return;
          }
          if (event instanceof PrefetchCompleteEvent) {
              p.start();
```

```
            return;
        }
        if (event instanceof RealizeCompleteEvent) {
            vc = p.getVisualComponent();
            if (vc != null){
                add(vc,BorderLayout.CENTER);}
                cc = p.getControlPanelComponent();
                if (cc != null)
                        add(cc,(vc != null) ?
                        BorderLayout.SOUTH : BorderLayout.CENTER);
                pack();
                setResizable(false);
                setVisible(true);
            }
        }
        }
    public static void main(String args[]) {
        if (args.length != 1) {
            System.out.println("error url");
             return;
        }
        player2 nowFrame = new player2("player example3",args[0]);
         nowFrame.addWindowListener(new WindowAdapter(){
           public void windowClosing(WindowEvent e){
                System.exit(0);
              }
        });
    }
}
```

图 11.4　例 11.6 的效果图

3. JMF 高级功能

JMF 除了可以播放媒体外，还可以处理媒体和捕捉媒体。处理工作包括：与信号分离器、多路复用器、数字信号编/解码器、效果过滤器以及 renders 相关的工作。处理后的结果可以供用户播放，也可以传送给其他目的地。这些程序典型地表现为对各种正在执行的处理操作的控制。JMF 的捕捉程序被设计用来捕捉来自现场源的、基于时间的媒体，这些媒体可以是正在被处理的，也可以是正在播放的。

11.2 Java 网络编程

用 Java 开发网络软件非常方便且功能强大，Java 的这种力量来源于它独有的一套强大的用于网络的 API，这些 API 是一系列的类和接口，均位于包 java. net 和 javax. net 中。本章将首先介绍在 Java 网络编程中扮演重要角色的 InetAddress 类，再介绍套接字（Socket）的概念，同时以实例说明如何使用 Network API 操纵套接字。最后简单介绍在非连接的 UDP 协议下如何进行网络通信。在完成本章的学习后，就可以编写网络低端通信软件了。

11.2.1 InetAddress 类简介

InetAddress 类在网络 API 套接字编程中扮演了一个重要角色。InetAddress 描述了 32 位或 128 位 IP 地址，要完成这个功能，InetAddress 类主要依靠 Inet4Address 和 Inet6Address 两个支持类。这 3 个类具有继承关系：InetAddrress 是父类，Inet4Address 和 Inet6Address 是子类。由于 InetAddress 类只有一个构造函数，而且不能传递参数，所以不能直接创建 InetAddress 对象，比如下面的语句就是错误的：

```
InetAddress ia = new InetAddress();
```

但我们可以通过下面的 5 个静态方法来创建一个 InetAddress 对象或 InetAddress 数组。

（1）getAllByName(String host)方法：返回一个 InetAddress 对象数组的引用，每个对象包含一个表示相应主机名的单独的 IP 地址，这个 IP 地址是通过 host 参数传递的，对于指定的主机，如果没有 IP 地址存在，那么这个方法将抛出一个 UnknownHostException 异常对象。

（2）getByAddress(byte [ ] addr)方法：返回一个 InetAddress 对象的引用，这个对象包含了一个 IPv4 地址或 IPv6 地址，IPv4 地址是一个 4 字节 addr 数组，IPv6 地址是一个 16 字节 addr 数组，如果返回的数组既不是 4 字节的也不是 16 字节的，那么方法将会抛出一个 UnknownHostException 异常对象。

（3）getByAddress(String host，byte [ ] addr)方法：返回一个 InetAddress 对象的引用，这个 InetAddress 对象包含了一个由 host 和 4 字节的 addr 数组指定的 IP 地址，或者是 host 和 16 字节的 addr 数组指定的 IP 地址，如果这个数组既不是 4 字节的也不是 16 字节的，那么该方法将抛出一个 UnknownHostException 异常对象。

（4）getByName(String host)方法：返回一个 InetAddress 对象，该对象包含了一个与 host 参数指定的主机相对应的 IP 地址，对于指定的主机，如果没有 IP 地址存在，那么方法将抛出一个 UnknownHostException 异常对象。

(5) getLocalHost()方法：返回一个 InetAddress 对象，这个对象包含了本地主机的 IP 地址，考虑到本地主机既是客户程序主机又是服务器程序主机，为避免混乱，我们将客户程序主机称为客户主机，将服务器程序主机称为服务器主机。

上面讲到的方法均提到了返回一个或多个 InetAddress 对象的引用，实际上每一个方法都要返回一个或多个 Inet4Address/Inet6Address 对象的引用，调用者不需要知道引用的子类型，相反调用者可以使用返回的引用调用 InetAddress 对象的非静态方法，包括子类型的多态以确保重载方法被调用。

InetAddress 及其子类型对象处理主机名到主机 IPv4 或 IPv6 地址的转换，要完成这个转换需要使用域名系统，下面的代码示范了如何通过调用 getByName(String host)方法获得 InetAddress 子类对象的方法，这个对象包含了与 host 参数相对应的 IP 地址：

```
InetAddress ia = InetAddress.getByName("www.sun.com");
```

一旦获得了 InetAddress 子类对象的引用就可以调用 InetAddress 的各种方法来获得 InetAddress 子类对象中的 IP 地址信息。例如，可以通过调用 getCanonicalHostName()从域名服务中获得标准的主机名；getHostAddress()获得 IP 地址；getHostName()获得主机名；isLoopbackAddress()判断 IP 地址是否是一个 loopback 地址。

例 11.7　InetAddress 示例程序 InetAddressDemo.java。

```
import java.net.*;
class InetAddressDemo{
    public static void main(String[] args) throws UnknownHostException{
        String host = "localhost";
        if (args.length == 1)
            host = args[0];
        InetAddress ia = InetAddress.getByName(host);
        System.out.println("Canonical Host Name = " +
            ia.getCanonicalHostName());
        System.out.println("Host Address = " +
            ia.getHostAddress());
        System.out.println("Host Name = " +
            ia.getHostName());
        System.out.println("Is Loopback Address = " +
            ia.isLoopbackAddress());
    }
}
```

在 Eclipse 中进行调试时，控制台窗口输出的结果如图 11.5 所示。

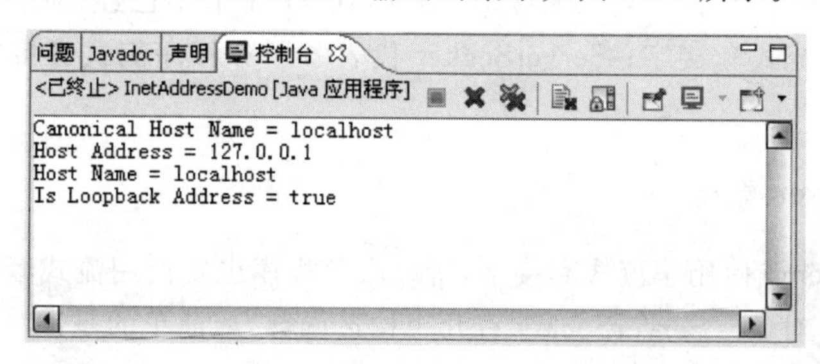

图 11.5　InetAddressDemo.java 程序的运行结果

InetAddressDemo 给了用户一个指定主机名作为命令行参数的选择，如果没有主机名被指定，那么将使用 localhost(客户机的)，InetAddressDemo 通过调用 getByName(String host)方法获得一个 InetAddress 子类对象的引用，通过这个引用获得了标准主机名、主机地址、主机名以及 IP 地址是否是 loopback 地址的输出。

11.2.2 面向连接的流式套接字

1. 什么是套接字

Network API 主要用于基于 TCP/IP 网络的 Java 程序与其他程序通信中，它依靠 Socket 进行通信。Socket 可以看成是在两个程序进行通信连接中的一个端点，一个程序将一段信息写入 Socket 中，该 Socket 将这段信息发送给另外一个 Socket，使这段信息能传送到其他程序中。

无论何时，在两个网络应用程序之间发送和接收信息时都需要建立一个可靠的连接，流式套接字依靠 TCP 协议来保证信息正确到达目的地。实际上，IP 包有可能在网络中丢失或者在传送过程中发生错误，无论哪种情况发生，作为接收方的 TCP 都将联系发送方 TCP 重新发送这个 IP 包。这就是所谓的在两个流式套接字之间建立可靠的连接。

流式套接字在 C/S 程序中扮演一个必需的角色，客户机程序(需要访问某些服务的网络应用程序)创建一个扮演服务器程序的主机的 IP 地址和服务器程序(为客户端应用程序提供服务的网络应用程序)的端口号的流式套接字对象。

客户端流式套接字的初始化代码将 IP 地址和端口号传递给客户端主机的网络管理软件，管理软件将 IP 地址和端口号通过 NIC 传递给服务器端主机；服务器端主机读到经过 NIC 传递来的数据，然后查看服务器程序是否处于监听状态，这种监听依然是通过套接字和端口来进行的；如果服务器程序处于监听状态，那么服务器端网络管理软件就向客户机网络管理软件发出一个积极的响应信号，接收到响应信号后，客户端流式套接字初始化代码就给客户程序建立一个端口号，并将这个端口号传递给服务器程序的套接字(服务器程序将使用这个端口号识别传来的信息是否属于客户程序)，同时完成流式套接字的初始化。

如果服务器程序没有处于监听状态，那么服务器端网络管理软件将给客户端传递一个消极信号，收到这个消极信号后，客户程序的流式套接字初始化代码将抛出一个异常对象并且不建立通信连接，也不创建流式套接字对象。这种情形就像打电话一样，当有人的时候通信建立，否则电话将被挂断。

这部分的工作包括了相关联的 3 个类：InetAddress、Socket 和 ServerSocket。InetAddress 对象描绘了 32 位或 128 位 IP 地址，在 11.1 节中已经详细介绍过；Socket 对象代表了客户程序流式套接字；ServerSocket 代表了服务程序流式套接字，这 3 个类均位于 java.net 包中。

2. ServerSocket 类

由于 SocketDemo 使用了流式套接字，所以服务程序也要使用流式套接字，这就要创建一个 ServerSocket 对象。ServerSocket 有几个构造函数，最简单的是：

- ServerSocket(int port)；

当使用 ServerSocket(int port)创建一个 ServerSocket 对象时,port 参数传递端口号,这个端口就是服务器监听连接请求的端口。如果在这时出现错误,将抛出 IOException 异常对象;否则将创建 ServerSocket 对象并开始准备接收连接请求。

接下来服务程序进入无限循环之中。无限循环从调用 ServerSocket 的 accept()方法开始,在调用开始后 accept()方法将导致调用线程阻塞直到连接建立。在建立连接后 accept()返回一个最近创建的 Socket 对象,该 Socket 对象绑定了客户程序的 IP 地址或端口号。

由于存在单个服务程序与多个客户程序通信的可能,所以服务程序响应客户程序不应该花很多时间,否则客户程序在得到服务前有可能花很多时间来等待通信的建立,然而服务程序和客户程序的会话有可能是很长的(这与电话类似),因此为加快对客户程序连接请求的响应,典型的方法是服务器主机运行一个后台线程,这个后台线程处理服务程序和客户程序的通信。

为了示范上面介绍的概念并完成 SocketDemo 程序,下面创建一个 ServerDemo 程序。该程序将创建一个 ServerSocket 对象来监听端口 10000 的连接请求,如果成功,那么服务程序将等待连接输入,开始一个线程处理连接,并响应来自客户程序的命令。

例 11.8 ServerSocket 示例程序 ServerDemo.java。

```
import java.io.*;
import java.net.*;
import java.util.*;
class ServerDemo{
public static void main(String[] args) throws IOException{
    System.out.println("Server starting...\n");
    ServerSocket server = new ServerSocket(10000);
    while (true)        {
        Socket s = server.accept();
        System.out.println("Accepting Connection...\n");
        new ServerThread(s).start();
    }
}
}
class ServerThread extends Thread{
private Socket s;
ServerThread(Socket s){
    this.s = s;
}
public void run(){
    BufferedReader br = null;
    PrintWriter pw = null;
    try{
        InputStreamReader isr;
        isr = new InputStreamReader(s.getInputStream());
        br = new BufferedReader(isr);
        pw = new PrintWriter(s.getOutputStream(), true);
        Calendar c = Calendar.getInstance();
        do{
            String cmd = br.readLine();
```

```
                if (cmd == null)
                    break;
                cmd = cmd.toUpperCase();
                if (cmd.startsWith("BYE"))
                    break;
                if (cmd.startsWith("DATE") || cmd.startsWith("TIME"))
                    pw.println(c.getTime().toString());
                if (cmd.startsWith("DOM"))
                    pw.println("" + c.get(Calendar.DAY_OF_MONTH));
                if (cmd.startsWith("DOW"))
                    switch (c.get(Calendar.DAY_OF_WEEK))    {
                        case Calendar.SUNDAY : pw.println("SUNDAY");
                        break;
                        case Calendar.MONDAY : pw.println("MONDAY");
                        break;
                        case Calendar.TUESDAY : pw.println("TUESDAY");
                        break;
                        case Calendar.WEDNESDAY: pw.println("WEDNESDAY");
                        break;
                        case Calendar.THURSDAY : pw.println("THURSDAY");
                        break;
                        case Calendar.FRIDAY : pw.println("FRIDAY");
                        break;
                        case Calendar.SATURDAY : pw.println("SATURDAY");
                    }
                if (cmd.startsWith("DOY"))
                    pw.println("" + c.get(Calendar.DAY_OF_YEAR));
                if (cmd.startsWith("PAUSE"))
                    try{
                        Thread.sleep(3000);
                    }
                    catch (InterruptedException e){}
            } while (true);
        }
        catch (IOException e){
            System.out.println(e.toString());
        }
        finally{
            System.out.println("Closing Connection...\n");
            try{
                if (br != null)
                    br.close();
                if (pw != null)
                    pw.close();
                if (s != null)
                    s.close();
            }
            catch (IOException e){}
        }
    } }
```

程序运行结果如图 11.6 所示。

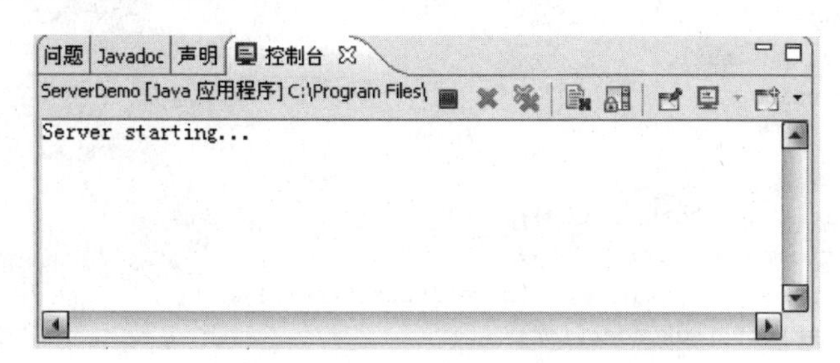

图 11.6　ServerDemo.java 程序的运行结果

3. Socket 类

当客户程序需要与服务器程序通信时，客户程序在客户机创建一个 Socket 对象。Socket 类有几个构造函数，常用的两个构造函数是：

- Socket(InetAddress addr,int port)；
- Socket(String host,int port)；

两个构造函数都创建了一个基于 Socket 的连接服务器端流式套接字的流式套接字。对于第一个函数，InetAddress 子类对象通过 addr 参数获得服务器主机的 IP 地址；对于第二个函数，host 参数包被分配到 InetAddress 对象中，如果没有 IP 地址与 host 参数相一致，那么将抛出 UnknownHostException 异常对象。两个函数都通过参数 port 获得服务器的端口号。假设已经建立连接了，网络 API 将在客户端基于 Socket 的流式套接字中捆绑客户程序的 IP 地址和任意一个端口号，否则两个函数都会抛出一个 IOException 对象。

如果创建了一个 Socket 对象，那么它可能通过调用 Socket 的 getInputStream()方法从服务程序获得输入流读取传送来的信息，也可能通过调用 Socket 的 getOutputStream()方法获得输出流来发送消息。在读写活动完成之后，客户程序调用 close()方法关闭流和流式套接字。下面的代码创建了一个服务程序主机地址为 198.163.227.6、端口号为 13 的 Socket 对象，然后从这个新创建的 Socket 对象中读取输入流，然后再关闭流和 Socket 对象。

```
Socket s = new Socket("198.163.227.6", 13);
InputStream is = s.getInputStream();       //从 Socket 流中读入
is.close();
s.close();
```

接下来示范一个流式套接字的客户程序。这个程序将创建一个 Socket 对象，Socket 将访问运行在指定主机端口 10000 上的服务程序，如果访问成功，客户程序将给服务程序发送一系列命令并打印服务程序的响应。

例 11.9　Socket 使用示例程序 SocketDemo.java。

```
import java.io. * ;
import java.net. * ;
class SocketDemo{
public static void main (String[ ] args){
    String host = "localhost";
    if (args.length == 1)
```

```
            host = args[0];
        BufferedReader br = null;
        PrintWriter pw = null;
        Socket s = null;

        try{
            s = new Socket(host, 10000);
            InputStreamReader isr;
            isr = new InputStreamReader(s.getInputStream());
            br = new BufferedReader(isr);
            pw = new PrintWriter(s.getOutputStream(), true);
            pw.println("DATE");
            System.out.println(br.readLine());
            pw.println("PAUSE");
            pw.println("DOW");
            System.out.println(br.readLine());

            pw.println("DOM");
            System.out.println(br.readLine());
            pw.println("DOY");
            System.out.println(br.readLine());
        }
        catch (IOException e){
            System.out.println(e.toString());
        }
        finally{
            try{
                if (br != null)
                br.close();
                if (pw != null)
                pw.close();
                if (s != null)
                s.close();
            }
            catch (IOException e){}
        }
    } }
```

运行这段程序将会得到如图 11.7 所示的结果,图 11.8 是运行 ServerDemo.java 后服务器端程序运行结果发生的变化。这里必须要保证例 11.8 的程序已经运行了,否则会显示服务器不能连接的错误。

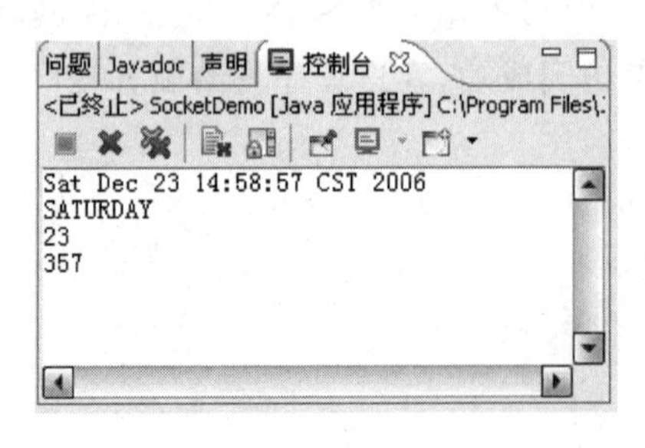

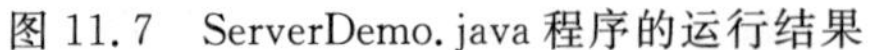
图 11.7 ServerDemo.java 程序的运行结果

图 11.8 运行 ServerDemo.java 后服务器端的变化

例 11.9 创建了一个 Socket 对象与运行在主机端口 10000 的服务程序联系，主机的 IP 地址由 host 变量确定。程序将获得 Socket 的输入输出流，围绕 BufferedReader 的输入流和 PrintWriter 的输出流对字符串进行读写操作就变得非常容易。程序向服务程序发出各种 date/time 命令并得到响应，每个响应均被打印，一旦最后一个响应被打印，将执行 try-catch-finally 结构的 finally 子串，finally 子串将在关闭 Socket 之前关闭 BufferedReader 和 PrintWriter。(说明：date 命令指示传送服务器时间；pause 命令指示服务器线程暂停 3s；dow 命令指示传送服务器当前日期是一周的第几天；dom 命令指示传送服务器当前日期是当月的第几天；doy 命令指示传送服务器当前日期是当年的第几天。)

在源代码编译完成后，可以输入 java SocketDemo 来执行这段程序。如果有合适的程序运行在不同的主机上，则采用主机名/IP 地址为参数的输入方式，如 www.sina.com.cn 是运行服务器程序的主机，那么输入方式就是 java SocketDemo www.sina.com.cn。

Socket 类包含了许多有用的方法，如 getLocalAddress()将返回一个包含客户程序 IP 地址的 InetAddress 子类对象的引用；getLocalPort()将返回客户程序的端口号；getInetAddress()将返回一个包含服务器 IP 地址的 InetAddress 子类对象的引用；getPort()将返回服务程序的端口号。

11.2.3 面向非连接的数据报

1. UDP 简介

UDP(User Datagram Protocal)的全称是用户数据报协议，在网络中它与 TCP 协议一样用于处理数据报。在 OSI 模型中，UDP 位于第四层——传输层，处于 IP 协议的上一层。UDP 有不提供数据报分组、组装以及不能对数据报排序的缺点。也就是说，当报文发送之后，是无法得知其是否安全完整到达的。

在选择使用协议的时候，若选择 UDP 必须要谨慎。在网络质量令人不十分满意的环境下，UDP 协议数据报丢失会比较严重。但是由于 UDP 不属于连接型协议的特性，因而具有资源消耗小、处理速度快的优点，所以通常音频、视频和普通数据在传送时使用 UDP 较多，因为它们即使偶尔丢失一两个数据报，也不会对接收结果产生太大影响。如我们聊天用的 ICQ 和 OICQ 使用的就是 UDP 协议。

使用 java.net 包下的 DatagramSocket 和 DatagramPacket 类，可以非常方便地控制用户数据报文。下面就对这两个类进行介绍。

2. DatagramPacket 类

DatagramPacket 类用于处理报文，它将 Byte 数组、目标地址和目标端口等数据包装成报文或者将报文拆卸成 Byte 数组。应用程序在产生数据报时应该注意，TCP/IP 规定数据报文大小最多包含 65 507 个，通常主机接收 548B，但大多数平台能够支持 8192B 大小的报文。

DatagramPacket 有数个构造方法，尽管这些构造函数的形式不同，但通常情况下它们都有两个共同的参数：byte [ ] buf 和 int length。其中 buf 参数包含了一个对保存自寻址数据报信息的字节数组的引用，length 表示字节数组的长度。

最简单的构造函数是：

```
DatagramPacket(byte [ ] buf,int length);
```

这个构造函数确定了数据报数组和数组的长度，但没有任何数据报的地址和端口信息，这些信息可以通过调用方法 setAddress(InetAddress addr)和 setPort(int port)添加上。下面的代码示范了这些函数和方法。

```
byte [] buffer = new byte [100];
DatagramPacket dgp = new DatagramPacket(buffer, buffer.length);
InetAddress ia = InetAddress.getByName("www.disney.com");
dgp.setAddress(ia);
dgp.setPort(6000);   //送数据包到端口 6000
```

如果用户更喜欢在调用构造函数的同时包括地址和端口号，则可以使用

```
DatagramPacket(byte [] buf,int length,InetAddress addr,int port);
```

下面的代码示范了另外一种选择。

```
byte [] buffer = new byte [100];
InetAddress ia = InetAddress.getByName("www.disney.com");
DatagramPacket dgp = new DatagramPacket(buffer, buffer.length, ia, 6000);
```

有时候在创建了 DatagramPacket 对象后想改变字节数组和它的长度，这时可以通过调用

```
setData(byte [] buf);
setLength(int length);
```

方法来实现。在任何时候都可以通过调用 getData()来得到字节数组的引用；通过调用 getLength()来获得字节数组的长度。下面的代码示范了这些方法。

```
byte [] buffer2 = new byte [256];
dgp.setData(buffer2);
dgp.setLength(buffer2.length);
```

DatagramPacket 的常用方法有：

- getAddress()、setAddress(InetAddress)——得到、设置数据报地址。
- getData()、setData(byte [ ] buf)——得到、设置数据报内容。
- getLength()、setLength(ing length)——得到、设置数据报长度。
- getPort()、setPort(int port)——得到、设置端口号。

3. DatagramSocket 类

DatagramSocket 类在客户端创建数据报套接字与服务器端进行通信连接，并发送和接收数据报套接字。虽然有多个构造函数可供选择，但创建客户端套接字最便利的选择是 DatagramSocket()函数，而服务器端则是 DatagramSocket(int port)函数。如果未能创建套接字或绑定套接字到本地端口，那么这两个函数都将抛出一个 SocketException 对象。一旦程序创建了 DatagramSocket 对象，程序就分别调用 send (DatagramPacket p) 和

receive(DatagramPacket p)来发送和接收数据报。

Datagram 构造方法：

- DatagramSocket()——创建数据报套接字，绑定到本地主机任意存在的端口。
- DatagramSocket(int port)——创建数据报套接字，绑定到本地主机指定端口。
- DatagramSocket(int port,InetAddress laddr)——创建数据报套接字，绑定到指定的本地地址。

常用方法：

- connect(InetAddress address,int port)——连接指定地址。
- disconnect()——断开套接字连接。
- close()——关闭数据报套接字。
- getInetAddress()——得到套接字所连接的地址。
- getLocalAddress()——得到套接字绑定的主机地址。
- getLocalPort()——得到套接字绑定的主机端口号。
- getPort()——得到套接字的端口号。
- receive(DatagramPacket p)——接收数据报。
- send(DatagramPacket p)——发送数据报。

下面的例子示范了如何创建数据报套接字以及如何通过套接字发送和接收信息。

例 11.10 数据报套接字客户机示例的程序 DatagramDemo.java。

```
import java.io.*;
import java.net.*;
class DatagramDemo{
public static void main(String[] args){
    String host = "localhost";
    if (args.length == 1)
        host = args [0];
    DatagramSocket s = null;
    try{
        s = new DatagramSocket();
        byte [] buffer;
        buffer = new String("Send me a datagram").getBytes();
        InetAddress ia = InetAddress.getByName(host);.
        DatagramPacket dgp = new DatagramPacket(buffer, buffer.length, ia, 10000);
        s.send(dgp);
        byte [] buffer2 = new byte [100];
        dgp = new DatagramPacket(buffer2, buffer.length, ia, 10000);
        s.receive(dgp);
        System.out.println(new String(dgp.getData()));
    }
    catch (IOException e){
        System.out.println(e.toString());
    }
    finally{
        if (s != null)
            s.close();
    }
} }
```

程序运行结果如图 11.9 所示。

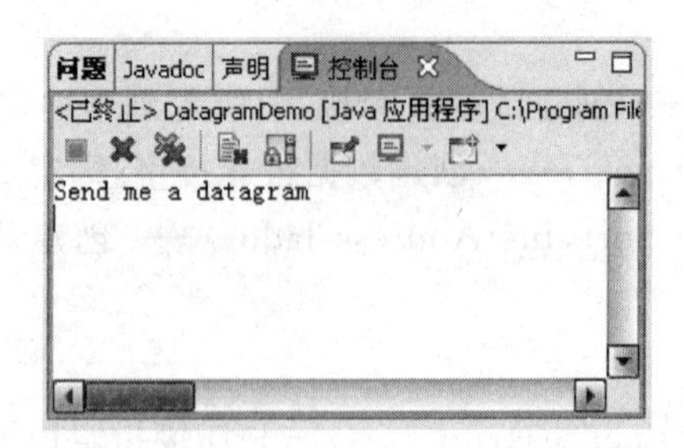

图 11.9　DatagramDemo.java 的运行结果

DatagramDemo 由创建一个绑定任意本地(客户端)端口号的 DatagramSocket 对象开始,然后装入带有文本信息的数组 buffer 和描述服务器主机 IP 地址的 InetAddress 子类对象的引用。接下来,程序创建了一个 DatagramPacket 对象,该对象加入了带文本信息的缓冲器的引用、InetAddress 子类对象的引用以及服务端口号 10000。DatagramPacket 的数据报通过方法 sent()发送给服务器程序,于是一个包含服务程序响应的新的 DatagramPacket 对象被创建,receive()得到相应的数据包,然后由 getData()方法返回该数据报的一个引用,最后关闭 DatagramSocket。

例 11.11　数据报套接字服务器程序示例。

```
import java.io.*;
import java.net.*;
class DatagramServerDemo{
public static void main(String[] args) throws IOException{
    System.out.println("Server starting ...\n");
    DatagramSocket s = new DatagramSocket(10000);
    byte [] data = new byte [100];
    DatagramPacket dgp = new DatagramPacket(data, data.length);
    while (true){
        s.receive(dgp);
        System.out.println(new String(data));
        s.send(dgp);
    }
} }
```

图 11.10 是运行 DatagramServerDemo.java 的结果,图 11.11 是例 11.11 和例 11.10 运行后的结果。

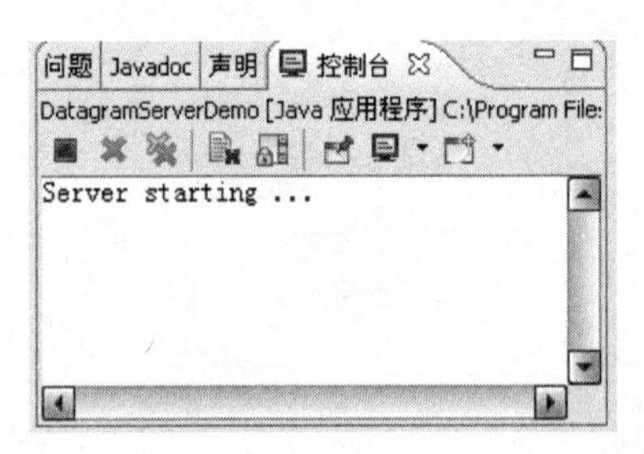

图 11.10　DatagramServerDemo.java 程序的运行结果

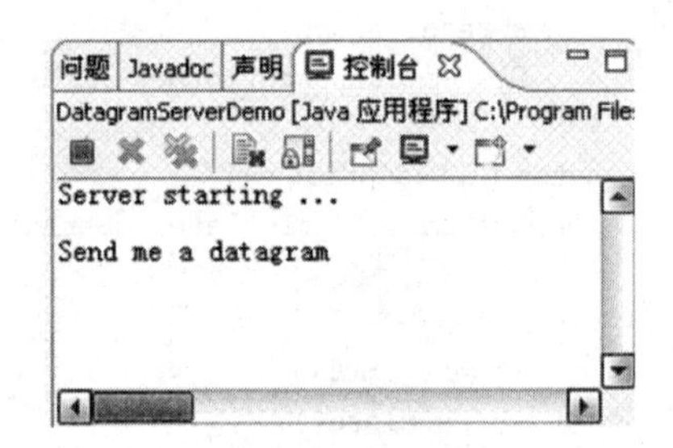

图 11.11　运行 DatagramDemo.java 后的 DatagramServerDemo 的结果

该程序创建了一个绑定端口10000的数据报套接字，然后创建一个字节数组容纳数据报信息，并创建数据报包。接着，程序进入一个无限循环中以接收自寻址数据包、显示内容并将响应返回客户端，套接不会关闭，因为循环是无限的。

在编译DatagramServerDemo和DatagramDemo的源代码后，由输入java DatagramServerDemo开始运行DatagramServerDemo，然后在同一主机上输入java DatagramDemo开始运行DatagramDemo，如果DatagramServerDemo与DatagramDemo运行于不同主机，在输入时注意要在命令行加上服务程序的主机名或IP地址，如java DatagramDemo www.yesky.com。

11.3 Java数据库编程

现在很多程序中都会涉及有关数据库的操作，其中相当一部分程序还是以数据库为核心来组织整个系统的，因此Java程序对数据库的访问和操作是Java程序设计中比较重要的一个部分，本章将介绍这方面的内容。限于篇幅，在这里只是简单介绍，要想深入学习，读者可以去查阅相关资料。

11.3.1 SQL语言基础

SQL是Structured Query Language的缩写，即结构化查询语言。它是1974年由Boyce和Chamberlin提出来的，用来实现关系运算中数据查询、数据操纵、数据定义等操作的语言，是一种综合的、功能极强同时又简单易学的语言。它集数据查询(Data Query)、数据操纵(Data Manipulation)、数据定义(Data Definition)和数据控制(Data Control)等功能于一体，具有以下特点：

- 一体化特点。
- 高度非过程化。
- 视图操作方式。
- 不同使用方式的语法结构相同。
- 语言简洁，易学易用。

常用SQL基本语句包括：

(1) CREATE语句。

功能是创建数据库、创建数据表、创建视图等。CREATE语句格式：

- 建立数据库。

```
CREATE DATABASE 数据库名 [default character set gbk];
```

- 建立数据表。

```
CREATE TABLE 数据表名(字段名1 属性,字段名2 属性,…,字段名n 属性);
```

字段的属性包括字段类型、字段宽、小数位、约束。其中约束有主键约束、外键约束、非空约束等，字段之间以逗号分隔。在数据表中设置自动编号字段可在该字段声明时加上auto_increment关键字，并将该字段设为主键。例如：

```
CREATE TABLE mytable(id int(4) auto_increment,name char(14),age int(4),primary key(id));
```

该命令建立一个数据表 mytable，字段 id 为主键，且被设为自动编号字段。添加记录时，id 字段的默认值是前一个记录的值加 1。

(2) INSERT 语句。

功能是向数据表中插入新记录。INSERT 语句格式：

```
INSERT INTO 表名(字段名 1,字段名 2,…,字段名 n) VALUES(字段 1 的值,字段 2 的值,…,字段 n 的值);
```

(3) SELECT 语句。

SELECT 语句的功能是从数据表中检索数据，并将结果以表格的形式返回，还能实现统计查询结果，合并结果文件，执行多表查询和对结果排序等操作。SELECT 语句格式：

```
SELECT  [ALL|DISTINCT][别名.]选项[,[别名.]选项 …]FROM 表名[别名][,表名[别名]…]
WHERE 条件表达式][AND 条件表达式 …]GROUP  BY 分组选项[,分组选项 …]]
[HAVING 组条件表达式][ORDER BY 排序选项[ASC|DESC][,排序选项[ASC|DESC]…]]
```

命令中各参数的含义如下：

- SELECT 是该命令的主要关键字。
- ALL | DISTINCT 表示 ALL 和 DISTINCT 任选其一，ALL 表示所有的记录，DISTINCT 表示去掉重复记录。
- FROM 表名[别名]表示被检索的数据表，表名之间用逗号分隔，这里的别名表示数据表的另一个名字，可以由用户定义。一旦定义了别名，就可以在以后的命令中用别名代替表名。
- WHERE 条件表达式表示检索条件。
- GROUP BY 分组选项表示检索时，可以按某个或某些字段分组汇总，各分组选项之间用逗号分隔。
- HAVING 组条件表达式表示分组汇总时，可以根据组条件表达式检索某些组记录。
- ORDER BY 排序选项表示检索时，可以按指定字段排序，ASC 为升序，DESC 为降序。

SELECT 命令的基本结构是 SELECT…FROM…WHERE，其含义是输出字段…数据来源…查询条件，在这种固定模式中，可以不要 WHERE，但是必须有 SELECT 和 FROM。

(4) DELETE 语句。

DELETE 语句的功能是从数据表中删除记录。DELETE 语句格式：

```
DELETE FORM 数据表名 WHERE 条件表达式
```

(5) UPDATE 语句。

UPDATE 语句的功能是修改数据表中记录的值。UPDATE 语句格式：

```
UPDATE 表名 SET 字段名 = 表达式 WHERE 条件表达式
```

(6) DROP 语句。

DROP 语句的功能是删除数据库或数据表。DROP 语句格式：

- 删除数据库格式。

```
DROP DATABASE 数据库名;
```

- 删除数据表格式。

```
DROP TABLE 数据表名;
```

(7) ALTER 语句。

ALTER 语句的功能是修改表的结构、增加新的字段。ALTER 语句格式：

- 修改表的结构。

```
ALTER TABLE 表名 MODIFY 字段名 属性;
```

- 增加新字段。

```
ALTER TABLE 表名 ADD 字段名 属性;
```

11.3.2 数据库连接

要进行数据库的编程，首先要做的就是让程序连接数据库。下面就对 Java 语言连接数据库的方法进行介绍。

1. JDBC 简介

JDBC 是 Java DataBase Connection 的简称，是一种用 Java 实现的数据库接口技术，是开放数据库 ODBC 的 Java 实现。数据库前端应用要完成对数据库中数据的操作，必须使用 SQL 语言的有关语句，但是 SQL 是一种非过程语言，除了对数据库进行基本操作外，它所能完成的功能非常有限，并不能适应整个前端的应用编程。为此，需要其他的语言来实现 SQL 语言的功能以完成对数据库的操作。为了达到这个目的，Java 中专门设置了一个 java.sql 包，这个包中定义了很多用来实现 SQL 功能的类，使用这些类，编程人员就可以很方便地开发出数据库前端的应用。辅助 Java 程序实现数据库功能的配套支持技术通称为 JDBC。用 JDBC 开发数据库应用的原理如图 11.12 所示。

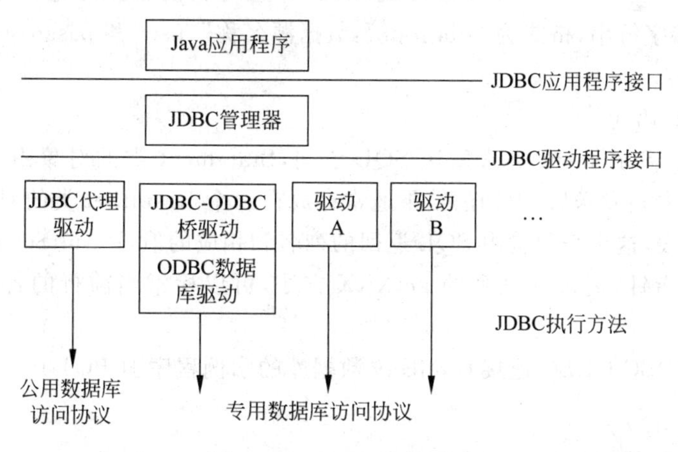

图 11.12 JDBC 工作原理

由图 11.12 可知，JDBC 由两层组成。上面一层是 JDBC API，负责与 Java 应用程序通信，向 Java 应用程序提供数据（Java 应用程序通过 JDBC 中提供的相关类来管理 JDBC 的驱动程序）。下面一层是 JDBC Driver API，主要负责和具体数据环境的连接。图 11.12 中列出了利用 JDBC Driver API 访问数据库的几种不同方式。第一种方法是使用 JDBC-ODBC

桥实现JDBC到ODBC的转化,转化后就可以使用ODBC的数据库专用驱动程序与某个特定的数据库相连。这种方法借用了ODBC的部分技术,使用起来比较简单,但同时由于C驱动程序的引入而失去了Java的跨平台性。第二种方法使JDBC与某数据库系统专用的驱动程序相连,然后直接连入数据库。这种方法的优点是程序效率高,但由于要下载和安装专门的驱动程序,限制了前端应用与其他数据库系统的配合使用。第三种方法使用JDBC与一种通用的数据库协议驱动程序相连,然后再利用中间件和协议解释器将这个协议驱动程序与某种具体的数据库系统相连。这个方法的优点是程序不但可以跨平台,而且可以连接不同的数据库系统,有很好的通用性,但运行这样的程序需要购买第三方厂商开发的中间件和协议解释器。下面就前两种Java连接数据库的方法进行介绍。

2. 用JDBC-ODBC连接数据库

用JDBC-ODBC连接数据库首先要建立数据源,关于数据源创建相信读者都非常熟悉了,本书不做介绍,假设为上述的company数据库建立一个同名的company数据源。以下是用JDBC-ODBC连接数据库的步骤。

1) 加载驱动程序

加载Java应用程序所用的数据库的驱动程序。当然现在用的是JDBC-ODBC驱动,这个驱动程序不需要专门安装,代码如下:

```
Class.forName("sun.jdbc.odbc.JdbcOdbcDriver");
```

2) 建立连接

与数据库建立连接的标准方法是调用方法:

```
Drivermanger.getConnection(String url,String user,String password)
```

Drivermanger类用于处理驱动程序的调入,并且对新的数据库连接提供支持。其中url是数据库连接字符串,格式为"jdbc:odbc:数据源名称",user和password分别是数据库的用户名和密码。

3) 执行SQL语句

JDBC提供了Statement类来发送SQL语句,Statement类的对象由createStatement方法创建;SQL语句发送后,返回的结果通常存放在一个ResultSet类的对象中,ResultSet可以看作是一个表,这个表包含由SQL返回的列名和相应的值,ResultSet对象中维持了一个指向当前行的指针,通过一系列的getXXX方法,可以检索当前行的各个列,从而显示出来。

例11.12 JDBC-ODBC连接company数据库的示例程序JDBCTest.java。

```
import java.sql.*;
public class JDBCTest{
    public static void main(String args[]){
        String url = " jdbc:mysql://localhost:3306/studentmanager";
        String user = "root";
        String password = "houzhanjun";
        try{
            Class.forName("com.mysql.jdbc.Driver");                //加载驱动程序
```

```
                                                          //建立连接
        Connection con = DriverManager.getConnection(url,user,password);
        String ls_1 = "select * from user";
        Statement stmt = con.createStatement();           //执行 SQL
        ResultSet rs = stmt.executeQuery(ls_1);           //得到结果
        System.out.print("username  ");
        System.out.print("password  ");
        while(rs.next()){                                 //打印数据库中的数据
            System.out.print(rs.getString(1) + "  |  ");
            System.out.print(rs.getString(2) + "  |  ");
            }
            rs.close();
            stmt.close();
            con.close();
        }
        catch (SQLException sqle){
            System.out.println(1 + sqle.toString());
        }
        catch (Exception e){
            System.out.println(2 + e.toString());
        }
    }
}
```

程序运行结果如图 11.13 所示。

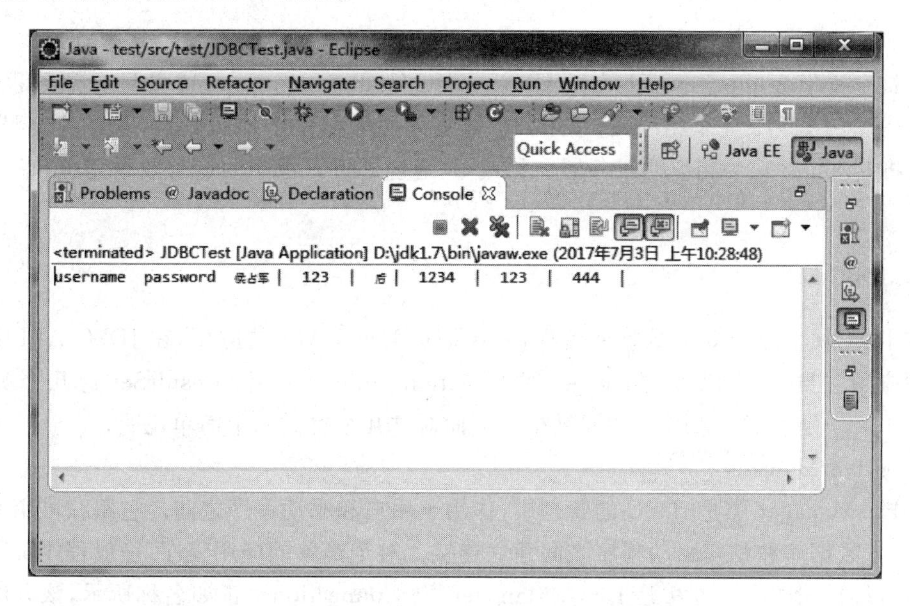

图 11.13 例 11.13 的运行效果图

这个程序的主要作用是将前面建立的 employee 表中的所有数据从数据库 company 中查询出来，传送到运行 Java 程序的计算机并在屏幕上显示出来。为了达到这个目标，用到了 JDBC API 中的类 DriverManager、Statement 和 ResultSet。其中 DriverManager 主要负责装入数据库驱动；Statement 用来执行 SQL 语句，在程序中是一个查询语句；ResultSet

用来接收从数据库中返回的数据。在 Java 中对数据库的编程主要就是对这些 JDBC API 的灵活使用。

3. 用 JDBC 专用驱动程序连接数据库

用数据库专用的驱动程序连接首先要安装数据库的 JDBC 驱动程序，有时候这些驱动程序可以从有关数据库系统生产商的网站上下载，它们必须首先安装在运行 Java 程序的本地机上并正确设置环境变量。对于本书中的 SQL Server 数据库，要求下载 SQL Server 2000 Driver for JDBC 驱动程序，然后正确安装，并为安装目录下的 msbase. jar、mssqlserver. jar 和 msutil. jar 这 3 个 jar 文件设置正确的类路径或者导入到相应的开发环境中。

用 JDBC 驱动和 JDBC-ODBC 驱动连接数据库的步骤完全一样，只是具体的驱动程序和连接字符串不一样，如例 11.13 所示。

例 11.13 JDBC 连接 company 数据库的示例程序 JDBCTest. java(部分)。

```
    …
public static void main(String args[ ]){
String url = " jdbc:mysql://localhost:3306/studentmanager ";
String username = "root";
 String password = "houzhanjun";
    try{
         Class.forName("com.mysql.jdbc.Driver "); //加载驱动程序
        Connection con = DriverManager.getConnection(url,user,password);
                …
```

连接字符串为 jdbc:mysql://localhost:3306/studentmanager，这里只有部分程序，其他的代码和例 11.12 完全相同，这里用到的数据库服务器是本地服务器，若是其他服务器，则只要将 localhost 改为相应的服务器名称或 IP 地址即可。程序的运行效果完全和例 11.12 相同。

4. JDBC 编程

在 Java 中，用 JDBC 对数据库编程，主要是对 JDBC API 的应用，在 JDBC API 中对数据库的应用主要是对 DriverManager、Connection、Statement 和 ResultSet 这几个类的应用。图 11.14 是 JDBA API 的主要结构。下面对这几个类做一个简单说明。

1) DriverManager

DriverManager 类是 JDBC 的管理层，作用于用户和驱动程序之间。它跟踪可用的驱动程序，并在数据库和相应驱动程序之间建立连接。对于简单的应用程序，一般程序员需要在此类中直接使用的唯一方法是 DriverManager. getConnection。正如名称所示，该方法将建立与数据库的连接。

DriverManager 类包含一列 Driver 类，它们已通过调用方法 DriverManager. registerDriver 对自己进行了注册。通过调用方法 Class. forName，可显式地加载驱动程序类，然后自动在 DriverManager 类中注册。以下代码加载类 jdbc. odbcJdbcOdbcDriver：

```
class.forName("sun.jdbc.odbc.JdbcOdbcDriver");
```

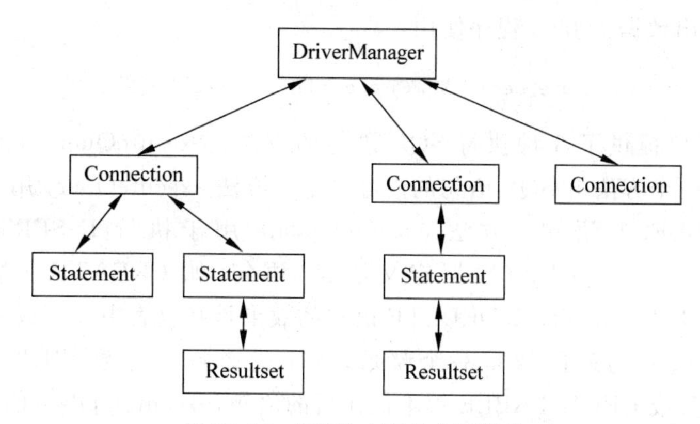

图 11.14 JDBC API 的主要结构

加载 Driver 类并在 DriverManager 类中注册后，它们即可用来与数据库建立连接。当调用 DriverManager. getConnection 方法发出连接请求时，DriverManager 将检查每个驱动程序，查看它是否可以建立连接。以下代码是通常情况下用驱动程序（例如 JDBC-ODBC 桥驱动程序）建立连接所需步骤的示例：

```
Class.forName("sun.jdbc.odbc.JdbcOdbcDriver");  //加载驱动程序
String url = "jdbc:odbc:studentmanager";
Connection con = DriverManager.getConnection(url,"userID","passwd");
```

这个示例表示在 DriverManager 中注册一个 sun. jdbc. odbc. JdbcOdbcDriver 驱动（使用 JDBC-ODBC 桥驱动），然后用 DriverManager 的 getConnection 方法创建一个 Connection 对象，然后这个对象就可以连接 url 指定的数据库。在本例中连接的数据库是 ODBC 数据源 company，这个数据源的用户名是 userID，密码是 passwd。

2) Statement

Statement 对象用于将 SQL 语句发送到数据库中。建立了到特定数据库的连接之后，就可用该连接发送 SQL 语句。Statement 对象的常用方法如表 11.2 所示。

表 11.2 Statement 对象的常用方法

方 法	说 明
excuteQuery()	用来执行查询
excuteUpdate()	用来执行更新
Execute()	用来执行动态的未知操作
setMaxRow()	设置结果集的最多行数
getMaxRow()	获取结果集的最多行数
close	关闭 Statement 对象，释放其资源

Statement 对象用 Connection 的方法 createStatement 创建，代码如下：

```
Connection con = DriverManager.getConnection(url,"userID","passwd");
Statement stmt = con.createStatement();
```

为了执行 Statement 对象，被发送到数据库的 SQL 语句将被作为参数提供给 Statement 的方法。下面这句代码通过一个查询语句创建了一个结果集，用户就可以从这个 rs 结果集中读出数据供 Java 程序使用：

```
ResultSet rs = stmt.executeQuery("SELECT a,b,c FROM Table2");
```

Statement 接口提供了 3 种执行 SQL 语句的方法：executeQuery、executeUpdate 和 execute。使用哪一个方法由 SQL 语句的内容决定。方法 executeQuery 用于产生单个结果集的语句，如 SELECT 语句。方法 executeUpdate 用于执行 INSERT、UPDATE 或 DELETE 语句以及 SQL DDL（数据定义语言）语句，如 CREATE TABLE 和 DROP TABLE。INSERT、UPDATE 或 DELETE 语句的效果是修改表中零行或多行中的一列或多列。executeUpdate 的返回值是一个整数，指示受影响的行数（即更新计数）。对于 CREATE TABLE 或 DROP TABLE 等不操作行的语句，executeUpdate 的返回值总为零。

方法 execute 用于执行返回多个结果集、多个更新计数或二者组合的语句。因为多数程序员不会需要使用这些高级功能，所以在此不再细述。执行语句的所有方法都将关闭所调用的 Statement 对象的当前打开结果集（如果存在），这意味着在重新执行 Statement 对象之前，需要完成对当前 ResultSet 对象的处理。

3）PreparedStatement 类

PreparedStatement 类可以将 SQL 语句传给数据库做预编译处理，即在执行的 SQL 语句中包含一个或多个 IN 参数，可以通过设置 IN 参数值多次执行 SQL 语句，不必重新给出 SQL 语句，这样可以大大提高执行 SQL 语句的速度。

所谓 IN 参数，就是指那些在 SQL 语句创立时尚未指定值的参数，在 SQL 语句中 IN 参数用“?”号代替。例如：

```
PreparedStatement pstmt = connection.preparedStatement("SELECT * FROM student WHERE 年龄>=
? AND 性别=? ");
```

这个 Prepared Statement 对象用来查询表中指定条件的信息，在执行查询之前必须对每个 IN 参数进行设置，设置 IN 参数的语法格式如下：

```
pstmt.setXXX(position,value);
```

其中，XXX 为设置数据的各种类型，position 为 IN 参数在 SQL 语句中的位置，value 指该参数被设置的值。例如：

```
pstmt.setInt(1,20);
```

4）ResultSet

ResultSet 包含符合 SQL 语句中条件的所有行，并且它通过一套 get 方法（这些 get 方法可以访问当前行中的不同列）提供了对这些行中数据的访问。ResultSet.next 方法用于移动到 ResultSet 中的下一行，使下一行成为当前行。

结果集一般是一个表，其中有查询所返回的列标题及相应的值。例如，如果查询为 SELECT * FROM employee，则结果集将返回 employee 表中的所有记录。下面的代码段是执行 SQL 语句的示例。该 SQL 语句将返回行集合，其中列 1 为 firstname，列 2 为 lastname，列 3 为 age，列 4 为 address，列 5 则为 city。

```
java.sql.Statement stmt = conn.createStatement();
```

```
ResultSet rs = stmt.executeQuery("SELECT * FROM employee");
while(rs.next()){                              //打印数据库中的数据
System.out.print(rs.getString(1) + "  |  ");
System.out.print(rs.getString(2) + "  |  ");
System.out.print(rs.getInt(3) + "  |  ");
System.out.print(rs.getString(4) + "  |  ");
System.out.println(rs.getString(5));
}
```

ResultSet 维护指向其当前数据行的光标。每调用一次 next 方法，光标向下移动一行。最初它位于第一行之前，因此第一次调用 next 将把光标置于第一行上，使它成为当前行。随着每次调用 next 导致光标向下移动一行，按照从上至下的次序获取 ResultSet 行。

在 ResultSet 对象或其父辈 Statement 对象关闭之前，光标一直保持有效。

方法 getXXX 提供了获取当前行中某列值的途径。列名或列号可用于标识要从中获取数据的列。例如，如果 ResultSet 对象 rs 的第二列名为"title"，并将值存储为字符串，则下列任一代码将获取存储在该列中的值。

```
String s = rs.getString("title");
String s = rs.getString(2);
```

注意：列是从左至右编号的，并且从列 1 开始。同时，用 getXXX 方法输入的列名不区分大小写。

下面是一个 JDBC 数据库编程的例子，在这个例子中，设计了一个 GUI 数据库查询的软件，在程序的用户窗体中设计了一个下拉列表框，通过用户选择查询数据库，并将用户需要的数据显示在文本框中。

例 11.14　设计用户界面查询数据库数据的示例程序。

```
import java.awt.*;
import java.awt.event.*;
import javax.swing.*;
import java.sql.*;

class MainFrame extends JFrame implements ActionListener{
    JPanel contentPane;
    BorderLayout borderLayout1 = new BorderLayout(5, 10);
    Label prompt;
    Choice firstname;
    Button querybutton;
    TextArea result;
    public MainFrame(){
        contentPane = (JPanel)this.getContentPane();
    contentPane.setLayout(borderLayout1);
        this.setTitle("DBQuery");
        addWindowListener(new WindowAdapter(){
            public void windowClosing(WindowEvent e){
            System.exit(0);
            }
        });
```

```
        prompt = new Label("firstname");
        firstname = new Choice();
        querybutton = new Button("Query");
        result = new TextArea();
        try{
          Class.forName("com.mysql.jdbc.Driver");          //加载驱动程序
          String url = "jdbc:mysql://localhost:3306/studentmanager";
           String user = "root";
          String password = "houzhanjun";
          String ls_1 = "select username from user";
          Connection con = DriverManager.getConnection(url,user,password);
          Statement stmt = con.createStatement();
          ResultSet rs = stmt.executeQuery(ls_1);
          while (rs.next()){
              firstname.add(rs.getString(1));
          }
          rs.close();
          stmt.close();
          con.close();

      }
      catch (SQLException sqle){}
      catch (Exception e){}
      contentPane.add(prompt,BorderLayout.WEST);
      contentPane.add(firstname,BorderLayout.CENTER);
      contentPane.add(querybutton,BorderLayout.EAST);
      contentPane.add(result,BorderLayout.SOUTH);
      querybutton.addActionListener(this);
  }
  public void actionPerformed(ActionEvent e){
  if (e.getSource() == querybutton){
      try{
          Class.forName("com.mysql.jdbc.Driver");          //加载驱动程序
          String url = "jdbc:mysql://localhost:3306/studentmanager";
          String user = "root";
          String password = "houzhanjun";
          String queryfirstname = firstname.getSelectedItem();
          String ls_1 = "select * from user" +
                      " where username = '" + queryfirstname + "'";
          Connection con = DriverManager.getConnection(url,user,password);
          Statement stmt = con.createStatement();          //执行 SQL
          ResultSet rs = stmt.executeQuery(ls_1);
          result.setText("");
          while (rs.next()){
              String msg = rs.getString(2);
              result.append(msg);
          }
          rs.close();                                      //关闭连接
          stmt.close();
          con.close();
      }
```

```
            catch (SQLException sqle){}
            catch (Exception exce){}
            }
        }
            public static void main(String args[]){
                MainFrame frame = new MainFrame();
                frame.resize(400,300);
                frame.show();
            }
    }
```

在这个程序中用到了图形界面的设计，使用了下拉列表框、按钮和文本框，如图 11.15 所示。一旦用户选择了 firstname 后，单击 Query 按钮，则在文本框中显示对应的数据，如图 11.16 所示。

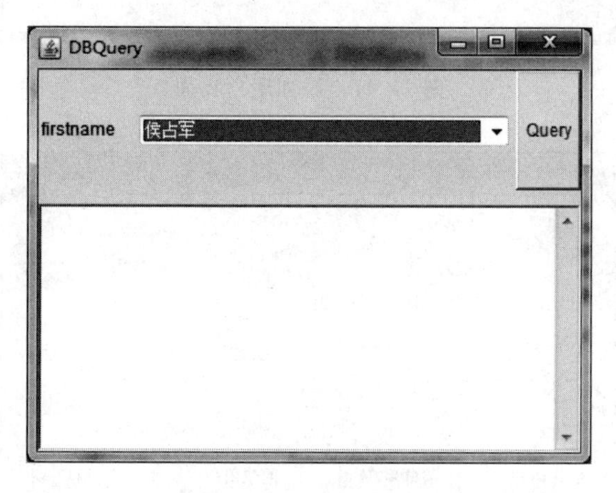

图 11.15 用户选择要查询的数据

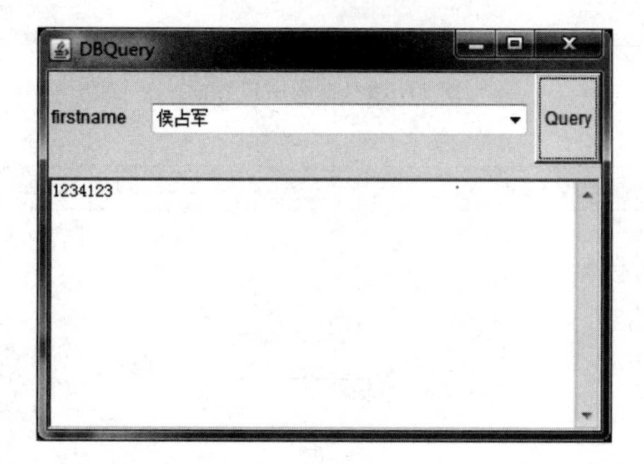

图 11.16 查询出了 firstname 为“侯占军”的数据

11.3.3 数据库应用综合实例

该综合实例通过使用 Eclipse 的 windowsbuilder 插件实现编程界面的可视化设计，该综合实例的功能实现对用户表的增加新用户、查询密码、修改密码、删除用户信息等功能。

程序运行结果如图 11.17(添加用户)、图 11.18(查询用户)、图 11.19(修改用户)和图 11.20(删除用户)所示。

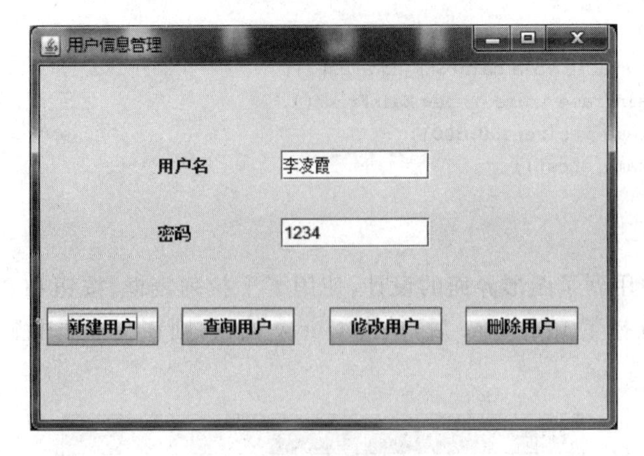

图 11.17　添加用户界面

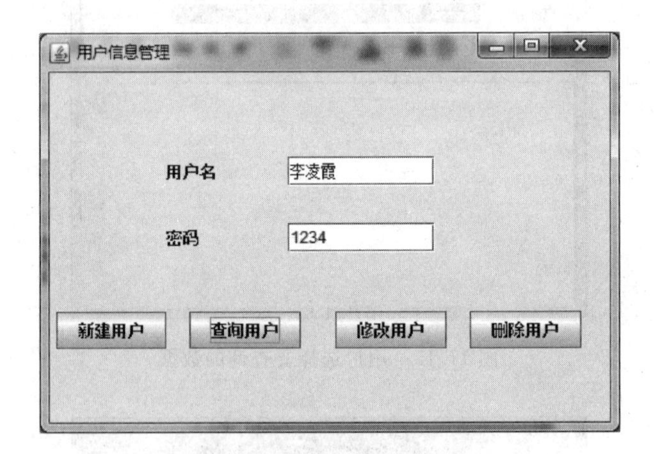

图 11.18　查询用户界面

图 11.19　修改用户信息界面

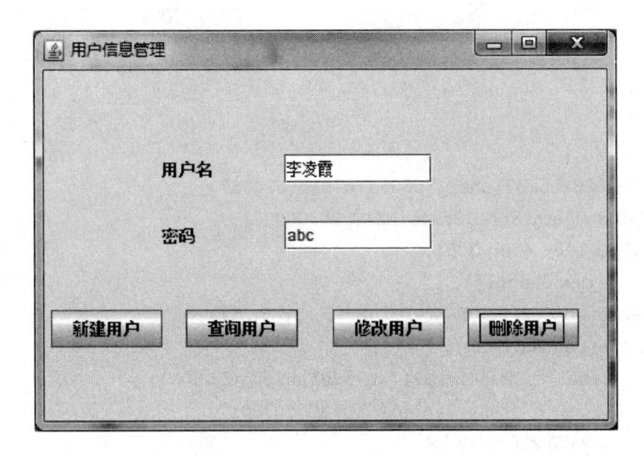

图 11.20 删除用户界面

例 11.15 设计用户界面查询数据库数据的示例程序。

```
import java.awt.BorderLayout;
import java.awt.EventQueue;
import javax.swing.JFrame;
import javax.swing.JPanel;
import javax.swing.border.EmptyBorder;
import javax.swing.JLabel;
import javax.swing.JOptionPane;
import java.awt.FlowLayout;
import javax.swing.GroupLayout;
import javax.swing.GroupLayout.Alignment;
import javax.swing.JTextField;
import javax.swing.JButton;
import javax.swing.LayoutStyle.ComponentPlacement;
import java.awt.event.ActionListener;
import java.sql.Connection;
import java.sql.DriverManager;
import java.sql.PreparedStatement;
import java.sql.ResultSet;
import java.sql.SQLException;
import java.sql.Statement;
import java.awt.event.ActionEvent;
public class UserManager extends JFrame{
private JPanel contentPane;
private JTextField textField;
private JTextField textField_1;
public static void main(String[] args) {
    EventQueue.invokeLater(new Runnable() {
        public void run() {
            try {
                UserManager frame = new UserManager();
                frame.setVisible(true);
            } catch (Exception e) {
                e.printStackTrace();
```

```
                }
            }
        });
    }
    public UserManager() {
        setTitle("\u7528\u6237\u4FE1\u606F\u7BA1\u7406");
        setDefaultCloseOperation(JFrame.EXIT_ON_CLOSE);
        setBounds(100, 100, 450, 300);
        contentPane = new JPanel();
        contentPane.setBorder(new EmptyBorder(5, 5, 5, 5));
        setContentPane(contentPane);
        JLabel lblNewLabel = new JLabel("\u7528\u6237\u540D");
        JLabel lblNewLabel_1 = new JLabel("\u5BC6\u7801");
        textField = new JTextField();
        textField.setColumns(10);
        textField_1 = new JTextField();
        textField_1.setColumns(10);
        JButton btnNewButton = new JButton("\u65B0\u5EFA\u7528\u6237");
        btnNewButton.addActionListener(new ActionListener() {
            public void actionPerformed(ActionEvent e) {
                try {
                    Class.forName("com.mysql.jdbc.Driver");
                    String url = "jdbc:mysql://localhost:3306/studentmanager";
                    String user = "root";
                    String password = "houzhanjun";
                    String ls_1 = "insert into user values(?,?)";
                    Connection con = DriverManager.getConnection(url,user,password);
                    PreparedStatement stmt = con.prepareStatement(ls_1);
                    stmt.setString(1, textField.getText());
                    stmt.setString(2, textField_1.getText());
                    int i = stmt.executeUpdate();
                    if (i == 1){
                        JOptionPane.showMessageDialog(null, "用户添加成功");
                    }
                    stmt.close();
                    con.close();
                } catch (ClassNotFoundException e1) {
                    e1.printStackTrace();
                } //加载驱动程序
 catch (SQLException e1) {
                    e1.printStackTrace();
                }
            }
        });
        JButton btnNewButton_1 = new JButton("\u67E5\u8BE2\u7528\u6237");
        btnNewButton_1.addActionListener(new ActionListener() {
            public void actionPerformed(ActionEvent e) {
                try {
                    Class.forName("com.mysql.jdbc.Driver");
                    String url = "jdbc:mysql://localhost:3306/studentmanager";
                    String user = "root";
```

```
                String password = "houzhanjun";
                String ls_1 = "select password from user where username = ?";
                Connection con = DriverManager.getConnection(url,user,password);
                PreparedStatement stmt =  con.prepareStatement(ls_1);
                stmt.setString(1, textField.getText());
                ResultSet rs1 = stmt.executeQuery();
                if (rs1.next()){
                    textField_1.setText(rs1.getString(1));
                }
                else
                    JOptionPane.showMessageDialog(null, "该用户名不存在!");
                rs1.close();
                stmt.close();
                 con.close();
            } catch (ClassNotFoundException e1) {
                e1.printStackTrace();
            } catch (SQLException e1) {
                e1.printStackTrace();
            }
        }
    });
    JButton btnNewButton_2  =  new JButton("\u4FEE\u6539\u7528\u6237");
    btnNewButton_2.addActionListener(new ActionListener() {
        public void actionPerformed(ActionEvent e) {
            try {
                Class.forName("com.mysql.jdbc.Driver");
                String url = "jdbc:mysql://localhost:3306/studentmanager";
                String user = "root";
                String password = "houzhanjun";
                String ls_1 = "update user set username = ?,password = ?";
                Connection con = DriverManager.getConnection(url,user,password);
                PreparedStatement stmt = con.prepareStatement(ls_1);
                stmt.setString(1, textField.getText());
                stmt.setString(2, textField_1.getText());
                stmt.executeUpdate();
JOptionPane.showMessageDialog(null, "用户信息修改成功");
                stmt.close();
            con.close();
            } catch (ClassNotFoundException e1) {
                e1.printStackTrace();
            } catch (SQLException e1) {
                e1.printStackTrace();
            }
        }
    });
    JButton btnNewButton_3  =  new JButton("\u5220\u9664\u7528\u6237");
    btnNewButton_3.addActionListener(new ActionListener() {
        public void actionPerformed(ActionEvent e) {
            try {
                Class.forName("com.mysql.jdbc.Driver");
                String url = "jdbc:mysql://localhost:3306/studentmanager";
```

```
                String user = "root";
                String password = "houzhanjun";
                String ls_1 = "delete from user where username = ? ";
                Connection con = DriverManager.getConnection(url,user,password);
                PreparedStatement stmt = con.prepareStatement(ls_1);
                stmt.setString(1, textField.getText());
                int i = stmt.executeUpdate();
                if (i == 1){
                JOptionPane.showMessageDialog(null, "用户删除成功!");
                }
                stmt.close();
                con.close();
            } catch (ClassNotFoundException e1) {
                e1.printStackTrace();
            } catch (SQLException e1) {
                e1.printStackTrace();
            }

        }
    });
    GroupLayout gl_contentPane = new GroupLayout(contentPane);
    gl_contentPane.setHorizontalGroup(
        gl_contentPane.createParallelGroup(Alignment.LEADING)
            .addGroup(gl_contentPane.createSequentialGroup()
                .addGroup(gl_contentPane.createParallelGroup(Alignment.LEADING)
                    .addGroup(gl_contentPane.createSequentialGroup()
                        .addGap(86)
.addGroup(gl_contentPane.createParallelGroup(Alignment.LEADING)
                            .addComponent(lblNewLabel)
                            .addComponent(lblNewLabel_1))
                        .addGap(55)

 .addGroup(gl_contentPane.createParallelGroup(Alignment.LEADING)
                    .addComponent(textField_1,GroupLayout.PREFERRED_SIZE,
GroupLayout.DEFAULT_SIZE, GroupLayout.PREFERRED_SIZE)
                    .addComponent(textField, GroupLayout.PREFERRED_SIZE,
GroupLayout.DEFAULT_SIZE, GroupLayout.PREFERRED_SIZE)))
                    .addGroup(gl_contentPane.createSequentialGroup()
                        .addComponent(btnNewButton)
                        .addGap(18)
                        .addComponent(btnNewButton_1)
                        .addGap(27)
                        .addComponent(btnNewButton_2)
                        .addGap(18)
                        .addComponent(btnNewButton_3)))
                .addContainerGap(GroupLayout.DEFAULT_SIZE, Short.MAX_VALUE))
    );
    gl_contentPane.setVerticalGroup(
        gl_contentPane.createParallelGroup(Alignment.LEADING)
            .addGroup(gl_contentPane.createSequentialGroup()
                .addGap(58)
```

```
    .addGroup(gl_contentPane.createParallelGroup(Alignment.BASELINE)
                    .addComponent(lblNewLabel)
                    .addComponent(textField,GroupLayout.PREFERRED_SIZE,
GroupLayout.DEFAULT_SIZE, GroupLayout.PREFERRED_SIZE))
                .addGap(28)

    .addGroup(gl_contentPane.createParallelGroup(Alignment.BASELINE)
                    .addComponent(lblNewLabel_1)
                    .addComponent(textField_1,GroupLayout.PREFERRED_SIZE,
GroupLayout.DEFAULT_SIZE, GroupLayout.PREFERRED_SIZE))
                .addGap(44)

    .addGroup(gl_contentPane.createParallelGroup(Alignment.BASELINE)
                    .addComponent(btnNewButton)
                    .addComponent(btnNewButton_1)
                    .addComponent(btnNewButton_2)
                    .addComponent(btnNewButton_3))
                .addContainerGap(57, Short.MAX_VALUE))
        );
        contentPane.setLayout(gl_contentPane);
}
        }
```

11.4　本章小结

本章主要介绍了Java多媒体编程、网络编程和数据库编程，下面总结每一种编程技术的主要内容。

1. Java多媒体编程

(1) 利用Image对象进行图像文件的装载与显示。

(2) 利用AudioClip进行声音文件的播放。

(3) 利用Java线程实现动画。主要包括以下几个步骤：

第一步，定义Applet对象的同时定义Runnable接口；

第二步，定义Thread对象，即动画线程；

第三步，在Applet对象的start()方法中创建一个动画线程并启动之，动画线程自动启动run()方法；

第四步，在Applet对象的stop()方法中，终止动画线程的执行；

第五步，run()方法包含控制动画的循环，循环一次就调用一次repaint()方法，绘制一幅图像；

第六步，改写paint()方法，即此方法中须根据某些变量来进行绘图。

另外还需掌握利用重载update()方法或双缓冲技术来消除闪烁的方法，以及如何实现图片文件的动画。

(4) 利用JMF来播放视频。建立一个播放器的主要步骤如下：

第一步，创建播放器。用javax. media包中的Manager类的createPlayer方法创建一个Player对象。

第二步，向播放器注册一个控制器。Player提供一个实现ControllerListener接口的事件处理器，该接口有一个方法controllerUpdate(ControllerEvent event)，当媒体事件发生时调用此方法。

第三步，播放器进行预提取。调用Player类的prefetch()方法。

第四步，启动播放器。调用Player类的start()方法。

第五步，停止播放器。调用Player类的stop()方法。

2. Java网络编程

Java的网络功能是非常强大的，它提供了一整套完善的API支持在网络环境下的通信。本章从两方面介绍了Java的网络编程方法：面向连接的流式套接字和面向非连接的数据报。Java提供的API提供了比较高层的网络抽象，使得程序员不需要了解连接如何建立以及数据如何传输，而只关注如何进行应用就可以了。上面提供的例子功能虽然简单，但都比较有代表性，并且从服务器和客户端两方面进行说明，相信大家能举一反三，写出适合自己业务流程的网络通信程序。Java程序的平台无关性使得在异构平台之间通信显得更加容易，如果好好利用网络API的强大功能，将会使得网络开发变得非常容易。

3. Java数据库编程

关系模型是现在广泛使用的数据库模型。在数据库中一般用SQL语言来操作数据库。SQL语言可以管理数据库，也可以管理数据库的数据。经常用select、update、insert、delete命令来查询、修改、添加、删除数据库中的数据记录。

在Java中系统提供了JDBC接口技术实现对数据库的连接和操作。用户可调用JDBC API中的DriverManager、Connection、Statement、ResultSet类连接和操纵数据库。其中，DriverManager是用来管理数据库驱动的(文中主要用到了JDBC-ODBC驱动和数据库的JDBC专用驱动)；Connection用来建立数据的连接；Statement是将SQL语言的数据返回到ResultSet结果集中，用户就可以在ResultSet中使用数据库中的数据；Statement也可以实现SQL语句的修改、添加和删除数据功能。

参考文献

[1] 李刚.疯狂 Java 讲义精粹[M].2 版.北京：电子工业出版社，2014.

[2] 李兴华.Java 开发实战经典[M].北京：清华大学出版社，2009.

[3] 侯卫红，刘金娥.Java 语言程序设计[M].北京：高等教育出版社，2016.

[4] 唐大仕.Java 程序设计[M].2 版.北京：清华大学出版社，2015.

[5] 传智播客高教产品研发部.Java 基础入门[M].北京：清华大学出版社，2014.

[6] Liang Y Daniel.Java 语言程序设计基础篇[M].北京：机械工业出版社，2010.

[7] 朱喜福.Java 程序设计[M].北京：人民邮电出版社，2007.

[8] 杨旭超.Java 程序设计[M].北京：电子工业出版社，2009.

图书资源支持

感谢您一直以来对清华版图书的支持和爱护。为了配合本书的使用，本书提供配套的资源，有需求的读者请扫描下方的“书圈”微信公众号二维码，在图书专区下载，也可以拨打电话或发送电子邮件咨询。

如果您在使用本书的过程中遇到了什么问题，或者有相关图书出版计划，也请您发邮件告诉我们，以便我们更好地为您服务。

我们的联系方式：

地　　址：北京海淀区双清路学研大厦 A 座 707

邮　　编：100084

电　　话：010－62770175－4604

资源下载：http://www.tup.com.cn

电子邮件：weijj@tup.tsinghua.edu.cn

QQ：883604（请写明您的单位和姓名）

资源下载、样书申请

书圈

用微信扫一扫右边的二维码，即可关注清华大学出版社公众号“书圈”。